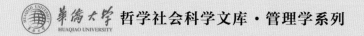

华侨大学 HUAQIAO UNIVERSITY 哲学社会科学文库·管理学系列

文库主编：贾益民

团体特征与灌溉自组织治理研究

基于三个灌溉系统的制度分析

STUDY ON GROUP ATTRIBUTES AND SELF-ORGANIZATION IN IRRIGATION

Institution Analysis Based on Three Irrigation Systems

王惠娜 著

社会科学文献出版社
SOCIAL SCIENCES ACADEMIC PRESS (CHINA)

华侨大学哲学社会科学学术著作专项资助计划

发展哲学社会科学　推动文化传承创新

——《华侨大学哲学社会科学文库》总序

　　哲学社会科学是研究人的活动和社会历史发展规律、构建人类价值世界和意义世界的科学，是人类文化的核心组成部分，其积极成果有助于提升人的素质、实现人的价值。中国是世界文明古国，拥有丰富的文化历史资源，中华文化的发展是世界文化发展进程中不可或缺的重要一环。因此，努力打造具有中国特色的哲学社会科学，全面继承和发展中华文化，对于推进中华文明乃至世界文明进程具有深远的意义。

　　当代中国，全面深化改革已经进入关键时期，中国特色社会主义建设迫切需要对社会历史发展规律的科学认识，需要哲学社会科学发挥其认识世界、传承文明、创新理论、资政育人和服务社会的作用。因此，深化文化体制改革、繁荣哲学社会科学，不仅是建设社会主义文化强国、丰富人民精神世界的需要，也是实现中华民族伟大复兴的中国梦的必由之路。中共中央高度重视哲学社会科学在实现中华民族伟大复兴的历史进程中的重要作用，先后出台《中共中央关于进一步繁荣发展哲学社会科学的意见》《中共中央关于深化文化体制改革　推动社会主义文化大发展大繁荣若干重大问题的决定》《中共中央办公厅　国务院办公厅转发〈教育部关于深入推进高等学校哲学社会科学繁荣发展的意见〉的通知》《高等学校哲学社会科学繁荣计划（2011—2020年)》等一系列重要文件，全面部署繁荣哲学社会科学、提升中华文化软实力的各项工作，全面深化教育体制改革，为我国哲学社会科学事业的繁荣和发展创造了前所未有的历史机遇。

　　高等学校是哲学社会科学研究的重要阵地，高校教师和科研人员是哲学社会科学研究的主要承担者。因此，高校有责任担负起繁荣哲学社会科学的使命，激发广大教师和科研人员的科研积极性、主动性和创造性，为哲学社会科学发展提供良好的制度和环境，致力于打造符合国家发展战略和经济社会发展需要的精品力作。

华侨大学是我国著名的华侨高等学府，也是中国面向海外开展华文教育的重要基地，办学55年以来，始终坚持"面向海外、面向港澳台"的办学方针，秉承"为侨服务，传播中华文化"的办学宗旨，贯彻"会通中外，并育德才"的办学理念，坚定不移地走内涵发展之路、特色兴校之路、人才强校之路，全面提升人才培养质量和整体办学水平，致力于建设基础雄厚、特色鲜明、海内外著名的高水平大学。

在这个充满机遇与挑战的历史时期，华侨大学敏锐洞察和把握发展机遇，贯彻落实党的十七大、十七届六中全会、十八大、十八届三中全会、十八届四中全会精神，发挥自身比较优势，大力繁荣哲学社会科学。

一方面，华侨大学扎根侨校土壤，牢记侨校使命，坚持特色发展、内涵发展，其哲学社会科学的发展彰显独特个性。"为侨服务，传播中华文化"是华侨大学的办学宗旨与神圣使命，其办学活动及其成果直接服务于国家侨务工作与地方经济社会发展。为此，华侨大学积极承担涉侨研究，整合、利用优势资源，努力打造具有侨校特色的新型智库，在海外华文教育、侨务理论、侨务政策、海上丝绸之路研究、海外华人社团、侨务公共外交、华商研究、海外宗教文化研究等诸多领域形成具有特色的研究方向，推出了以《华侨华人蓝皮书：华侨华人研究报告》《世界华文教育年鉴》等为代表的一系列标志性成果。

另一方面，华侨大学紧紧抓住国家繁荣哲学社会科学的时代机遇，积极响应教育部繁荣哲学社会科学的任务部署，颁布实施《华侨大学哲学社会科学繁荣计划（2012—2020）》，为今后学校哲学社会科学的发展提供发展纲领与制度保证。该计划明确了学校哲学社会科学发展的战略目标，即紧抓国家繁荣发展哲学社会科学的战略机遇，遵循哲学社会科学的发展规律，发挥综合大学和侨校优势，通过若干年努力，使华侨大学哲学社会科学学科方向更加凝练，优势更加突出，特色更加鲜明，平台更加坚实；形成结构合理、素质优良、具有国家竞争力的高水平学术队伍；研究创新能力显著增强，服务国家侨务工作的能力明显提升，服务经济社会发展的水平不断提高，适应文化建设新要求、推进文化传承创新的作用更加凸显；对外学术交流与合作的领域不断拓展，国际文化对话与传播能力进一步增强。到 2020 年，力争使华侨大学成为国内外著名的文化传承与知识创新高地，国家侨务工作的核心智库，提供社会服务、解决重大理论和现实问题的重要阵地。

为切实有效落实《华侨大学哲学社会科学繁荣计划（2012—2020）》，学校先后启动了"华侨大学哲学社会科学青年学者成长工程""华侨大学哲学社会科学学术论文专项资助计划""华侨大学哲学社会科学学术著作专项资助计划""华侨大学哲学社会科学百名优秀学者培育计划""华侨大学人文社会科学研究基地培育与发展计划"五大计划，并制定了相应的文件保证计划的有效实施，切实推进学校哲学社会科学的繁荣发展。

"华侨大学哲学社会科学学术著作专项资助计划"作为《华侨大学哲学社会科学繁荣计划（2012—2020）》的重要配套子计划，旨在产出一批在国内外有较大影响力的高水平原创性研究成果，打造学术精品力作。作为此资助计划的重要成果——《华侨大学哲学社会科学文库》将陆续推出一批具有相当学术参考价值的学术著作。这些著作凝聚着华大文科学者的心力、心气与智慧：他们以现实问题为导向，关注国家经济社会发展；他们以国际视野为基础，不断探索开拓学术研究领域；他们以学术精品为目标，积聚多年的研判与思考。

《华侨大学哲学社会科学文库》按学科门类划分系列，共分为哲学、经济学、法学、教育学、文学、历史学、管理学、艺术学八个系列，内容涵盖哲学、应用经济、法学、国际政治、华商研究、旅游管理、依法治国、中华文化研究、海外华文教育等基础理论与特色研究，其选题紧跟时代问题和人民需求，瞄准学术前沿，致力于解决国家面临的一系列新问题、新困境，其成果直接或间接服务于国家侨务事业和经济社会发展，服务于国家华文教育事业与中华文化软实力的提升。可以说，该文库的打造是华侨大学展示自身哲学社会科学研究力、创造力、价值引领力，服务中国特色社会主义建设事业的一次大胆尝试。

《华侨大学哲学社会科学繁荣计划（2012—2020）》已经实施近两年，经过全校上下的共同努力，华侨大学的文科整体实力正在逐步提升，一大批高水平研究成果相继问世，一批高级别科研项目和科研成果奖成功获评。作为华侨大学繁荣哲学社会科学的成果，《华侨大学哲学社会科学文库》集中反映了当前华侨大学哲学社会科学的研究水平，充分发挥了优秀学者的示范带动作用，大力展示了青年学者的学术爆发力和创造力，必将鼓励和带动更多的哲学社会科学工作者尤其是青年教师以闽南地区"爱拼才会赢"的精神与斗志，不断营造积极向上、勇攀高峰的学术氛围，努力打造更多造福于国家与人民的精品力作。

当然，由于华侨大学面临的历史和现实等主客观因素的限制以及华大哲学社会科学工作者研究视野与学术积累的局限性，《华侨大学哲学社会科学文库》在研究水平、研究方法等方面难免存在不足之处，我们在此真诚地恳请各位读者批评指正。

最后，让我们共同期待《华侨大学哲学社会科学文库》付梓，为即将迎来55岁华诞的华侨大学献礼！让我们一起祝福华侨大学哲学社会科学事业蒸蒸日上！让我们以更大的决心、更宽广的视野、更精心的设计、更有效的措施、更优质的服务，培育华大社科的繁花硕果，以点滴江河的态势，加速推进华侨大学建设成基础雄厚、特色鲜明、海内外著名的高水平大学，更好地服务海外华侨华人，支持国家侨务工作，配合国家发展战略！

华侨大学校长、教授、博士生导师　贾益民
2015年4月28日于华园

序

　　现代社会是一个多元与趋同同步存在的社会，多元化体现为各式各样的社会问题与解决方案，趋同性意味着多元化的社会问题和解决方案具有某种程度的共性。如庞大宏观的国际问题、牵涉日常的空气污染、关乎小农的旱涝事宜，以及进退两难的部门合作、日渐式微的社群自治，等等，这些问题都在不断重复着人类合作与冲突行为的相同轨迹。学术界和实务界在不断地反思"为什么公共领域的合作难以持久""如何有效解决公共问题"，并由此产生了不同的制度安排。当我们试图以"问题特征—制度安排—治理绩效"的思路来审视这些问题之间蛛丝马迹的共同规律时，发现其核心问题在于自愿性合作规则的制定与实施，这个难题在公共池塘资源治理中更为严峻。中国近海渔业资源的枯竭[①]、"最后一公里"农田水利成为农业发展瓶颈[②]等现象都在呈现着公共池塘资源的治理困境。近海渔业资源、农田灌溉水源、牧场草场等是具有产权弱排他性和消费竞争性的公共池塘资源，正是其独特的资源特征，公共池塘资源常常陷入"公地悲剧"，并由此产生了科层治理、市场化治理和自组织治理三种影响深远的制度安排。

　　在微观层面，公共池塘资源治理本质上是在讨论资源使用者的日常行为与社群规范。资源使用者在考虑预期收益、预期成本、内在规范与贴现率的情况下，做出合作或非合作的行为策略，这些行为进一步导致了有序

[①] 《中国近海渔业资源枯竭》，新浪新闻，http://finance.sina.com.cn/focus/jhyyzykj/，最后访问日期：2016 年 10 月 17 日。

[②] 《别让农田水利干涸在"最后一公里"》，人民网，http://scitech.people.com.cn/n/2015/0106/c1057-26335549.html，最后访问日期：2016 年 10 月 17 日。

的自组织治理或者无序的"公地悲剧"，埃莉诺·奥斯特罗姆（Elinor Ostrom）进而归纳了有序自治组织的八项原则。然而，奥斯特罗姆的八项原则旨在说明理想自治制度的特征，而能否设计出符合八项原则的理想制度则有赖于许多影响因素，诸如资源特征、宏观政治背景、社群特征等。这些影响因素最终影响到资源使用者对预期收益、预期成本、内在规范及贴现率的判断与行为选择。资源使用者社群作为个体的集合，其内在的结构特征影响个体行为的预期收益与成本，那么社群特征是如何影响自组织治理的呢？对资源使用者社群的研究旨在进一步探讨制度设计之外的经济社会文化特征，从社群内在特征的角度来解读自治绩效的差异。

在中国基层社区，灌溉社群是一张社会文化与权力网络，灌溉者嵌套在重复博弈的网络结构中，社群在经济、文化维度上的特征影响着合作规范的形成。在经济、社会文化高度同质性的团体中，个体在重复博弈中建立互惠规范，互惠规范促发合作行为，合作行为建立道德权威，在此循环中，个体重复着合作的共同行为，并逐渐建立团体共同记忆。相反，在那些经济、社会文化高度分裂的团体中，个体难以达成一致同意，团体内部缺乏建立互惠规范的行为基础，合作行为无法发生，公共池塘资源治理常常陷入个体理性行为的集体非理性结果之中。

在这里，我们解释的是团体特征与自组织治理之间的关系，但对该问题的分析又产生了一个尚未回答的新问题，即团体与自治制度之间的契合性。团体与制度安排的契合程度能产生不同的自治形式，这将进一步细化自治制度类型以及更为具体的治理模型。基于此，该书作者采用了多案例比较研究方法，运用制度分析与发展框架对三个灌溉系统进行了翔实的分析，进而归纳出共同体、关联性团体和分裂化团体三种团体类型，并提出"道德问责"的核心概念来解释自组织治理的行动逻辑。该研究的创新点主要体现在两个方面：其一，该研究突破团体类型划分的二维分类法（同质性与异质性），结合团体特征与自组织治理类型归纳出更适合中国情境的三种团体类型；其二，该研究提出解释社区自组织治理的创新概念——"道德问责"，提供了在民主问责失效的情况下对自组织治理行动逻辑的解释思路。该研究所归纳的三种团体类型以及"道德问责"概念为中国基层社区的研究提供了理论工具，拓展了自组织治理理论的解释力，也为基层社区治理提供了方向性指引，有助于设计更为契合团体特征的自治制度。

　　该书是作者在博士学位论文的基础上修改完善而成。希望作者继续努力，在原有研究基础上进一步深化拓展，也希望海内外学界同人为推进该领域研究共同努力，多出佳果。

陈瑞莲*
2016 年初冬于中山大学康乐园

---

　*　陈瑞莲：中山大学政治与公共事务学院，教授。

摘　要

　　本研究属于公共池塘资源治理理论的探讨，回应团体特征与公共池塘资源自组织治理关系的理论争论，提出以道德问责为核心的自组织治理集体行动模型，推进自组织治理理论的知识进展。自组织治理是小规模灌溉系统治理的主要模式，村庄或灌溉团体是自治的重要行动者。在农村小规模灌溉自治中，村庄之间体现出绩效差异，有的村庄自治制度持久有效、运作良好，有的却自治失败。这些村庄处于相同的国家政策背景，具有类似的经济收入模式，都采用自组织灌溉治理模式，那么，是什么因素导致农村小规模灌溉自治的成功或失败呢？为了回答该问题，本研究聚焦于灌溉团体特征与自治绩效关系的讨论，通过对三个农村灌溉系统的翔实描述，解释灌溉团体是如何影响小规模灌溉系统的自组织治理的，从而回应团体特征与自组织治理关系的理论争论。

　　本研究采用制度分析与发展框架对三个灌溉系统进行分析，描述灌溉者在经济利益、社会文化方面的同质性与异质性，讨论村委会、水利协会与宗族组织、村庙组织之间的关系，描述灌溉规则及其执行结果，进而解释团体特征与自组织治理绩效的关系。基于案例的分析，本研究归纳出三种灌溉团体类型——灌溉共同体、关联性灌溉团体和分裂化灌溉团体。灌溉共同体具有较强的宗族组织，是内聚紧密的同质性灌溉社群；关联性灌溉团体包含辖区内的所有灌溉者，并且将村干部嵌套于团体中，是具有共享道义责任和道德标准的同质性灌溉社群；分裂化灌溉团体是宗族体系、宗教信仰存在异质性，村级组织分化的异质性灌溉团体。在这三种灌溉团体中，共同体和关联性团体内部存在具有约束力的共同规范，能有效地、成功地自组织治理，而分裂化团体无法产生共同规范，自组织治理难以成功。

本研究是一项多案例的定性研究，并得出以下重要结论。第一，灌溉团体特征是导致灌溉自组织治理成功或失败的原因。在自发性的自组织治理中，同质性使灌溉者演化为具有强烈集体感的灌溉共同体。在行政引导性的自组织治理中，同质性使村委会干部内嵌于非正式的共同规范中，产生关联性，形成关联性的灌溉团体，使共同规范能约束普通成员和团体精英，促进集体行动的成功。但在异质性团体中，灌溉者之间的异质性分化了共同利益，成为分裂化的灌溉团体，团体中分裂的非正式规范阻碍正式规范的执行，阻碍集体行动。第二，同质性便于共享规范的形成，基于共享规范，个体遵循"信任—互惠合作—道德声誉"的行动逻辑，自组织治理得以成功实施；同质性使团体具有很好的包含性和嵌套性，形成关联性，基于关联性，团体成员以赋予或剥夺道德声誉的方式对团体精英的行为进行奖惩，使其对自己行为负责，形成道德问责。异质性阻碍了共享规范的形成，个体合作机制断裂，道德问责失效，自治绩效低下。第三，道德问责是以道德声誉的赋予或剥夺为作用方式的非正式问责。关联性团体所具有的共享规范及道德声誉不仅约束团体成员遵守规则，也对团队精英产生激励与问责，提供了没有民主的道德问责，促进良好的自治，而没有关联性的灌溉团体则无法产生道德问责。自组织治理是以道德问责为激励机制的集体行动，没有民主的道德问责意味着正式权威机构和非正式组织的良性关联能促进自治。

本研究采用定性的多案例比较研究方法，该方法旨在以地方性、日常生活的详细文本来解读、阐述观点，但其研究结论将受到外推性的限制，这点不足可以在以后的研究中通过大样本来进一步完善。在公共池塘资源治理的议题中，本研究仅聚焦于团体特征与自组织治理，但仍有许多议题需要在未来的研究中进一步讨论，例如团体特征与适应性治理问题、制度与社区的双向嵌套问题、不同治理模式之间的竞争与融合问题、自组织治理团体内部的博弈与均衡问题等，这些关键性议题值得进一步研究。

Abstract

This dissertation focuses on common pool resource governance, addresses the theory debates about how the group characteristics affect the performance of self – governance, builts collective action model of self – governance which take the moral accountability as the center, promotes the knowledge development in self – governance theory. Self – governance is one main approach to small – scale irrigation system management, in which irrigation group is the important actor. Among these small – scale irrigation systems, there are different performances of self – governance. Some are successful and enduring, the others are very dissatisfied. With the same national policy background, similar economic income – mode, and the same management history, what factors affect the performance of small – scale irrigation's governance? To answer this question, this study focuses on the relationship between the irrigation group characteristics and the performance of self – governance.

Using a theoretical framework derived from institutional analysis and development (IAD), I examine three self – governance irrigation systems, and discuss how the group characteristics affect the performance of self – governance. In each case study, I describe the feature of economic, interests, social culture of farmers, explain how village committee, irrigation association operate interactively with clan and religion group to affect irrigation management, address the effect of these characteristics on self – governance and outcome. Through the use of in – depth case studies, I further generate three types of irrigation group: irrigation community, solidary irrigational group and "divided" irrigational group.

Irrigation community is homogeneous, closely cohesive, which has strong clan organization and collective sense. With shared moral obligation and moral standards, solidary irrigation group encompass all farmers in its jurisdiction, and village cadres embedded in irrigation groups. "Divided" irrigation group is a heterogeneous group, which has divided lineage and religious system, without village – level organization. Three irrigation groups indicate diverse outcome of self – governance. Irrigation community and solidary irrigation group have the ability for self – governing successfully, but "divided" irrigation group doesn't have. Because the formers have binding common norms, but the latter could not form common norms.

This reasearch has draw two conclusions. First, group characteristic is the key factor to cause the irrigation self – organization management success or failure. In the induced self – governance, homogeneity impels farmers become irrigation community with strong collective sense. In the administrative leading self – governance, homogeneity can form shared moral obligation and moral standards, and establishes solidary group, promotes the collective action. But in the heterogeneous group, heterogeneity divides the common interests and norms. Without the informal common norms, farmers lose the ability of self – governance. Second, self – governance is voluntary collective action driven by moral accountability. Homogeneous group is able to cooperate successfully, because groups have norms of trust, reciprocity and reputation. These cooperative norms can impel the leaders of irrigation association responsibility. In self – governance, democratic accountability is not effective incentive mechanism. Instead, informal moral reputation can motivate group elites devote themselves to group interests. Moral accountability is effective incentive mechanism of self – governance.

This research uses qualitative case study method. The conclusion from case study may be questioned because of small sample cases. So this research issues needs more cases to support the conclusion in the further study. There are many unanswered questions needed to be addressed in the governace of public pool resources, including how does institution nesting shape farmers incetive to organise collective action, what do farmers play games in the self – governance group, how do group attributes produce different path-ways to self – organise.

目　录

Contents

第一章　导论

第一节　研究背景

在"王权止于县政"的古代中国，大江大河的治理和大型灌区的建设历来都是国家治水的重要方向，大规模修建水利工程促进了中央集权官僚体系的形成，要有效地管理这些工程，必须建立一个遍及全国重要节点的组织网，"而控制这个组织网的人总是巧妙地行使最高统治权力，于是便产生了专制君主制，东方专制主义"。[①] 可见，大江大河的"治水社会"产生了"东方专制主义"。但是在基层治水方面，比如村庄灌溉水利，国家长期处于退出的状态，村庄自主治理非常活跃，这些村级自治组织依赖传统资源，如宗族、宗教，管理村庄社区内农业灌溉系统。在这些传统的村庄，强势宗族控制和支配着灌溉系统，"地方习俗使强宗大族占有最好的土地和最有用的灌溉系统"。[②] 这种传统的治水模式直到1949年新中国成立之后，才发生了深刻的变化。

新中国成立到20世纪80年代初的30年是政治上高度集权、经济上高度垄断、文化上高度统一的时期，国家完全介入治水领域。新中国成立之初，土地改革并没有改善农业生产状况，进而走上了农业生产互助合作的道路，到1956年上半年，合作化程度已达91.2%，其中30%是高级社，1956年底，全国91.6%的农户加入了70多万个高级社。[③] 农村人民

① 〔美〕卡尔·A.魏特夫:《东方专制主义:对于极权力量的比较研究》,徐式谷、奚瑞森、邹如山译,中国社会科学出版社,1989,第2页。

② 〔英〕莫里斯·弗里德曼:《中国东南的宗族组织》,刘晓春译,上海人民大学出版社,2000,第133页。

③ 程漱兰:《中国农村发展:理论与实践》,中国人民大学出版社,1999,第167页。

公社是政社合一的组织，权力高度集中，这种高度集中的权力与集体所有制相结合，为这一时期的治水提供了史无前例的国家动员，无以计数的中小型水利工程的建成，凸显了国家已经完全介入中小型水利工程建设中。改革开放之前 30 年，国家采用"集权式动员体制"完全介入治水活动中，"集权式动员体制"提供了水利建设所必需的强有力的组织保证、资源宏观分配、低成本的劳动力资源、强大的舆论氛围和精神支持。① 高效集权治水模式随着人民公社制度的解体和 20 世纪 70 年代末至 80 年代初开始的改革开放，而发生了深刻的变化。改革开放以后，国家对农村治水的投资逐渐减少，将农村治水的任务地方化（Decentralization），农村的教育、道路建设、灌溉设施等公共物品的供给通过政府系统的层层转嫁，将原本由国家提供的公共物品供给转交基层自治组织（指村级行政机构，即村党支部和村委会）承担。

从 20 世纪 80 年代初的改革开放到中国农村的税费改革阶段，农村基层自治单位承担了农业灌溉工程的主要职责，中央政府希望农村基层自治组织（村级行政机构）通过自身力量解决资源负担、行政支出和公共物品供给。中央政府、省政府、市政府等上级政府对农村公共物品供给的财政转移支付非常有限，村级财政支出在任何层级的政府预算中都不是常规支出，直到 2001 年农村税费改革开始之后，上级政府对农村治理的财政转移支付才逐渐增加。可以这样认为，改革开放之后的 20 年，中国农村灌溉系统由最基层自治组织承担，这种公共物品供给的地方化逐渐弱化了国家在农村灌溉中的作用。在中国农村公共物品供给地方化的背景下，上级政府转移支付给农村的财政经费非常有限，中央、地方财政分权意味着地方政府可以保留超过应交的税收收入，但同时也意味着下级政府无法从上级政府的转移支付中得到财政支持。随着层层政府之间的财政分权与事权下放，乡镇政府只负责村与村之间的灌溉水利的连接，村级内部的灌溉水利设施建设则由村庄自己负责。农村作为中国层级结构中最底层的单位，再次承担了灌溉系统的治理责任。

在农村税费改革之前，村级公共物品的支出主要来自村级预算收入，

---

① 罗兴佐：《治水：国家介入与农民合作》，湖北人民出版社，2006，第 41～46 页。

只有少数的村庄能从上级政府获得拨款来勉强维持村级行政机构的运行。但是大部分上级财政拨款是指定用途的专项资金，如扶贫项目基金，并通常要求地方政府提供"配套资金"，能否成功地获得这些资金很大程度上依赖于村级领导和上级政府官员的个人关系。即使上级政府有水利拨款给村庄，拨款资金也从上级政府到接受单位的层层转移过程中，流失严重；即使是指定专项用途，也在转移过程中以"行政费用"的形式流失。所以，基层农村灌溉水利工程的供给难以从制度内的财政转移支付中得到财政支持，可以说国家这方面的供给基本是缺失的。

农村税费改革之前，农田灌溉水利由制度内财政和制度外筹资共同供给，制度内财政由政府通过财政预算和专项拨款实现，制度外筹资由乡统筹村提留来解决。但是税费改革之后，基层政府的财力普遍削减，乡、村两级财政大为减少，它们为农村和农民提供公共物品的能力进一步降低。农田灌溉水利基本建设遵循"量力而行、群众受益、民主决策、上限控制"的原则，实行"一事一议"制度，在村级民主讨论决定。

可以看出，不管是在古代封建王朝制度下的中国，还是新中国成立之后的各个时期，村庄一直是小规模的农业灌溉系统的治理主体，自主治理是农村灌溉系统的治理模式，与许多政府官僚机构建设和管理的大型系统相比，小规模的灌溉系统往往有较高的制度绩效。[①] 尽管许多的研究成果说明了小规模灌溉系统的潜力，但人们不应该忽视其中的差异，许多系统的绩效并不尽如人意。[②] 笔者所调研的农村小规模的灌溉系统就体现出制度绩效的明显差异。

第二节　研究问题

2010 年的暑假，笔者在福建做农村灌溉系统的调研，调研的村庄位于福建西部的上杭县，以该县两种灌溉系统为主要考察对象，一种是以九

---

① 林维峰：《小规模灌溉系统的绩效改善》，载迈克尔·麦金尼斯主编《多中心治道与发展》，王文章、毛寿龙等译，上海三联书店，2000，第 346 页。
② 林维峰：《小规模灌溉系统的绩效改善》，载迈克尔·麦金尼斯主编《多中心治道与发展》，王文章、毛寿龙等译，上海三联书店，2000，第 346 页。

里圳为代表的自发性的灌溉自治制度，另外一种是以黄家村、六里圳为代表的行政力量引导建立的灌溉制度。这两种灌溉制度均以用水户协会作为自组织治理的组织实体，但这两种制度均有成功与失败的个案，因而，并不能简单地以制度变迁类型来判断灌溉治理绩效。之所以做这样的分类，是因为在中国背景下，基层农村自治是国家自上而下推行的政策，农田灌溉自治更是如此，村委会治水、用水户协会自治多数是在上级行政部门的业务指导下进行的，但同时中国的乡村社会存在着以血缘或地缘为基础的非正式自治制度，如九里圳在长达 200 多年的管理中都是由横排片村民自发管理，这是一种没有国家行政力量介入的自发性自治制度。

本研究将灌溉自组织制度划分为自发性的自治制度和行政引导性的自治制度，在这两种制度中，均有成功与失败的灌溉管理个案，所以不能简单地以自治制度的类型来判断它们的治理绩效，而更为关键性的因素是灌溉者的团体特征。本研究试图用灌溉团体的特征来解释这两种类型的灌溉自组织治理的绩效，从而回答本书的研究问题：灌溉团体特征如何影响小规模灌溉系统[①]的自组织治理绩效？

对灌溉系统治理的讨论归属于公共池塘资源（Common Pool Resource, CPR）治理理论，灌溉系统的治理存在三种不同的方案：官僚途径、市场途径和社区自组织途径。这三种途径之间是渐进的演变过程，这意味着在小规模的灌溉系统管理中，政府、市场和社区都不同程度地参与了灌溉管理，并逐渐走向合作治理的模式。但作为一种新的治理模式，自组织治理必须克服合法性和责任性问题，通过建立自治规则和网络来实现独立和相互制衡，[②] 从而实现有效的治理。但是自组织治理同样会出现治理失效，在中国大量的农村灌溉系统中，自治失败的案例要多于成功的个案，因而，解释自组织治理成败的因素就成了该议题需要进一步研究的问题。

对"什么因素影响小规模灌溉系统的自组织治理绩效"的讨论集中

① 小规模灌溉系统的界定：根据 Irrigation Policy（HMG/N, 1992）的分类方法，非平原地区的灌溉面积小于 50 公顷，即 750 亩，归类为小规模系统，鉴于上杭县多是丘陵山地，属于非平原地区，并且多数的村庄农田面积在 1000 亩以下。据此，本书将其归类为小规模灌溉系统。

② Peter Rogers, Alan W. Hall, Effective Water Governance（Paper of Global Water Partnership Technical Committee, No. 7, 2003）, p. 13.

于灌溉团体特征，注重从灌溉社区内部去解释治理绩效。灌溉者团体受到经济因素、社会文化因素的影响，演化成为两种灌溉社群：同质性团体和异质性团体。在同质性的灌溉社群中，集体行动成功的可能性比较大。在异质性团体中，成员间存在经济收入差异、社会文化差异，集体行动困难，但自组织治理并不必然是低效的，仍然可能会出现团体中的小团体自发地提供集体物品，出现"奥尔森效应"①。因而，团体同质性和异质性对灌溉自组织治理的影响是复杂的。

　　然而，现有对团体特征与灌溉自组织治理关系的讨论是在西方民主自治预设前提下进行的，在西方民主自治的语境中，自治是自发性秩序演化的产物，但在中国的威权体系下，自组织治理存在自发性的自组织治理和行政引导性的自组织治理两种类型，这就使自治的行动舞台更加复杂。在这两种类型的自组织治理中，团体特征是影响自治绩效的主要因素，但令人困惑的是：当正式的基层自治组织村委会与乡村社会中传统的宗族、宗教等非正式组织同时存在于灌溉社群的权力文化网时，团体特征如何影响自治绩效？这一困惑正是该领域尚未充分讨论的议题，而中国的小规模灌溉系统自组织治理是一个自然实验室，出现了三种不同类型的灌溉者团体，分别是：灌溉共同体、关联性灌溉团体和分裂化灌溉团体。

　　任何一项研究都是基于已有研究的进一步讨论。灌溉社群与自组织治理绩效是一组值得讨论的自变量和因变量，已有的实证研究多数采用定量分析方法来解释两者之间的因果关系，但鲜有详细的案例研究来描述灌溉社群特征是如何影响灌溉绩效的。基于研究议题和研究方法上尚有值得讨论的空间，本研究将讨论尚未解答的问题：灌溉者团体特征是如何影响自发性自治和行政引导性自治的，灌溉社群中宗族、宗教等非正式民间组织与基层治理正式组织村委会是如何影响灌溉自组织治理的运作的。

　　为了回答以上尚未充分讨论的议题，本书将围绕团体特征与灌溉自组

---

① "奥尔森效应"：在一个不均衡的集团内部，如果集团中的一部分小团体对一件集体物品的兴趣比团体中的其他人要大得多，而且这件集体物品所能带来的收益对小团体极为重要，那么极有可能小团体自己提供集体物品。小团体对这件集体物品的兴趣越大，他们就越有可能获得大部分的收益，即使他们支付所有的成本。

织治理来回答以下四个问题：

（1）小规模灌溉系统的自治制度是怎么样设计的？这些制度安排的治理绩效如何？

（2）灌溉团体特征如何影响灌溉管理中的集体行动？

（3）灌溉团体中的正式组织和非正式组织对集体行动产生了什么样的影响？

（4）公共资源自组织治理的集体行动逻辑是什么？

第三节　研究意义和创新点

本研究所讨论的议题归属于公共池塘资源治理、农村治理领域。西方公共池塘资源理论对"自组织治理何以表现出绩效差异"的研究分别从理论和实证两方面进行了讨论，这些研究聚焦于森林资源、灌溉系统、地下水资源、渔业资源等领域，试图回答"为什么有的自组织治理是成功的，有的则失败"这一困惑，研究者分别从资源的物理特征，资源使用者的团体规模、经济收入差异、贡献差异，社会文化差异等维度来验证不同变量对自组织治理的影响，并将这些变量总结为团体异质性（Group Heterogeneity）。"团体异质性"是一个不断受到争议的概念，① 但这些研究得出一个基本的共识，即如果资源使用者存在对资源状况的共同看法、维持必要的信任，并能够自主地制定治理规则，那么团体克服内部差异、进行合作的可能性就大很多。也就是说，团体的成员可以来自不同的背景、具有不同的经济收入，但是如果团体具有共享的道义责任和道德标准，那么集体行动就可能出现。这种共同的道义责任和道德标准可以来自宗族、种族、血缘、信仰等非正式的因素，这些都是维系中国农村的重要因素，蔡晓莉将这种具有共享的道义责任和道德标准的团体称之为关联性团体（Solidary Groups）。② 中国农村灌溉治理提供了检验团体特征与自组

---

① Varughese Geoger, "The Contested Role of Heterogeneity in Collective Action: Some Evidence from Community Forest in Nepal," *World Development* 29 (2001): 747 - 765.

② Tsai Lily L., *Accountability without democracy* (Cambridge, Cambridge University Press, 2007), p. 94.

织治理关系的自然实验室。在乡村灌溉治理中，存在正式的基层治理组织——村委会、用水户协会和非正式组织——宗族组织、宗教组织等多个行动者，他们共同影响灌溉管理，塑造了灌溉者团体的特点，使其演变为不同类型的灌溉团体，并产生不同的自治绩效。

本研究聚焦于中国背景下团体特征与自组织治理关系的讨论，具有两个方面的研究意义。一方面，现有对团体特征与自组织治理的研究多数基于西方的民主制度背景，较少讨论威权体系下的自组织治理，中国的灌溉自组织治理是在国家威权体系下的自治，灌溉自治处于国家力量和乡村力量的张力之中。本研究以中国农村灌溉自治为研究对象，讨论威权体系下团体类型与自组织治理之间的关系，在理论上增进公共池塘资源理论对团体特征与自组织治理的研究。另一方面，自组织治理是中国农田水利治理的主要模式，探究影响自治绩效的关键因素能在实践上指导灌溉管理。本研究从团体特征的角度回答灌溉自组织治理成功或失败的原因，描述三个灌溉自组织治理情况，并解释影响灌溉自治绩效的原因，本研究的政策意义在于为小型农田水利的有效治理提供理论建议。

本研究属于公共池塘资源治理领域的讨论，对该领域研究的知识推进主要体现在两个方面：第一，阐述团体特征与自组织之间的关系，突破异质性团体与同质性团体的二维分类方法，提出更加契合中国情景下的三种自治团体类型。已有的研究，虽然认同团体特征对自治治理绩效的影响，但尚未清晰证明同质性、异质性与自治的关系，本研究通过三个灌溉系统的讨论解答团体特征与自组织治理的争论，并整合团体特征的相关变量，提出更有解释力的三种灌溉团体类型。第二，建构以道德问责为核心的自组织治理集体行动模型。在公共池塘资源的自治理论中，团体精英或团体成员受到非正式规范的约束，使其遵守规则，这些共同规范对行动者产生道德问责，形成有效的激励机制。道德问责是有别于民主问责的非正式问责，在民主问责失效的自组织治理中，道德声望发挥问责作用。以道德问责为核心的集体行动模型推进了自组织治理在理论建构上的发展。

本研究的创新之处主要有三点：第一，研究方法的创新。本研究以多案例的定性研究方法，弥补单案例研究的局限性。在已有的小规模灌溉系统研究中，多数研究采用单案例分析方法，虽然能深入地描述案例，但无法解释多种灌溉自治情况，本研究以三个具有代表性的灌溉系统进行分析，采用制度分析与发展框架（The Institutional Analysis and Development Framework，IAD）翔实地呈现案例，更准确地解释实践中可能产生的自治模式。第二，研究思路上的创新。本研究将自组织治理分为自发性自治和行政引导性自治两种类型，分别对这两种类型中的团体特征进行讨论，并且此种分类方法契合中国背景下的灌溉管理。因为在中国情境下，农村公共事务自治受到国家力量和乡村社会的共同影响，这两种自治类型能更好地解释威权体系下的自治。第三，研究结论上的创新。本研究在理论上推进了对团体同质性与异质性的讨论，基于灌溉团体特征的总体情况，概括出三类灌溉团体（灌溉共同体、关联性灌溉团体和分裂化灌溉团体），分别解释这三种灌溉团体与自组织治理的关系，这三种团体类型突破了同质性团体和异质性团体的二分法，更好地解释了团体特征与自组织治理的关系。本研究构建以道德问责为核心的自愿性集体行动理论模型，提出"道德问责"这一概念，推进了自组织治理理论的知识进展。

第四节　各章概述

第一章导论。分析研究背景与研究问题，简述在该研究议题上已有的解答以及尚未深入分析的问题，综述该研究的研究思路和研究意义。

第二章文献综述。介绍有关的研究文献和本研究的具体研究问题。首先，将小规模灌溉系统定义为公共池塘资源理论，界定本研究的学科领域。其次，综述有关研究对灌溉者团体特征与自组织治理之间的关系，集中分析团体的经济异质性、社会文化异质性对灌溉集体行动的影响，并讨论中国乡村中关联性团体对灌溉自组织治理制度的影响。最后，细化研究问题。

第三章研究框架与研究方法。第一部分，提出本研究的具体分析框架——制度分析与发展框架，将其细化成适合于分析灌溉治理的框架，本书的三个灌溉个案均按此分析框架进行讨论；第二部分，介绍研究方法、案例选择情况以及研究设计。

第四章中国农村灌溉自组织治理分析。简述在中国背景下，灌溉自组织治理的国家背景和乡村社会背景，这两种因素对自发性自组织治理和行政引导性的自组织治理的影响力不同，前者更多地受到乡村中的宗族、宗教因素影响，后者同时受到国家正式自治制度和乡村非正式制度的影响。

第五章共同体及其灌溉自治：横排片和九里圳。用制度分析与发展框架描述九里圳灌溉制度，进而用团体同质性与异质性解释九里圳中的合作与冲突，得出：横排片是一个宗族组织式的、"紧密"的、内聚力较强的灌溉共同体，这个共同体维持了九里圳的灌溉制度，创造出"奥尔森效应"。

第六章关联性团体及其灌溉自治：黄家村。先用制度分析与发展框架细化黄家村的灌溉制度，然后，指出黄家村中的宗族、村庙组织是一种具有较强关联性的团体，包含所有灌溉者，并将正式自治制度中的村委会干部也纳入在团体中，本研究把这种灌溉团体称之为关联性灌溉团体。关联性灌溉团体是一个同质性团体，并且村干部也嵌套其中，这种关联性灌溉团体能激励体制性的村干部为集体利益而工作，从而促进集体行动的成功。

第七章分裂化团体及其灌溉自治：谢家村和六里圳。首先，描述六里圳的灌溉制度，其次，指出六里圳的灌溉制度是失败的，最后，指出造成灌溉制度失败的本质原因是其灌溉团体是一个分裂化的社群。在分裂化的灌溉社群中，不存在对所有灌溉者有约束性的共同规范，从而导致灌溉者合作失败，集体行动困难。

第八章研究发现与讨论。团体规模、团体同质性是影响集体行动的自变量，但它们并非直接导致合作的成败，而是影响行动者沟通、互动的机会和可能性。集体行动所依赖的关键性要素是产生于团体之中的信任、互惠、道德声誉等共同规范，这三条规范是集体行动逻辑的核心要素。道德声誉是对行动者的综合评价，道德声誉会约束普通行为者的行为，同时，道德声誉能对团体精英进行非正式的问责与激励。

第二章　文献综述

本章聚焦于一个问题：对团体特征与小规模灌溉系统自组织治理的已有研究，以及尚未深入讨论的议题。文献回顾首先界定本研究所讨论的灌溉系统所属的学科领域，其次，提出灌溉自组织治理模式，再次，解释影响灌溉自组织治理绩效的因素，讨论团体特征与自组织治理的关系，最后，提出现有研究中尚未深入讨论的议题。

第一节　作为公共池塘资源的灌溉系统

灌溉系统是一种公共池塘资源，在那里排除潜在受益人的代价很大，而获利是可分割的。[①] 灌区内的任何一个农民都可以轻易地从水渠中取水，而不管其是否对灌溉系统付出过劳动、支付过税费，理性的农民缺乏自愿为水渠做出贡献的动力。灌溉水资源的使用具有较高的竞争性、较小的排他性，是典型的公共池塘资源。"公共池塘资源"这个术语指的是一个自然的或人造的资源系统，这个系统大得足以使排斥因使用资源而获取收益的潜在受益者的成本很高（但并不是不可能排除）。[②] 在现实生活中，地下水资源、牧区、灌溉渠道、海水、湖泊等都是公共池塘资源。公共池塘资源把资源系统看作一种变动的储存变量，这些储存变量根据资源单位[③]（Resource Unites）流量的变动而变化，如果资源管理能使流量最大

---

① Gardner Roy, Elinor Ostrom, and James Walker, "The Nature of Common – pool Resource Problems," *Rationality and Society* 2 (1990)：335 – 358.

② 〔美〕埃莉诺·奥斯特罗姆：《公共事务的治理之道》，余逊达、陈旭东译，上海三联书店，2000，第52页。

③ 资源单位是个人从资源系统占用或使用的量，例如从灌溉渠道抽取的水量。

化而又不损害储存量或资源系统本身，那么这种管理效果就较佳。可见，流量单位的变动性程度和资源系统的储存能力是公共池塘资源的两个物质特征，这两个物质特性影响着资源使用者所能获得的资源数量、质量和价值，影响着资源使用者所采用的行动策略。换句话说，流量单位的变动性程度和是否具备储藏能力，影响资源使用者采取的制度安排类型。① 具体而言，流量单位指的是公共池塘资源产出的资源单位是稳定的还是变动的，储藏性指的是资源使用者能否保存所收获的资源单位。按照公共池塘资源这两个特性，灌溉系统中的水具有变动性，但可以具有储藏性，比如蓄水池、水库，也可以不具有储藏性，如河流或水渠。

流量的变动性加剧了灌溉系统管理的复杂性，占用外部性②问题变得突出。为了解决占用外部性难题，资源使用者必须获得人口数量规模、流量单位数量、获取单位数量、每个使用者获取行为对其他资源使用者获取的影响等信息，从而计算出最大的获取量，但在一个流量变动的资源系统中，这些信息总是起伏不定的。水渠中水量的变动性加大了农民解决供应问题③的难度，因为无法判断水量变动的真实原因是来自过度占用还是维护失误。因此，水量的变动性导致灌溉系统巨大的信息和交易成本，从而使得资源使用者改善治理结构的任何努力都遭受挫折，这加剧了灌溉系统制度设计的难度。

灌溉系统的储藏能力是根据灌溉工程的物理特性而变动的，如果灌溉工程具有小水库或蓄水池，那么灌溉系统具有储藏能力。储藏能力能够帮助有变动流量的水资源使用者克服一些占用难题和供应难题，因为在一个有小水库或蓄水池的灌溉系统中，农民可以把水"存储起来"，使他们减少"第一次获取"的行动，有利于达成水量分配方案。但对于那些以河流或水渠为灌溉工程的系统，水资源则不具有储藏能力，农民不能对任何特定时间内可获得的水量进行控制。他们需要制定一种水分配规则，这种

---

① 〔美〕埃德勒·施拉格等：《流量变化、储藏与公共池塘资源的自主组织制度》，载迈克尔·麦金尼斯主编《多中心治道与发展》，王文章、毛寿龙等译，上海三联书店，2000，第147页。
② 占用外部性指某一用户过度地使用资源，将会导致获取单位产出成本上升。
③ 供应问题是有关资源流量单位最大存货以及资源最高产出方面的问题，具体包括维护问题、退化问题、发展失误等。

规则不以水渠的水量为前提，而是通过控制空间（农田位置）和时间（灌溉时间）来降低用水冲突。

水量的变动性和储藏能力导致了不同的灌溉用水问题，从而影响灌溉者采取的解决方案与规则。在水量变动和水渠无法存储水源的灌溉系统中，农民难于对水资源进行直接控制，同一灌区内的农民会因试图获取水资源而产生占用外部性和供应问题。针对此类问题，灌溉者以空间和时间分配用水来协调他们的获取行为，并以分水规则为中心构建了一系列的制度安排和解决方案，进行灌溉管理。

第二节 灌溉系统的三种治理方案

灌溉系统管理是政策分析和政治科学一个既重要又复杂的研究内容，许多的政治科学都从治理、权力、公共产品或公共服务角度来讨论灌溉管理。作为公共池塘资源的灌溉系统同时具有资源使用上的竞争性（一个人使用将阻止另外一个人的使用）和难于将资源使用者排他在外的特点，[1] 并且灌溉水量是变动的，储藏能力是不稳定的，这些特点都加剧了灌溉治理模式的多样性和可变性，以及治理的难度。如果说大规模的灌溉系统是一种典型的国家主导的科层制治理模式，那么自 20 世纪 80 年代起，亚洲许多发展中国家灌溉系统发展的着眼点都已经从强调建设大规模灌溉系统的策略转移到帮助改善现有小规模灌溉系统的绩效策略，[2] 其治理模式更加多样化。根据现有的研究文献，小规模灌溉系统主要有政府、市场、社区三种治理模式，对这三种模式的设计、争论、比较均源自公地悲剧的出现。

一 公地悲剧

对公共资源治理的讨论最早源于哈丁（Hardin）对牧场放牧的困境描述。哈丁在 1968 年的论文《公地悲剧》（The Tragedy of the Commons）中

---

① Ostrom Elinor, Roy Gardner, James Walker, *Rules, Games, and Common - Pool Resources* (Ann Arbor: University of Michigan Press, 1994), pp. 6 - 7.

② 林维峰:《小规模灌溉系统的绩效改善》，载迈克尔·麦金尼斯主编《多中心治道与发展》，王文章、毛寿龙等译，上海三联书店，2000，第 344 页。

首次提出"公地悲剧"的概念，并生动地描述了在一个开放的公共牧场上，牧羊人所面临的两难困境。① 哈丁的研究引起了学术界对此类问题研究的兴趣，并引起了观点针锋相对的争论，这一类的研究被归类为公共池塘资源的研究。

在哈丁看来，亚当·斯密（Adam Smith）的"无形的手"是不可能将个人利益加总到社会福利的，当亚当·斯密的假设失效时，个人利益最大化的追逐将可能带来社会的负面效应。为了证明这点，他描述了开放性牧场的难题。在开放性的牧场中，所有的放牧人都可以不受限制地饲养他们想要饲养的羊群数量，只有社会病，如战争、疾病，才能使人口数量和羊群数量大幅度地下降，并控制在土地负荷的范围之内。但是，在社会病治愈之后，牧羊人又可以不受限制地饲养羊群，羊群的数量将越来越多，直到超过土地的负荷能力。从牧羊人的角度而言，每个牧羊人都是独自地占有多饲养的羊群收益，而仅和其他的牧羊人共同承担过多饲养羊群产生的负面效果，所以每一个追求利益最大化的牧羊人必然不断地增加羊群的数量；但就公共牧场的总体收益而言，牧场必然走向毁灭。就这样，"每个人都受困于系统中，这个系统迫使他毫无限制地增加羊群——但总归是有限，每个追求自我最大化的个人都在走向毁灭的必然命运。"② 于是，这个困境被哈丁描述为"公地悲剧"。

哈丁提出了两种解决方案——私有化和互相制约，倡导剥夺个人对公共资源的自由免费使用，取而代之的是社会限制或管制。"个人受困于公共资源的逻辑中，自由免费使用只能带来共同的毁灭；一旦他们看到互相制约的必要性，他们就能自由地追求其他目标。"③ 本质上，哈丁认为，

---

① 具有讽刺意味的是，这篇文章虽然以牧场放牧的例子而出名，但是它最初的写作目的是提出控制人口增长的有效手段，只是用其他形式的公共资源为例子。他的理论可以用下面的话更加准确地总结"没有什么技术方法可以将人类从人口过剩的悲剧中解救出来。自由繁殖将毁掉我们所有人……我们唯一可以保护或培育更加宝贵的自由的方法是让渡自由繁殖的权利"（Hardin，1968：1248）。更讽刺的是，哈丁所提及的最为著名的领域——公共牧场并没有运用他的理论，有种"墙内开花墙外香"的意味。

② Hardin Garrett, "The Tragedy of the Commons," *Science* 162 (1968): 1243 - 1248.

③ Hardin Garrett, "The Tragedy of the Commons," *Science* 162 (1968): 1243 - 1248.

个人的经济自利动机太强，必须用外部强加的法律规则来克服。但是，在他发表《公地悲剧》30 年之后，哈丁再次提炼了他的观点：

> 公共资源的管理通常被描述为社会主义或者自由企业的私有化。这两种方式的任何一种都有可能成功，也有可能失败：恶魔是在细节中。但在一个没有管理的公共资源中，你将忘记恶魔：过多使用资源降低资源的负荷能力，毁灭是无法避免的。①

显然，哈丁仍然坚持他原来的观点，认为没有管理的公共资源必然会走向毁灭，但是缓解这种命运的方法有两种：私有化或严格的政府控制。

哈丁的论文激起了对公共池塘资源管理的大范围和长期的争论：什么是解决公共池塘资源困境的最好方法。争论的一种观点可以被归结为市场取向或私有化的管理，该观点认为哈丁对没有管制的公共资源的最初分析是正确的，但他强调相互制约而不是私有化的观点是有误导性的。基于市场的解决方案如资源的私有化、资源税就是典型的解决方案。② 市场途径认为可以通过公共池塘资源的私有化或对使用者征税而对其进行管理，经济理性人的偏好可被利用来保护公共池塘资源而不是破坏。采用这种管理方法，公共池塘资源的管理将更加有效、更加灵活，能更好地符合资源使用者的需要。

同时，对公共池塘资源管理的另外一种观点——官僚途径——持续地得到了相当多的支持。这种观点强调政府约束自利行为的能力，强调政府在对资源管理进行决策时考虑所有公民的利益。支持该观点的论据可以从经典的政治理论和政府观点中找到，霍布斯（Hobbes）的《利维坦》（Leviathan）被作为使公共资源摆脱毁灭命运的"唯一"方案。该途径的基本观点认为外部权威是阻止公地悲剧的必要手段，哈丁的观点仍被引证支持官僚途径。因此，这些致力于官僚途径

---

① Hardin Garrett, "Extension of 'The Tragedy of the Commons'," *Science* 208 (1998): 683.
② 在哈丁的分析框架中，税收作为一种"私有化"手段是有问题的，因为他认为税收是一种"互相制约"或政府管制（Hardin Garret, "The Tragedy of the Commons," *Science* 162 <1968>: 1243–1248）。

的研究要么是批判基于市场途径的缺点，要么是提出更好的增加官僚途径效率的方法。

在相当长的时间里，对公共池塘资源管理的争论似乎仅限于哈丁最初文章中所提出的解决方案：基于市场途径或基于官僚途径。但是，公共池塘资源管理的第三种方法——基于社区的途径——却长期存在。① 和市场途径一样，社区治理已经发展了相当长的时间，直到 20 世纪 80 年代才开始引起学术界的研究兴趣。在社区途径中，社区可以共同努力创造能够管理公共池塘资源的制度。正如奥斯特罗姆所描述的资源社区依赖于既不类似于政府也不类似于市场的制度来相对成功地长期治理公共资源系统。② 社区途径和市场途径的最为本质区别是前者认为个体不仅具有经济理性（或经济理性程度不同），而且同时嵌套在影响个体决策的社区或制度里。这种治理方式改变了公共资源产权，以及影响个体、社区和公共池塘资源之间的关系。③

作为公共池塘资源的灌溉系统同样可能会陷入公地悲剧，治理模型也是围绕着政府、市场、社区三者展开讨论。

二 灌溉系统治理的官僚途径

长期以来公共池塘资源管理的一个假设是外部权威是阻止公地悲剧的必然手段，这个假设导致中央政府控制大多数的自然资源系统的政策结果。④ 在这类文献中，公共资源管理强调中央政府或地方政府对公共资源的控制，政府集权建设灌溉水利工程，建立灌溉管理机构，自上而下多层级地管理农业灌溉。台湾地区的灌溉系统就是一套较为成功的官僚途径的治理结构。许多研究总是将台湾地区灌溉系统的有效治理归因于当地政府

---

① Feeny David et al., "The Tragedy of the Commons: Twenty – Two Years Later," *Human Ecology* 18 (1990): 1 – 19.
② Ostrom Elinor, *Governing the Commons: The Evolution of Institutions for Collective Action* (New York: Cambridge University Press, 1990), p. 1.
③ Feeny David, Hanna Susan, McEvoy Arthur F., "Questioning the Assumptions of the 'Tragedy of the Commons' Model of Fisheries," *Land Economics* 72 (1996): 187 – 205.
④ Ostrom Elinor, *Governing the Commons: The Evolution of Institutions for Collective Action* (Cambridge: Cambridge University Press, 1990), p. 9.

在灌溉开发方面进行了巨大的投资，以及台湾地区的基础工程设施普遍较好，但都忽视了高度官僚化和集权的官僚机构，并根据劳动分工和等级控制的原则设计的灌溉协会。① 台湾灌溉协会自上而下地分为管理站和工作站（总部和田野办公室），管理站负责制订灌溉计划和实施其他任务，工作站负责协助管理站的工作。工作站内部分工明确，职责清晰，在具体工作的执行上具有灵活性。管理站负责把水分配到各个工作站的不同地区，工作站负责将水分配到农民的田头。灌溉协会既没有正式的权力也没有责任管理灌区内的水分配，田间分水由灌溉团队和灌溉队自发管理。灌溉团队和灌溉队是农民自发组织成立的附属于灌溉协会的组织，负责灌区内田间一级的分水工作，是自治的管理工作。

在这种途径中，政府对资源配置维持很强的控制，有助于在资源配置决策方面维持公共责任。基于官僚的途径认为如果人们不能期待私人对维护公地的兴趣，那么，就需要由公共机构、政府或国际权威实行外部管制。在对发展中国家水资源管理中存在的问题进行分析后，卡鲁瑟斯（Carruthers）和斯通纳（Stoner）提出的看法是：没有公共控制，过度放牧，公共牧场的土壤遭到侵蚀，过度抽取地下水，用水户将以较高的成本抽取水资源，② 此种现象必然会发生。公共控制的支持者想由外在的政府机构来决定特定的、最有效的放牧策略：政府可以决定谁能使用牧地，他们能够在什么时候使用牧地，能够喂养多少的牲畜。③

基于官僚途径是一种政府集中控制的思想，按照哈丁的解释"在一个杂乱的世界上，如果想要避免毁灭，人民就必须要臣服于外在与他们个人心灵的强制力，用霍布斯的术语来说就是'利维坦'"。④ "利维

---

① 林维峰：《公共机构的制度设计与协作生产》，载迈克尔·麦金尼斯主编《多中心治道与发展》，王文章、毛寿龙等译，上海三联书店，2000，第 387～393 页。

② Carruthers Ian D. , Stoner Roy, "Economic aspects and policy issues in groundwater development," *World Bank staff working paper* 496 (1981): 29.

③ 〔美〕埃莉诺·奥斯特罗姆：《公共事务的治理之道》，余逊达、陈旭东译，上海三联书店，2000，第 23 页。

④ Hardin, Garrett,"Political Requirements for Preserving our Common Heritage," in Wildlife and America, eds. , *Council on Environmental Quality* (Washington: H. P. Bokaw, 1978), p. 314.

坦"式的集中控制是治水结构谱系的一种基本形式，因为在水治理中，一个流域范围内的各地区利益团体之间，需要用集体行动来减少负的外部性和扩大正的外部性，他们可以采纳的集体行动形式从自由放任、协议、协商、协调到科层逐渐变化，从而构成了一个从扁平化到层级化渐变的谱系。在科层治理结构中，中央政府是最终委托人，地方各级政府是中央政府的代理人，但不管科层体系如果设计，灌溉系统的治理是以政府官僚系统为主的结构。以中国为例，河流的治理是比较纯粹的"科层"模式，中央政府在跨区域水事务中发挥主导作用，这种制度结构自秦代以来的 2000 多年中没有根本性的变化，主要特征是几乎所有的用水和与其有关的活动，如航运、防洪以及主要水利工程的修建和维护，均处在政府直接控制之下，所有的渠系以及堤坝，不论是否为政府所建，一直都在政府的管理之下。[①]

在灌溉水资源的官僚治理途径中，水权通常归属于国家所有。国家通常在宪法中宣布其领土内的所有水资源都是国家财产。国家可以通过管理体系分配水权，而这种管理体系通常是按分水岭来进行划分的。例如在美国，意欲用水者需向相应的机构递交申请，陈述其用水的来源、划分界限的方法以及用水的目的，实际的水权直到水被投入收益性使用时才被授予——与优先占有概念相联系。当水权被认定后，国家为那些用于特定目的（比如灌溉）的水资源发放产权证。[②]

基于官僚途径的治理在实践中通常采用管制性工具，如灌溉水服务的直接供应，这些管制工具使管制规则较为统一和稳定，统一性增加了系统中的公平性，稳定性降低了成本，这些都成为该途径的优点。但是，官僚途径也有许多的问题。官僚机构和中央决策的制度安排增加了交易成本，特别是信息成本，灌溉用水信息由田间的灌溉团体自下而上传递给灌溉协会总部，这些信息成了灌溉计划成败的关键。并且，灌溉机构不能被视为中立的、全能的整体，事实上，它是由一系列具有不同结构、动机、利益刺激和不同操作层面的分部门主体组成，那种认为政府是中立的并且是提

---

① 王亚华：《水权解释》，上海人民出版社，2005，第 68～73 页。
② 〔瑞典〕托马斯·思德纳：《环境与自然资源管理的政策工具》，张蔚文、黄祖辉译，上海人民出版社，2005，第 92 页。

高社会总福利水平的完美机构的观点，是十分天真的。[①]

在 20 世纪末，当学术界和实务界批评灌溉管理官僚途径的失败时，同时出现的是全球经济结构调整、新自由主义经济思想的流行、国际贸易和投资规则的变化，以及私人资本介入公共资源管理的热情。在 20 世纪末，水资源投资出现公共投资不足，据全球水伙伴（Global Water Partnership）估计，要实现 2000 年达到"水安全"愿景需要在水部门加大资本投资，从现在的大约 700 亿美元增加到大约 1800 亿美元，因此，在 20 世纪最后 20 年，水资源治理考虑的是"在特殊的背景下，哪一种治理能起作用"。[②] 然而，官僚途径运作效率低下，内部交易成本高昂，并缺乏可持续的财政支持以及卓有成效的领导能力，这导致灌溉系统管理的绩效低下，从而引发治理体系向更加分权的治理形式转变，并采取放松管制和市场化改革。于是，水资源的市场化模式在 20 世纪末孕育而生。

三　灌溉系统治理的市场途径

关于水资源治理的争论本质上在于对水是经济产品还是社会文化产品的争论，这些争论在 1992 年的都柏林（Dublin）会议上进行了系统的讨论，该会议提出了四条都柏林原则：

（1）水是有限和脆弱的资源，对维系生命、发展和环境至关重要。

（2）水的发展和管理应该基于参与途径，包括使用者、规划者和所有层级的政策制定者。

（3）妇女应在水资源的供应、管理和保护中发挥中心作用。

（4）水对竞争性的使用者有经济价值，应该被当作经济产品。[③]

其中对第四条原则的解释是"在这条原则之下，意识到所有人类都有基本权利在支付得起的价格下获得干净的水和卫生设备这一点是

---

① 〔瑞典〕托马斯·思德纳：《环境与自然资源管理的政策工具》，张蔚文、黄祖辉译，上海人民出版社，2005，第 18 页。

② Peter Rogers, Alan W. Hall, Effective Water Governance（Paper of Global Water Partnership Technical Committee, No. 7, 2003), pp. 11 - 12.

③ Ken Conca, *Governing Water: Contentious Transnational Politics and Global Institution Building* (Cambridge Massachusetts: The MIT Press, 2005), p. 141.

非常重要的。过去没有认识到水的经济价值已经导致了浪费和损害了资源的利用。将水当作经济产品来管理是实现效率和公平使用的重要途径，并鼓励保护水资源"。① 这条原则激起对水是经济产品还是基本人权的争论，这些争论的中心是水是否为市场产品，何时和如何将水当作市场产品。② 但关键的问题是认为水价机制和市场机制能够更有效地进行资源配置的思想能否与公平、意愿、参与等社区概念相一致，因为水市场化争论反映的是可持续性观念，典型地涉及有效社区的观点。③ 所以在水资源市场化管理的争论中，支持者看到收益的增加、服务的改善、供给的扩大和更准确的价格机制，以及转向"更高价值"的水使用的社会福利；但是反对者看到的是商品化、跨国企业权力产生的麻烦、地方控制的丧失、公共卫生的威胁以及由于无利可图而取消对穷人的供水。但最大的危害是水的市场化将破坏水的文化功能，该功能不能按照市场逻辑来操作。④

　　智利的水资源管理改革正是市场化思想的体现。20 世纪 80 年代智利对水资源进行了市场化改革，在灌溉领域成立灌溉董事会，将河流的水按照用途分为消耗性的和非消耗性的，并对消耗性的灌溉用水收取水费。智利将水当作生产要素之一，必须像其他经济投入一样可以交易，其认为将动态的、流动的水资源捆绑在固定的、不流动的土地资源上是不适当的，水权也要类似于其他财产权一样，可以租赁和买卖。而水权交易能促使水从低价值的使用者转移到高价值的使用者，从而提高水的使用效率。⑤ 虽然人们对智利水资源的市场化改革褒贬不一，但其已经将市场化思想落入实际。中国自 20 世纪 80 年代中期以来，也启动了以市场化改革为取向的水利体制改革，作为国家逐渐退出农田水利供给的

---

① The Dublin Statement on Water and Sustainable Development，http：//www. wmo. int/pages/prog/hwrp/documents/english/icwedece. htm，最后访问日期：2016 年 10 月 11 日。

② Ken Conca，*Governing Water*：*Contentious Transnational Politics and Global Institution Building*（Cambridge Massachusetts：The MIT Press，2005），p. 216.

③ Ken Conca，*Governing Water*：*Contentious Transnational Politics and Global Institution Building*（Cambridge Massachusetts：The MIT Press，2005），p. 217.

④ Ken Conca，*Governing Water*：*Contentious Transnational Politics and Global Institution Building*（Cambridge Massachusetts：The MIT Press，2005），pp. 217－218.

⑤ Peter Rogers，Water Governance in Latin America and the Caribbean（Paper represented at the Inter American Development Bank's Annual Meeting，Fortaleza，March，2002）.

代替性措施。一方面将水管单位转制为企业化经营，并与基层政府的财政脱离，这些经过企业化改制的水管单位，将原先公益性的服务转变为成本核算基础上的经营性收费。另一方面，通过租赁、承包、拍卖等方式将小型水利设施市场化。据农业部的统计，直到 1998 年底，全国现有的 1600 万处小型水利工程中，已有 264 万处进行了产权制度变革，其中股份合作制的 39 万处，进行拍卖的 37 万处，租赁的 19 万处，承包出去的 169 万处。①

即便在水市场化改革呼声高涨的今天，世界上仍有超过 90% 的家庭用水和污水处理是由公共部门负责的，并长久以来保持如此高的比例。政府提供的水资源服务通常是足够的，但是在一些政府绩效低下的国家，财政资源不足以确保公共部门提供优质服务。在许多的发达国家和发展中国家，私营机构从经营不佳、财政困难的水行政部门手里接管灌溉供水服务。改革的结果是复杂的，通常表现出好的经济结果，改善了大范围农民的供水分配。然而，教训也是清楚的，如果没有必要的管制框架，水行政机构，不管是公共的还是私营的，都有可能效率低下。机构的运作绩效常常会由于已经存在的不良治理结构而受到影响。在拉美国家，私营部门介入水资源管理已经产生混合结果，并表现出扩大供水范围和提高水质的成功结果。② 但是，水资源管理还存在需要克服的困难，比如在玻利维利的科恰班巴（Cochabamba），不切实际的改革目标、不充分的政策咨询、腐败、设计不佳的合同和透明度的缺乏导致了私有化改革的惨败，并促使供水服务重新回到几十年前的供水不足的情况。总体上，拉美国家的水资源发展所面临的治理困境主要是收益私人化和成本社会化的趋势。③ 而成本和收益的不对称很大程度上源于信息的不对称，因为基于市场的途径需要准确的信息，没有这些信息，不确定问题将限制水市场化的执行绩效。官僚途径不能很好地运转，但是市场途径也不见得能很好地运作，信息缺乏

---

① 《中国农业年鉴》编辑委员会编《中国农业年鉴（1999）》，中国农业出版社，1999，第66页。

② Peter Rogers, Water Governance in Latin America and the Caribbean (Paper represented at the Inter American Development Bank's Annual Meeting , Fortaleza, March, 2002).

③ Peter Rogers, Alan W. , Hall, Effective Water Governance (Paper of Global Water Partnership Technical Committee, No. 7, 2003), pp. 32 - 3, p. 9.

和结果不确定性是市场途径的主要困难。

灌溉系统的市场化途径是公共池塘资源管理发展的一个缩影,但是在水市场化过程中,私人资本投资模式并不是理论知识推动的,而是依靠强大的政治、经济力量,以及最近 20 年在世界经济范围内展开的经济结构调整、私有化、贸易自由化和新自由经济改革。这些政治经济背景的变化"产生了'结构调整'的需要,并对政府施压采取两个相关的改变:将政府从作为水公共物品的唯一供给者角色摆脱出来以及进行价格改革"。[①] 水资源的市场化改革带来的是对经济效率的关注和更高的资源使用收入,但是这些潜在的正面收益伴随着很多的负面效果,这些问题很多都是在经济学家的文献中所忽视的社会问题。市场途径用经济激励作为鼓励高效的资源使用行为,但这也成为其他问题的来源,如用水公平、贫困地区供水等问题。并且,市场化途径并没有消除或降低灌溉者的欺骗动机,相反,制造了欺骗行为的不同形式,这些形式在官僚途径中较少观察到。

因此,有效治理的关键是建立基层社区、资源市场与政府科层嵌套的制度,让三方在嵌套的制度中各自行使权力并承担责任。新的治理模式必须克服市场化的合法性和责任性问题,通过自治规则和网络的建立来实现独立和相互制衡。[②] 显然,在现在的治理模式中,正式权威正在逐渐依赖于非正式的权威,比如通过公私合作协调,使双方受益,也使公民受益。[③] 从这个观点看,参与管理、协作管理(Co‐management)、协作治理(Co‐governance)和基于社区的自组织治理的概念已发展起来。

四 灌溉系统的自组织治理

灌溉治理的传统思路与哈丁提出的解决"公地悲剧"的政府途径、市场途径类似,即围绕着官僚制集权管理或私有产权制度进行的一系列

---

① Ken Conca, *Governing Water: Contentious Transnational Politics and Global Institution Building* (Cambridge Massachusetts: The MIT Press, 2005), p. 221.

② Peter Rogers, Alan W. Hall, Effective Water Governance (Paper of Global Water Partnership Technical Committee, No. 7, 2003), p. 14.

③ Peter Rogers, Alan W. Hall, Effective Water Governance (Paper of Global Water Partnership Technical Committee, No. 7, 2003), p. 13.

制度安排，这两种管理途径有一个明显的共同点，即制度安排均产生于外部，并强加给灌溉者，制度被认为是一组外生变量。在哈丁的《公地悲剧》中，公共资源被假定是开放进入的，这条假设不久就受到批评。Ciriacy‐Wantrup 指出"共同财产并不是每个人的财产"，[①] 当存在公共财产时，需要规则决定进入权和使用权，这样资源的占有者才有动力避免过度使用资源。

对官僚途径和市场途径的批评将焦点转移到对集体行动的囚徒困境博弈的讨论上。哈丁提出的"公地悲剧"常常被形式化为囚徒困境博弈，在这个博弈中，所有的对局者都拥有完全信息，并且信息的交流是被禁止的或不可能的，并且是非合作的单次博弈。也就是说，个体在面对公共池塘资源时选择的策略是背叛，国家集权的利维坦模式成为解决公地悲剧的方案。但是这条假设运用在小规模的灌溉系统中，将会产生很大的问题。因为在这些小规模的灌溉系统中，水资源的占用家庭几代人都住在同一个村庄，并希望他们的后代也能居住在村里面，他们不会将背叛作为主要的策略。[②] 在这种背景下灌溉者面对的是重复性合作博弈，而不是单次性的囚徒困境博弈，村民之间频繁地进行面对面交流，博弈对局者交流的程度被认为是达成合作的关键性变量，然而，最后能达成什么样的行动依赖于互相的期望和成员之间彼此信任的程度。即使灌区中的村民是理性的博弈者，进行多次重复博弈，"一报还一报"的策略只要能促进互惠，就能产生合作行为。[③] 言下之意，灌溉者即使是理性经济人，也具有从困境中解脱出来的可能性，而无须外部强制力量的干预，灌溉系统的自组织治理就是理性个体集体合作行动的结果。

在自组织治理中，许多的经验证据表明个体能在没有外部权威干预、强制执行协议的情况下做出承诺，并遵守承诺。[④] 正如朱迪斯·滕德勒

① Ciriacy‐Wantrup, Siegfried, "Common Property as a Concept in Natural Resource Policy," *Natural Resources Journal* 15 (1975): 713–727.

② C. F. Runge, "Common Property Externalities: Isolation, assurance and resource depletion in a traditional grazing context," *American Journal of Agricultural Economics* 63 (1981): 595–606.

③ R. Axelrod, *The Evolution of Cooperation* (New York: Basic books, 1984).

④ D. Sally, "Conservation and Cooperation in Social Dilemmas: A Meta‐Analysis of Experiments from 1958–1992," *Rationality and Society* 7 (1995): 58–92.

（Judith Tendler）在谈到灌溉和干旱管理时，说道：

> 在这些案例中，政府通过鼓励和支持公民社团，帮助公民社团的组建，并通过这些社团工作。这些社团独立于政府（市政府或中央政府）提出更高的绩效要求，正如学习公民社会的学生们所描述的自治单位。①

可见，灌溉系统的自组织治理不仅在理论中存在，在实践中同样对农业灌溉发挥重要作用，该途径成为区别于官僚途径、市场途径的另外一种模式。灌溉的农民能通过设计多方面规则来克服集体行动的困境，实验研究证明当资源使用者，比如灌溉的农民，在拥有重新建构情境的机会时，他们通常会利用它达成可以维持的协定，并因此在不求助于外部力量的情况下实现较好的共同治理结果，② 许多的实证研究也证实公共池塘资源的使用者能组织他们自己从而达到比传统理论所预计的更高结果。③ 林维峰对尼泊尔灌溉系统的研究回应了自组织治理绩效的优越性，他的研究显示农民管理的灌溉系统比政府机构管理的灌溉系统更有效，尽管农民的灌溉技术简单，但同一灌区中的农民拥有土地的长期所有权，保持交流，自己制定协议，并监督和执行这些规则，因此能更公平地分配水资源，更好地维护灌溉设施和生产更高的水稻产量。④ 但并不是所有自组织治理的灌溉系统都运行良好，有的灌溉系统自组织是成功的，有的则不然，尼泊尔农民管理的灌溉系统就表现出不同的管理绩效，⑤ 笔者调研的上杭县灌溉系统也出现同样的绩效差异。于是，对公共池塘资源的探讨要求我们回答：

---

① Judith Tendler, "Good Government in the Tropics," in Peter Rogers, Alan W. Hall, eds., Effective Water Governance (Paper of Global Water Partnership Technical Committee, No. 7, 2003), p. 14.

② 〔美〕埃莉茜·奥斯特罗姆、罗伊·加德纳、詹姆斯·沃克：《规划博弈与公共池塘资源》，王巧玲、任睿译，陕西人民出版社，第 216 页。

③ John C. Cordel, "Carrying Capacity Analysis of Fixed Territorial Fish," *Ethnology* 17 (1978): 1 – 24.

④ Lam Wai Fung, *Governing Irrigation Systems in Nepal: Institutions, Infrastructure and Collective Action* (Oakland California: Institute of Contemporary Studies, 1998).

⑤ Ashok Raj Regmi, The Role of Group Heterogeneity in Collective Action: A Look at the Intertie Between Irrigation and Forests, Case Studies from Chitwan, Nepal (Ph. D. diss., Indiana University, 2007), p. 6.

为什么自组织治理会有不同的制度绩效？什么因素影响自治的成败？这个困惑是本研究力图要解答的。

第三节　影响灌溉系统自组织治理绩效的因素

要解释影响灌溉系统自组织治理绩效的差异，必须要归纳出最有可能帮助灌溉者进行自组织治理的一些变量。公共池塘资源的特征被认为是影响自组织治理的首要变量，如资源的排他性、资源流动的衰减性、资源是流动的还是固定的、资源是可再生还是不可再生、资源的规模、资源的生产率和资源的可预见性等。[①] 资源的物理状况会影响资源使用者对集体行动成本和收益的评估。当公共资源丰富，使用者能便捷获得资源，那么使用者也就没有动力参与集体行动；相反，当公共资源极为匮乏，使用者即使能够组织高水平的集体行动也难以获得充足的资源时，那么个体也没有动机参与集体行动。资源物理特性和自组织治理绩效呈现了 U 型的动态关系。[②]

同时，资源使用者的特性也影响着自组织治理的成效，如果资源使用者具有共同的理解、低的未来贴现率期望、信任和互惠，并有自治组织经验，[③] 那么自组织治理成功的可能性就更大。通常，如果灌溉者依赖唯一的水源，他们更想要长时间地使用资源，彼此之间互相信任，并拥有一定的自治能力，那么他们更可能制定出自组织规则，但关键是这些规则需要确定灌溉者分担制度成本和收益的方法。奥斯特罗姆曾提醒研究者要去探讨资源特性、资源使用者特性是如何影响使用者使用资源的效益 - 成本变化的，[④] 从而了解社区团体内部的本质变化。比如，水源的

---

① 〔美〕埃莉诺·奥斯特罗姆：《制度性的理性选择：对制度分析和发展框架的评估》，载保罗·A. 萨巴蒂尔编《政策过程理论》，彭宗超译，生活·读书·新知三联书店，2004，第 73～78 页。

② Elinor Ostrom, "A general Framework for Analyzing Sustainability of Social - Ecological Systems," *Science* 325 (2009): 419 - 422.

③ Elinor Ostrom, Self - Governance and Forest Resources (Paper represented at Center For International Forestry Research, Indonisia, Feb 1999), pp. 1 - 11.

④ Elinor Ostrom, Self - Governance and Forest Resources (Paper represented at Center For International Forestry Research, Indonisia, Feb 1999), pp. 1 - 19.

存量状况和集体行动是 U 型的动态关系，水量稀缺时，集体行动的成本要远远大于收益；水量充足时，集体行动的收益远远大于成本。这两种极端状况都难以促进集体行动，因为成本和收益高度不对称。资源使用者特性也影响着自组织治理的成本 – 收益，如果资源使用者对资源的未来收益有不同的贴现率期望，如果他们对复杂的资源系统应该如何操作没有共识，那么要达成一致的成本 – 收益规则是困难的。可见，研究者们已经归纳出自组织治理的影响变量，但并不意味着具有这些变量的团体就必然能产生自组织治理，关键要分析这些变量如何影响团体内部的成本 – 收益变化，进而影响集体行动的成败。

公共池塘资源是极为复杂的系统，水资源的物理特性是既定存在的，水量状况是一个控制性变量，水渠、水坝等基础设施是灌溉系统的物理特征，这些物理特征最终会纳入资源使用社群，影响社群个体的成本 – 收益估算与分配，进而影响行动动机与策略选择，最终影响团体的集体行动效果。"当个人或个人组成的团体分享作为共有财产的资源时"，① 团体就构成了社区自治的基础，其特性会影响社区内部的成本 – 收益分配，那么，团体特征就成为讨论自组织治理何以成功或失败的关键变量。

一　团体规模

在灌溉系统中，由具有共同利益的灌溉者组成的村庄通常被认为能够增进他们的共同利益，这一点在经济学分析中被认为是理所当然的。但是，如果以村民有共同利益为前提，就合乎逻辑地认为村民能够合作治水，这种观念将受到质疑。正如奥尔森（M. L. Olson）所认为的，"除非一个集团的人数很少，或者存在强制或其他某些特殊手段以使个人按照他们的共同利益行事，否则有理性、寻求自我利益的个人不会采取行动以实现他们共同的或集团的利益"。② 一个大灌区中的成员有理由寻求自我利益最大化，但灌溉者并不一定会采取行动维护灌溉系统，有无数的理由

① Elinor Ostrom, "Coping with the Tragedies of the Commons," *Annual Review of Political Science* 2（1999）：493 – 535.
② 〔美〕曼瑟尔·奥尔森：《集体行动的逻辑》，陈郁等译，上海三联书店、上海人民出版社，2007，第 2 页。

说明灌区规模越大，灌溉者集体合作行动的难度就越大，集体行动成功的可能性会随着团体规模的变大而降低。当灌溉共同体的规模越大，灌溉者互动的机会越少，他们建立声望的机会就越少，这种互动、声望有助于共同劳动行为与互相监督，更为重要的是，频繁的互动能产生较高水平的信任，从而产生合作的社会资本。

团体规模影响个体的贡献、交易成本，以及行动策略。个体如果认为他们的贡献将增进共同利益，即使这些利益由所有团体成员共享，他们仍可能对集体行动做出贡献。但如果个体感觉到他们的贡献无法对集体结果带来任何改变，他将丧失做出贡献的积极性，当集体规模越大，这种感觉将越明显。灌溉设施是具有消费非竞争性的公共物品，个体所需要承担的贡献将随着规模变大而降低，即人均固定成本降低，但交易成本随之增加。在奥尔森看来，集团越大，所提供的集体物品数量就越低于最优水平；集团越大，个体从总收益中获得的收益份额就越小，就越不足以抵销他们所支出的成本；集团越大，组织成本就越高。①

实质上，团体的规模并不直接影响集体行动，而是通过影响团体的成本－收益分布状况，以及交易成本来影响集体行动。在集体行动中，交易成本会随团体成员数量单调递增。在小团体中，人们有许多的机会进行面对面的交流，了解各自的选择偏好，信息成本明显降低，他们不需要借助集团协议、合作组织就能进行集体行动。并且，在小团体中，非正式的互动取代正式的讨价还价，互动和交流增加了信任，从而避免合同订立过程的逆向选择和道德风险，因此，小团体能带来交易成本的减少。但是，团体太小，规则的执行能力将减弱，因为当灌溉者人数很少，他们没法筹集大量的资金用于维持灌溉设施的运作，从而使集体行动能力减弱。这两种此消彼长的张力使得我们难以简单地判断团体规模与集体行动的关系。

对灌溉制度的实证研究说明了团体规模对集体行动影响的复杂性。在东亚菲律宾的许多农村地区，村庄是人们生活的基本单位，具有正式

---

① 〔美〕曼瑟尔·奥尔森：《集体行动的逻辑》，陈郁等译，上海三联书店、上海人民出版社，2007，第40页。

和非正式的治理机制。在一个村庄内部要比跨越不同村庄容易达成一致意见和执行规则，灌区中村庄的数目是影响灌溉协会组织横向合作的重要决定性因素。[①] 在中国中部地区，荆门市的五个村庄的农田水利管理中，村庄传统资源缺失，村庄舆论解体，村民成为原子化个人，难以为公共事务达成合作协议，因而农民只能通过打井、挖堰等小水利建设来解决各自的灌溉问题。[②] 这种情况在中国的社会背景中普遍存在，许多的自然村落无法在同宗族之上进行超宗族的村民集体行动，并难以产生超宗族的政治组织和领导人。[③] 从表面上看，是村庄数量或灌溉团体规模影响集体合作的绩效，但深入分析这些村庄的特点发现，他们在文化记忆、宗族认同上存在着根本性差异，这些才是造成集体行动困境的主要原因。

　　虽然在理论分析中，规模对集体行动可能产生负面的影响，但实证研究并没有得到一致的结论。阿格拉沃（A. Agrawal）对印度森林资源的研究指出，小规模社区虽然能够制定森林管理规则，并互相监督、执行规则，但这些自治安排并不能确保森林免受其他社区的侵犯，他们必须雇用森林管理员使森林免遭本村村民和别村村民的破坏，并且森林管护工作要持续几个月的时间，但是小社区很难成功地筹集资金雇用森林管理员，而大社区则能较好地做到。[④] Varughese 回应了这种观点，较小的村庄在组织集体行动时面临更大的困难，虽然社区规模和集体行动在统计上系数呈负相关，但没有通过显著性检验，统计数据无法证明规模对集体行动的负面影响。[⑤] 但是，也有研究证明规模与集体行动的关系，

[①] Masako Fujiie, Yujiro Hayami, "The Conditions of Collective Action for Local Commons Management: The Case of Irrigation in the Philippines," *Agricultural Economics* 33 (2005): 179 – 189.

[②] 罗兴佐：《治水：国家介入与农民合作——荆门五村农田水利研究》，湖北人民出版社，2006，第 173 页。

[③] 黄宗智：《长江三角洲小农家庭与乡村发展》，中华书局，1992，第 155 页。

[④] A. Agrawal, "Small Is Beautiful, But Is Larger Better? Forest – Management Institutions in the Kumaon Himalaya, India," in C. Gibson, M. A. McKean, and E. Ostrom, eds., *People and Forest: Communities, Institutions, and Governance* (Cambridge, MA: MIT Press, 2000), p. 74.

[⑤] G. Varughese, "Population and Forest Dynamics in the Hills of Nepal: Institutional Remedies by Rural Communities," in C. Gibson, M. A. McKean, and E. Ostrom, eds., *People and Forest: Communities, Institutions, and Governance* (Cambridge, MA: MIT Press. 2000), p. 201.

高塔姆（A. P. Gautam）对社区森林保护的研究发现，虽然更大团体的森林管理比中等团体或小团体管理的情况要差很多，但是规模并不直接对森林状况产生负影响。[①]

高塔姆的结论回到了理论讨论的原点，团体规模并不直接影响集体行动，而是影响个体之间的信任、行动的可预测性，以及调动资源的方式，集体行动依赖于团体中的信任。许多的研究者也认同社会规范、信任、公民参与网络的重要性，将这些因素统称为"社会资本"，并将社会资本看作影响团体活动的主要因素。正如帕特南（R. Putnam）所指出的，社会资本促进了自发的合作。[②] 但什么因素在影响社会资本？对团体特征与集体行动关系的研究回答了该问题，团体规模越大，出现异质性的可能性越大，个体之间互动的机会越少，社会资本存量就可能越少；团体规模越小，越可能产生同质性社区，个体之间交往互动的机会越多，社会资本的存量就越大。

二　团体异质性

同质性被认为是促进集体行动的积极因素，团体中相同的社会文化或经济背景增加了个体互动的可预见性，[③] 可预见性反过来提供了信任的基础。即使可预见性没有产生信任，同质性团体的成员也因具有相同的特征，从而具有共同的利益需求。理论界更多地关注团体异质性与集体行动的关系，学者们讨论了各种异质性的来源，巴郎（J. M. Baland）和普拉托（J. Platteau）将异质性归因于民族、种族，或其他文化分化，以及个体之间经济利益的本质区别。[④] 韦尔德（T. Velded）进一步识别出异质性的五种不同类型，分别为：贡献的异质性、政治异质性、财富和权利的异

---

① A. P. Gautam, "Forest Land Use Dynamics and Community – Based Institutions in a Mountain Watershed In Nepal: Implications for Forest Governance and Management," in Michael Zoebisch, Khin Mar Cho. , eds, *Integraten Watershed Management* (Tailand: Asian Institute of Technology Press, 2005), pp. 151 – 162.

② 帕特南：《使民主运转起来》，王列、赖海榕译，江西人民出版社，2001，第196页。

③ J. D. Fearon, D. D. Laitin, "Explaining Interethnic Cooperation," *American Political Science Review* 90 (1996): 715 – 735.

④ J. M. Baland, J. Platteau, *Halting Degradation of Natural Resource: Is There a Role for Rural Communities?* (New York: Oord University Press, 2000), p. 301.

质性、文化异质性，以及经济利益异质性。① 不同的异质性对集体行动的影响并不一致，并不是所有类型的异质性都对集体行动产生阻碍作用，更为重要的是，异质性受到制度的影响。

（一）经济异质性

异质性有两种常见类别——经济异质性和文化异质性。这两类异质性可进一步细分为：财富异质性、利益异质性、身份异质性、文化异质性。

财富异质性用来描述个体对公共资源管理的贡献能力差异，许多的实证研究认为财富或经济收入的异质性对集体行动是一种阻碍效果。② 在一个灌溉社区中，当灌溉者的财富经济收入差异很大时，越是富裕的人退出社区的可能性就越大；越是贫穷的人，对公共资源的依赖性越大，退出社区的可能性就越小，富人和穷人间退出选择权的差异减弱了合作的积极性，③ 使集体行动困难，财富的异质性对集体行动就产生了负面影响。但另外一种观点认为异质性有可能促使合作，在村庄人均经济收入水平比较低的情况下，富裕的灌溉者承担了灌溉设施的大部分成本，村中的经济能人、精英能够对水利设施的初始建设做出较大的贡献。因而，财富异质性对集体行动的影响不是单调的线性影响，而是 U 型曲线关系，巴德翰（Pranab Bardhan）和代顿 - 约翰逊（J. Dayton - Johnson）的研究支持这种 U 型关系。④ 团体中财富异质性很小，说明成员的经济收入水平比较相当，集体行动的水平则较高；随着异质性的扩大，团体订立规则、执行规则的难度变大，冲突逐渐扩大，合作水平降低。但是当财富的异质性达到某一水平，则会促进集体行动，这就是"奥尔森效应"所认为的集团内部的不平均可以促进集体物品的供给。

---

① T. Velded， "Village Politics：Heterogeneity, Leadership and Collective Action," *Journal of Development Studies* 36（2000）：105 – 134.

② S. C. Hackett， " Heterogeneity and the Provision fo Governance For Common – Pool Resource," *Journal of Theoretical Politics* 4（1992）：325 – 342.

③ Pranab Bardhan, Jeff Dayton – Johnson, Heterogeneity and Commons Management（Papers represented for The National Research Council's Institutions for Managing the Commons Project, 2000），pp. 1 – 23.

④ Pranab Bardhan, Jeff Dayton – Johnson, "Unequal Irrigators：Heterogeneity and Commons Management in Large – Scale Multivariate Research," in Elinor Ostrom, et al. , *The Drama of the Commons*（Washington：National Academies Press, 2002），pp. 87 – 112.

　　利益的异质性是指个体从集体行动中获益的差别，收益的差别影响个体对集体行动的积极性。在灌溉系统中，农田地理位置决定了灌溉者从灌溉服务中获益的大小，这种差异导致他们的收益异质性。灌溉系统中渠首和渠尾拥有不同的合作激励，[①] 正如在不同捕鱼点捕鱼的渔民，他们的获益不同，合作动机也不同。地点差异对集体行动是重要的，当人们考虑如何分配集体活动的责任时，地理位置的不对称对集体行动的影响是负面的，地理位置不同的个体对如何分配责任和利益存在分歧，甚至冲突的意见。Varughese 研究了地点差异对森林管理的影响，他对尼泊尔的 18 个森林进行了研究，相比较于远离森林的社区，靠近森林的 11 个社区的同质性比较高，那些地理差异比较小的社区，集体行动所面临的挑战要小于地理差异大的社区，这项研究虽然显示地理位置差异对集体行动的影响，但没能证明地理位置差异必然对集体行动带来负面影响。[②]

　　在灌溉系统中，农田位置不同说明它们对灌溉系统的依赖程度不同，渠首农田对水资源的依赖性较弱，它们不需要完善的水渠系统以及细致的分水方案就能取水灌溉；渠尾农田则不同，它们对灌溉系统的依赖程度很高，只有维护良好的水渠、合理的分水方法才能保证渠尾农田有水灌溉。渠首田主和渠尾田主对灌溉系统管理的积极性不同，对灌溉集体行动的参与程度也不同，这些分歧导致他们在资源管理上偏好不同，从而对合作行动产生负面影响。根据奈度（Naidu S. C.）的研究，财富异质性是团体成员对集体行动贡献能力的差异，利益异质性是成员从集体行动中获益的差别，如果团体成员的能力和收益是不一致的，那么利益的异质性将对合作带来负面效应。[③] 在奈度的模型中，当控制财富异质性变量时，资源依赖性对合作不产生影响，然而，当存在财富异质性时，资源依赖性则降低了合作的水平，这说明当财富异质性和利益异质性不一致时，这种不一致阻

①　Elinor Ostrom, "Constituting social capital and collective action," *Journal of Theoretical Politics* 6 (1994): 527 – 562.

②　George Varughese, Elinor Ostrom, "The Contested Role of Heterogeneity in Collective Action: Some Evidence from Community Forestry in Nepal," *World Development* 29 (2001): 747 – 765.

③　Naidu Sirisha C., "Heterogeneity And Collective Management: Evidence from Common Forests in Himachal Pradesh, India," *World Development* 37 (2009): 676 – 686.

碍了集体行动。奈度进一步指出，财富异质性与集体行动的 U 型关系只有在成员对资源依赖存在异质性的情况下才会出现。[1] 当一些灌溉者对资源的依赖程度很高，并且他们具有财富能力为灌溉系统做出贡献时，他们将有可能提供集体物品，这种现象就是奥尔森所分析的不平均可以推动合作。但是如果资源依赖的异质性与财富异质性是不一致的，那么财富的异质性将阻碍合作。

因而，经济异质性对集体行动的影响不是单调的线性方式，U 型曲线能更好地说明两者的关系。一般情况下，经济异质性越大，集体行动的难度越大，合作的程度越低；当财富异质性与利益的差异分布情况是一致的，即团体中经济实力较强的人，同时也是从集体行动中获益较多的人，他们将有可能承担大部分的集体行动成本，因而经济异质性促使集体行动的产生，就出现了"奥尔森效应"。

（二）"奥尔森效应"

财富异质性和利益异质性是经济异质性的表现，传统观点认为经济收益分布的不平均将给集体行动带来极大的障碍，但奥尔森提供了另一种对异质性的解释思路，认为不平均更有可能供给公共物品，即"奥尔森效应"。奥尔森认为，在一个小集团中，如果一个成员可以获得总收益中很大一部分，即使他个人承担全部的成本，比起没有这一物品时他仍能获得更多的好处，这时可以假设集体物品会被提供。但如果这个对实现集团目标有着关键作用的个体从集体物品中获得的利益不足以使他有兴趣独立承担提供这一物品的成本，那么集体物品是否能被提供则是不确定的。[2] "奥尔森效应"描述了当团体中存在利益异质性时，当集体物品对团体中一部分人极为重要，且这一部分人从集体物品的总收益中获益的可能性很大，那么他们将很有可能支付集体物品的成本。

在"奥尔森效应"中，少数村民的行动给村庄中的大多数成员或所有成员带来收益，这说明收益的异质性、不平均有利于公共事务管理的成

---

① Naidu Sirisha C. , "Heterogeneity And Collective Management: Evidence from Common Forests in Himachal Pradesh, India," *World Development* 37 (2009): 676 – 686.

② 〔美〕曼瑟尔·奥尔森：《集体行动的逻辑》，陈郁等译，上海三联书店、上海人民出版社，2007，第 36～37 页。

功。"奥尔森效应"在特定情况下是有可能成立的，例如在社区管理的灌溉系统中，每个农民各自维护自己农田前面的水渠，水渠长度与所拥有的农田大小成比例，一个灌溉者的农田面积越大，他所承担的成本越大，获益也越大，他就会更积极地促进集体行动，甚至供给集体物品，这种情况就是"奥尔森效应"。在灌溉水利设施的初始建设中最有可能出现"奥尔森效应"，水渠的建设需要大量的固定成本投入，如栅栏、沙石等。灌溉系统的集体行动收益与投入是一种非凸曲线，集体努力只有超过临界值之后才能带来收益，比如，只有大坝建成、水渠修好之后，灌溉系统才能为水稻种植带来收益，在这种情况下，富裕的农民更有可能调动资源修建大坝或修建水渠。巴郎和普拉托的研究证实了当集体收益与投入是非凸曲线时，"奥尔森效应"有可能出现。[①]

异质性与公共资源管理的关系是模糊不清的，但"奥尔森效应"提供了一种对团体特征与集体行动关系的饶有趣味的解释，说明了经济异质性对集体行动产生积极影响的可能性，这种现象的产生需要两个基本条件。第一，团体中存在少数经济收入较高的富人，同时，他们的收入依赖于公共资源，如果富人组织集体行动，承担大部分的初始成本，那么"奥尔森效应"有可能产生。如果团体中富人的经济收入并不来自公共资源，公共资源对他们而言毫无价值，那么富人的退出对集体合作将是一种威胁，在这种情况下，经济异质性对集体行动会产生负面影响。第二，"奥尔森效应"所提供的集体物品仅需要部分团体成员的参与就可以实现，但有些集体物品则需要全员参与，有些资源需要完全的合作才能提取、使用。在灌溉系统中，非正式惩罚、正式惩罚、灌溉系统的维护和运转并不要求完全地遵从，相反，规则的制定则需要全员参与。这意味着只有当灌区内的富人重视公共资源的价值，并且团体制定一套对违规者的正式惩罚系统时，"奥尔森效应"才会出现。[②]

---

① J. M. Baland, J. P. Platteau, "Wealth Inequality and Efficiency in the Commons: the Unregulated case," *Oxford Economic Papers* 49 (1997): 451–482.

② Lore M. Ruttan, The Effect of Heterogeneity on Institutional Success and Conservation Outcomes (Paper represented at the International Association for the Study of Common Property Meeting, Mexico, August, 2004), pp. 1–65.

(三) 社区文化的异质性

团体的异质性还可以用团体信任或社会凝聚力的缺乏来测量，称为文化异质性。总体上，共享的价值观或对公共问题的共识有助于团体合作，而社会文化异质性则增加了制度建立过程中的协商和讨价还价成本，因而，社会文化的异质性被认为会阻碍集体行动。社会文化异质性常用社区中种族、阶层数量来测量，如部落、[①] 种姓、[②] 身份、宗族等，这些变量代表团体成员的身份认同。理论上，身份异质性被认为会阻碍集体行动，身份认同差异通过歧视和排外规范对合作产生负面影响，[③] 社会身份的不平等或差异可以转化为权力的不平等，从而造成回报的差异，这将降低不同身份个体参与集体行动的一致性和规则的遵从度。[④]

种族或宗族身份代表村庄内部的身份认同与识别，同一村庄中，宗族越多，社区的身份分化就越严重。Varughese 构造了分化指数来衡量身份差异：

$$A = 1 - \sum_{i=1}^{n} (P_i)^2$$

其中 P_i 是第 i 个宗族人数占社区总人数的比重，A 在 $0 \sim 1$ 范围变动，A 越是接近 1，则分化程度越高，反之，则分化程度越低。Varughese 对尼泊尔森林资源的研究并没有与预料的情况一致，他的研究说明社会身份异质性与集体行动水平的高低没有关系。[⑤] 高塔姆用同样的指标对尼泊尔另一

① Charity K. Kerapeletswe, Jon C. Lovett, Factors that Contribute to Participation in Common Property Resource Management: The Case of Chobe Enclave and Ghanzi/ Kgalagadi, Botswana (Paper presented at the Second World Congress of Environmental and Resource Economist Monterey, California, June, 2002), pp. 1 - 46.

② Amy R. Poteete, Elinor Ostrom, " Heterogeneity, Group Size and Collective Action: The Role of Institutions in Forest Management," *Development and Change* 35 (2004): 435 - 461.

③ B. Agarwal, "Participatory Exclusions, Community Forestry, and Gender: An Analysis for South Asia and a Conceptual Framework," *Work Development* 27 (2001): 629 - 649.

④ J. K. Boyce,"Inequality as a Cause of Environment Degradation," *Ecological Econimics* 11 (1994): 169 - 178.

⑤ G. Varughese, Villagers, Bureaucrats, and Forests in Nepal: Designing Governance for a Complex Resource (Ph. D. diss. , Indiana University, 1999) p. 115.

地区的森林管理进行研究，同样没有证实社会身份异质性与集体行动或森林状况的联系。[1] 他们认为身份的异质性在森林资源管理中并不是集体行动的主要障碍，因为制度调节了异质性对集体行动的预期影响，抵消或弱化了异质性。[2]

雷格米（A. R. Regmi）对尼泊尔奇特旺地区灌溉系统的研究发现用种族构成衡量的社会文化差异没有对灌溉绩效产生负面影响，绩效更多地受到经济收入差异的负面影响，这意味着团体内部经济收入的差异比种族差异更能阻碍集体行动。[3] 但是代顿－约翰逊对墨西哥小型灌溉系统的研究则证实社会异质性会降低合作努力，他认为如果灌溉者来自多个村庄或农场，那么灌溉规则监督与执行成本将比同一个村庄的成本高，村庄自治合作的监督和执行某种程度上依赖于非正式规范，当这些规范超出村庄边界时，它们就失去执行力，从而减弱了合作努力。

奈度的研究综合以上两种观点，他认为社会异质性与合作是 U 型关系，这意味着当社区是完全同质的，或异质性很大时，合作水平是高的；当社会异质是中等水平时，将不会产生合作。当灌区中的村民属于同一个宗族，社会身份是同质的，他们之间的交流和互动的频率很高，合作的可能性很大。当村庄由多个宗族团体构成，社会异质性就产生了，村中的小宗族团体可能被认为是"外来人"，他们可能由于社会偏见和排他性而被排除在决策过程之外，他们参与集体行动的可能性就很低。然而，在异质性村庄中，如果每个宗族的影响力是相同的，不存在主导性宗族，社区较少发生权力寻租，那么村民之间互动的可能性会很高，持续的互动、高水平的交流和信任将提高合作水平，所以奈度认为合作的内在难题不在于社会异质性，而在于这种异质性对社区中子团体（如宗族分支、村民小组）

---

① A. P. Gautam, Forest Land Use Dynamics and Community – Based Institutions in a Mountain Watershed in Nepal: Implications for Forest Governance and Management (Ph. D. diss. , Asian Institute of Technology, Thailand, 2002).

② C. Gibson, T. Koontz, "When Community is not Enough: Institutions and Values in Community – Based Forest Management in Southern Indiana," *Human Ecology* 26 (1998): 621 – 647.

③ Ashok Raj Regmi, The Role of Group Heterogeneity in Collective Action: A Look at the Intertie Between Irrigation and Forests, Case Studies From Chitwan, Nepal (Ph. D. diss. , Indiana University, 2007), p. 281.

意味着什么。① 如果社区很少发生排他和歧视现象，那么即使是异质性的团体仍有可能达到高水平的合作，因为在这些社区中，仍能产生合作的基础，如信任、共识、执行良好和一致同意的规则。

村庄灌溉系统中，村民的合作行为不能简单地用"参与合作能带来收益"来解释，即使灌溉者都知道合作能使所有人都受益，但是灌溉设施仍有可能由于集体不行动而长年失修、运作不佳。② 灌溉村庄的规模、村庄的异质性对灌溉合作行动的影响是不确定的，它们之间的关系表现为一种 U 型模型，这说明异质性对集体行动的影响是有条件性的，异质性并不必然阻碍集体行动。在村庄中，异质性与同质性是共同存在、互相影响的，甚至不同的异质性形式会互相影响，减弱或增强异质性对集体行动的负面影响。当财富异质性与利益异质性的分布一致时，异质性对集体行动产生积极作用；反之，产生消极作用。团体异质性并不直接影响集体行动，团体规模和团体异质性直接影响个体互动、交流的可能性，进而影响信任、共识等社会资本存量，这些社会资本是合作的基础。

"团体异质性"概念是对灌溉社区的结构特征的描述，目的在于说明什么样的村庄结构促进合作治理，相反，什么样的村庄结构阻碍合作。根据伯特（R. S. Burt）的观点：网络中互相联系的程度越高越有利于绩效，因为通过个体之间的交流，创造共同规范和约束机会行为的可能性就越高。③ 在同质性越高的村庄，村民之间的互动越频繁，频繁的交往和互动增加了社会资本。因为社区网络存在许多的结构洞（Structural Holes），这些结构洞承载着不同行动者的信息分布，如果网络行动者能把结构洞连接起来，那么他就有信心与他人交流、互动，获得战略上的优势，从而获得新的和多样化的信息。所以，如果一个网络能够跨越、连接多个结构

① Naidu Sirisha C. ,"Heterogeneity and Collective Management: Evidence from Common Forests in Himachal Pradesh, India," *World Development* 37 (2009): 676 – 686.

② Ashok Raj Regmi, The Role of Group Heterogeneity in Collective Action: A Look at the Intertie Between Irrigation and Forests, Case Studies From Chitwan, Nepal (Ph. D. diss. , Indiana University, 2007), p. 288.

③ Ronald S. Burt, "The Network Structure of Social Capital," in M. Staw Barry, et al. , *Research in Organization Behavior* (CT: JAI Press, 2000), pp. 345 – 423.

洞，信息在行动者之间流动就越快，网络的密度就越大，那么这个网络就有比较强的连接性，社会资本就较为丰富，合作行动就较容易产生。[①]

简而言之，在一个灌溉系统中，如果是一个同质性的村庄，行动个体的差异性较小，具有较为一致的利益，他们只要花很少的时间就能达成一致同意。但如果是个体多样化的灌溉社区，特别是跨越了多个村庄的灌区，那么异质性将降低达成集体行动的效率，甚至无法合作。这种观点仅仅是理论上的论述，经验研究证明异质性与集体行动的关系并不是单向的线性关系，两者为 U 型关系。在 U 型模型中，异质性越大，集体合作水平就越低，但是当异质性程度超过某一临界水平时，团体中的小部分行动者有可能供给集体物品，承担大部分的成本，出现所谓的"奥尔森效应"。异质性与同质性并不会直接影响集体行动，它们通过影响个体之间的社会互动、交流，进而影响村民之间的关联度，从而导致村庄社会资本存量的变化，最终影响集体行动的绩效。更为重要的是，这些社会互动、交往能传递信息、知识，增进了解，提升信任，抵消或削减异质性对集体行动的负面影响。

第四节   中国灌溉自组织治理中的关联性团体

上文的文献回顾可以得出简单的结论，即团体的异质性并不必然导致集体行动的失败，在存在经济收入差异、社会文化差异的团体中，仍可能出现"奥尔森效应"。虽然这些文献无法得出异质性对自组织治理影响的一致看法，但都认同团体异质性和其他因素互相影响，比如经济差异会被文化或宗教一致性弱化，团体成员在交往中达成对公共资源状况的基本共识、维持必要的信任以及对基本规则的认同，从而会产生合作性的集体行动。简单而言，在经济上、权力上异质的团体能够克服差异，形成信任，产生道义责任和道德标准，克服合作困境，有效地自组织供给灌溉服务。这种共同的道义上的责任和道德标准使一些具有某些差异性的团体发展成

---

① Sandstrom Annica, Carlsson Lars, "The Performance of Policy Networks: The Relation Between Network Structure and Network Performance," *The Policy Studies Journal* 36 (2008): 497 – 524.

为关联性团体，从而有效维持农村灌溉系统的运作。

"关联性团体"是蔡晓莉用来解释中国农村公共物品供给差异的关键概念，指具有共同的道义责任和道德标准的团体。蔡晓莉的研究指出：当农村的正式民主制度（如选举）和科层制度（如绩效评估）薄弱时，如果村委会干部嵌套在如寺庙管理委员会、宗族的社会团体中，并且这些社会团体包含了村庄辖区下的所有村民时，村委会干部改善社会团体福利的义务与供给更好公共物品的职责是一样的，[①] 那么村委会将有动力提供更多的公共物品，这种激励就是非正式制度对正式制度的积极影响。蔡晓丽将这种影响总结为没有民主的问责，并且认为，当农村存在恰当的社会团体，即具有包容性（Encompassing）和嵌套性（Embedding）的关联性团体时，没有民主的问责就能产生积极作用。[②]

蔡晓莉所研究的农村公共物品包括灌溉系统，这也暗示着农村灌溉系统的自组织治理绩效受到关联性团体的影响。关联性团体，如宗族、种族、慈善团体、兄弟会等都是关联性很高的团体。正如伍思诺（R. Wuthnow）所说的"宗教在形式上变成道德团体，是一个对他人和共同的仪式和信仰负有责任义务的网络……正是这些宗教所包含的信仰和思想反映和描述这些道德义务。"[③] 中国农村存在以宗族、血缘自发组织的团体，其对美丑善恶具有共同的评判标准，这样的团体就是一种关联性很强的团体。这些在基本道德规范具有共识的团体能够克服经济收入、教育背景的异质性，达成对灌溉系统的一致看法，从而实现集体行动。在蔡晓莉的分析中，经济收入差异并不是造成农村公共物品供给差异的原因，而关联性团体关联性的强弱才是造成供给差异的原因。因此，即使农村的正式制度——基层民主制度、科层制度也无法有效地供给灌溉服务，而非正式的关联性团体，如宗亲会、老人协会却能对灌溉治理产生积极的影响，这种没有民主的问责为农村治理研究提供了很好的分析视角。

---

① Lily L. Tsai, *Accountability without Democracy*：*Solidary Groups and Public Goods Provision in Rural China*（New York：Cambridge University Press，2007），p. 251.

② Lily L. Tsai, *Accountability without Democracy*：*Solidary Groups and Public Goods Provision in Rural China*（New York：Cambridge University Press，2007），p. 257.

③ Robert Wuthnow, *The Restructuring of American Religion*：*Society and Faith since World War Two*（Princeton：Princeton University Press，1988），p. 308.

第五节   现有研究尚未深入讨论的议题

公共池塘资源的研究总结出许多影响自治绩效的变量，但这并不意味着所有的资源使用者都能够自组织治理。没有哪两个公共池塘资源的背景会是一模一样的，影响公共资源自组织治理的变量依背景不同而不同。奥斯特罗姆曾提醒该领域的研究者：要理解自组织治理是否会出现，必须观察变量引起的成本－收益变化。[①] 简而言之，变量通过影响自治的成本－收益变化而导致不同的绩效结果。公共池塘资源是极为复杂的系统，当个人或个人组成的团体分享作为共有财产的资源时，团体就构成了自治的基础，其特性就影响到内部的成本－收益变化，[②] 团体规模与团体特征并不直接影响集体行动，它们都是通过影响团体成员达成一致同意、实现合作的成本－收益变化，进而影响自组织治理的绩效，这些成本－收益变化是达成自我执行协议的交易成本。

影响自组织治理交易成本的团体变量主要有两个：团体规模和团体异质性。团体规模越大，成员之间进行面对面交流的机会就越少，形成共识的交易成本则越高，规则的监督、执行成本也越大；团体的异质性越大，则说明成员之间在经济、利益、社会文化背景方面的差异就越大，他们讨价还价成本则越大，达成一致同意和执行规则的交易成本也越大。确切而言，团体异质性对集体行动的影响并不是简单的线性关系，而是复杂的 U 型模型，这意味着当团体内部的经济异质性和利益异质性分布一致时，则可能产生"奥尔森效应"。

现有对团体特征与公共池塘资源自组织治理关系的研究已经取得巨大的成果，但多数的研究具有美国政治民主精神痕迹，将自组织治理看作没有外部干预的自发运行的治理模式，本研究将这种自治类型称为自发性的自组织治理。但在中国威权体系背景中，农村灌溉自组织治理则存在自上

---

① Elinor Ostrom, Self - Governance and Forest Resources (Paper represented at Center For International Forestry Research, Indonisia, Feb. 1999), pp. 1 - 19.

② Elinor Ostrom, "Coping with the Tragedies of the Commons," *Annual Review of Political Science* 2 (1999): 493 - 535.

而下行政力量的外部干预。西方自组织治理的研究文献多数局限在自组织治理团体本身，如仅仅分析尼泊尔的灌溉协会，其默认的假设是在尼泊尔农村，灌溉协会的运作不受到基层治理机构的影响。但中国农村情况则不同，虽然灌溉协会是在民政部登记的农民自治组织，但是多数灌溉协会是以行政村为单位成立的，并且多数由村委会领导兼任协会领导人，因此在分析农村灌溉系统的自组织治理时，如果没有考虑基层正式制度的影响，那么将无法呈现灌溉治理的全貌。可以认为，在中国背景下，多数农村灌溉系统的自组织治理是在水利局或乡政府的行政引导下运作的，虽然国家的基层正式制度无法有效地供给灌溉服务，政府科层系统自上而下对农村的财政转移支付也极为有限，即便有拨款，也无法确保这些资金投入到水利中，但是行政引导性的自组织治理仍然是多数灌溉系统的管理模式。然而，现有的灌溉自组织治理尚未深入讨论团体特征如何影响自发性自治与行政引导性自治，该问题也成为本书的核心研究问题。

自发性自组织治理与行政引导性自组织治理是中国情景下农村灌溉系统的两种自治类型，在这两种灌溉自治中，存在不同类别的行动者。在自发性的自治中，宗族或灌溉团体是主要的行动者；但在行政引导性自治中，除了宗族、宗教、灌溉团体之外，国家基层自治的正式组织村委会也是重要的行动者，这些行动者在宗族、宗教、经济收入、利益、政治权力上的特征塑造了不同类型的灌溉团体，而不同的灌溉团体产生了不同的自治绩效。因而，本研究致力于解释中国情景下不同类型的灌溉团体对灌溉自治的影响。

基于已有对团体特征与自治绩效的研究成果，普遍认同灌溉团体是影响自治绩效的主要变量，但对团体特征是如何影响小规模灌溉系统自组织治理绩效这一问题的讨论，尚存有待深入讨论的议题：

第一，团体特征是如何影响灌溉系统的自发性自治和行政引导性自治的？

第二，自发性自治和行政引导性自治最终产生了什么类型的灌溉团体？

第三章　研究框架与研究方法

　　本章的主要任务是提出本项研究的研究框架与研究方法。本项研究集中讨论灌溉团体与自组织治理的制度绩效两者的关系，重点解释团体特征、资源特点等自变量如何影响因变量——制度绩效，从而建构出自组织治理的集体行动模型，制度分析与发展框架为灌溉治理提供了一套规范化的、适用于本研究的分析变量。本章首先介绍制度分析与发展框架，其次，根据灌溉治理的相关理论细化制度分析与发展框架，最后，具体介绍本研究所采用的多案例研究方法。

第一节　理论框架：制度分析与发展框架

　　制度分析需要确认其中需要考虑的要素以及它们之间的关系，理论框架则提供了这种分析功能，提供了用以分析所有类型制度安排的最普遍的变量列表。在对灌溉系统的研究中，制度分析与发展框架提供了一种有用的分析框架，帮助分析者确认灌溉制度研究需要包含的普遍要素，这些要素有助于我们讨论研究问题，因此，本书采用制度分析与发展框架对上杭县农村灌溉制度进行分析，根据其分析框架识别制度安排中的主要结构变量，以及变量之间的关系。

　　制度分析与发展框架以"行动舞台"为分析单位。行动舞台包括多个个体和组织，他们是如何基于行动与可能性结果联系在一起的，以及对这些行动和结果所带来的不同成本－收益信息进行资源管理决策。[①] "行

---

　　① V. Ostrom, *The Meaning of American Federalism*：*Constituting a Self – Governing Society*（San Francisco：Institute for Contemporary Studies，1994），p. 29.

动舞台"这一术语可以理解为一系列复杂的个体间相互作用、交换商品和服务、解决问题、相互支配或斗争的社会空间。① 因此，制度分析与发展框架的第一步是识别行动者。

制度分析与发展框架中的行动者被认为是一个单一的个体或是作为共同行动者的群体。每一个资源管理问题的行动舞台都涉及范围广泛的行动者，这些行动者可能在自然资源的地理边界之内，也可能在地理边界之外，只要他们的决策影响到资源系统的管理，他们就属于该行动舞台的行动者。行动者在特定的情境下行动，即行动情境。用来描述行动情境的一组变量包括：参与者集合、参与者担任的具体职位、容许的行为集合及其与产出的关联、与个体性行动相关联的潜在产出、每个参与者对决策的控制层次、参与者可获取的信息、成本效益。②

可见，行动舞台是包含行动情境和行动者的复杂概念单元。在理解了行动舞台的结构后，制度分析与发展框架把行动舞台视为因变量，更深入地挖掘了影响行动舞台的因素，并概括出三组变量：自然/物质条件、共同体属性、参与者应用的规则。这些变量影响着行动舞台的互动结果，行动者之间的互动或明或暗地受到规则的约束，这些规则更多的是使用中的规则。这些规则只有与自然资源的物理和生态条件一致，才会有效，自然条件在某种程度上限制了规则的制定与执行。同时，行动者所处的社区特点影响着他们对行为规范的理解。

在行动舞台内部，具有严格约束的行动情境，因为信息条件不同而推动行动者选择特定的策略或一系列的行动，从而达到稳定的均衡。这样研究者就能对行为和结果的可能模式进行预测。除了预测之外，制度分析与发展框架还提供了一系列评估指标对制度安排的潜在结果进行评估。

制度分析与发展框架如图 3-1 所示。

该分析框架将在下文的讨论中进一步细化，本研究中的三个个案将按

---

① 〔美〕埃莉诺·奥斯特罗姆：《制度性的理性选择：对制度分析和发展框架的评估》，载保罗·A. 萨巴蒂尔编《政策过程理论》，彭宗超译，生活·读书·新知三联书店，2004，第 57 页。

② 〔美〕埃莉诺·奥斯特罗姆：《制度性的理性选择：对制度分析和发展框架的评估》，载保罗·A. 萨巴蒂尔编《政策过程理论》，彭宗超译，生活·读书·新知三联书店，2004，第 58 页。

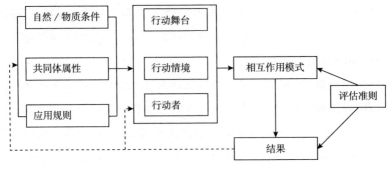

图 3 - 1　制度分析与发展框架

照制度分析与发展框架进行分析。

第二节　灌溉管理中的制度分析与发展框架

灌溉系统作为一种公共池塘资源，具有排他性困难，资源系统具有衰减性，资源单位的使用具有可分性，这些特点使灌溉系统面临着一系列集体行动问题，其中分水问题和投入问题是核心性的集体行动问题，灌溉管理制度正是围绕着分水问题和投入问题而进行的规则设计。灌溉规则设计与执行受到灌溉系统的物理特征和灌溉团体特征的影响，这些特征可能加剧或缓解灌溉系统的集体行动困境。正如科沃德（E. W. Coward）所言：灌溉发展一定会面临治道的问题，一定会利用人力资源和其他资源，采取措施，在采用适当的灌溉技术之外，安排适当的制度和组织。①

一　灌溉中的集体行动问题

在灌溉系统中，一旦水渠、大坝建成，要将潜在的受益者排他在外的代价是高昂的，尤其在开放性使用的情况下，任何人都可以使用水渠中的水，并且可以独自使用水渠中的水。但是，灌溉系统中可获得的水量在任何时刻都是有限的，任何一个使用者消耗掉水渠中的水，都会使水量减少。而正是由于排他性困难、可衰减性、可分性特点，理性的灌溉者常常

---

① E. Walter Coward, eds., *Irrigation and Agricultural Development in Asia: Perspectives from the Social Sciences* (London: Cornell University Press, 1980), p. 16.

采用"搭便车"的策略来逃避成本、获得收益，导致灌溉中集体行动难以达成。在灌溉中，主要存在两种集体行动问题——分水问题和投入问题。

（一）分水问题

在许多的灌溉系统中，分水是冲突的主要来源。当水量无法有效地同时满足所有农民的耕种需求时，农民面临着农作物减产甚至损失一季收成的问题，那么农民由于争水冲突而发展成流血事件就不足为奇。当水量需求超过供给时，就需要采用规则对灌溉水量进行分配。分水可以按照农民所持的水份额、耕种的土地面积或其他原则来进行。但不管采用何种分水方法，分水说明了有些农民可能会得到少于他预期的水量，特别是在水渠中水量减少时，因此，个别农民或农民团体违反规则偷水的诱惑随时存在。

灌溉系统中的农民常常被形容为"囚徒困境"中的博弈者，他们所采用的策略要么是使自己获得更多的水，要么是限制他人获得比应得的水量更多的水。假如水流平均到达每个农民的田里，那么每个农民拥有四种可能的行动策略：A. 他不受限制地用水，其他人限制用水；B. 每个人都限制用水，包括他自己本身；C. 没有人受限制；D. 他受到限制，其他人没有受到限制。如果A情况出现，这个农民将会成为一位"搭便车"者。如果D出现，那么他是"受骗者"。如果人人都想成为"搭便车"者，而避免成为"受骗者"，那么，最后的结果是没有人受限制，最终发展成哈丁所描述的"公地悲剧"。但这种结果次于方法B，人人都受限制才是该博弈的最优均衡。

（二）投入问题

当农民依赖于灌溉系统来耕种，他们就必须频繁地投入资源建设和维护灌溉设施，如大坝、水渠、水泵，这些设施对输送水极为重要。在尼泊尔和菲律宾的一些当地灌溉系统，每个农民要参加每年一个月维护水渠的体力劳动。[1] 农民是否合理使用灌溉设施会影响这些设施的损坏程度，比如用力地开关闸门，在靠近田地的水渠凿开出水口，让笨重的动物在渠道上行走，等等，这些行为都将破坏灌溉设施。农民必须约束他们自己，必

---

[1]　Edward D. Martin, Robert Yoder, Institutions for Irrigation Management in Farmer – Managed Systems: Examples from the Hills of Nepal (Digana Viuage, Sri Lanka: International Irrigation Management Institute, Research Paper No. 5, December 1987), pp. 1 – 19.

须限制破坏灌溉设施的行为，并定期投入资源或劳力维护灌溉设施，从而延缓设施的老化，确保水流畅通。

与分水一样，农民在投资建设和维护灌溉设施方面同样面临着公共资源管理困境，因为投资者难以将其他灌溉者排除受益范围之外，所以农民投资的积极性减弱，都希望从他人的投资中获益。如果每个农民都是这种心理，那么灌溉系统的发展和维护将投入不足，即使所有的农民都承诺按照收益来分担投入，但还是会有农民冒险隐瞒他们的收益，希望他人能承担所有的成本，这种行为证实在投入问题上同样存在"搭便车"现象。

"公地悲剧"和"搭便车"的隐喻提醒我们：个体理性带来集体无理性的结果，集体合作行动难以产生。特别是当这些行动涉及大量个体，难以有效沟通和执行规则时，"公地悲剧"就频繁出现。在这种情况中，每个人都觉得自己的行动不会对他人造成影响，即使他愿意与别人合作，这种合作对结果也是影响甚微。在个体行动者无法控制他们所面对的状态结构的情境中，"公地悲剧"必然会发生。[①] 然而，如果所有公共池塘资源的使用者被明确识别，每个人都意识到自己行为对其他人的影响，那么个体将有可能制定一套制度安排，来改变他们所面对的情况。这一系列的制度安排可以有效地监督和惩罚违规者，从而激励个体在分水问题和投入问题上进行合作。

多数的灌溉制度都比上文描述的分水情况和投资情况要复杂得多。在许多的灌溉系统中，不管采用什么样的分水规则，渠首的农民都比渠尾的农民更有保证能获得充足的水，因此，他们必然要比渠尾的农民没有动力寻找最优的分水规则。但在有些情况下，水渠建设和维护中合作投资的需要会促使渠首农民与渠尾农民通力合作，设计有利双方利益的规则。渠首农民负责主干渠的建设和维护，渠尾农民负责建设和维护局部的灌溉设施，如分水的水坝、水泵，为了获得渠尾农民的投工投劳，渠首农民必须将水资源的分配扩展到渠尾的农田。

简单而言，灌溉中存在两种典型的集体行动难题——分水问题和投入

---

① E. Ostrom, "Institutional Arrangements and the Commons Dilemma", in Vincent Ostrom, David Feeny, and Hartmut Picht, eds., *Rethinking Institutional Analysis and Development: Issues, Alternatives, and Choices* (San Francisco: ICS Press, 1988), pp. 103 – 129.

问题，这两种问题面临的动机结构与"囚徒困境"博弈类似。然而，灌溉中的一些实际问题，如农田位置的差异，使灌溉者博弈复杂化。无论是简单还是复杂的灌溉系统，都存在分水问题和投入问题，这两种集体行动问题需要制度安排来解决，否则将陷入冲突的悲剧中。

虽然"囚徒困境"频繁地被用来描述相互依存的公共池塘资源中的参与者博弈，但是灌溉系统比理论描述要复杂得多，灌溉者面对的基本选择是要不要偷水和要不要监督可能偷水的其他人的行动，[①] 因为偷水的量和监督的量受制于其他变量的值，如灌溉者数量、偷水的收益、偷水失败可能受到的惩罚、监督他人的成本等，从而导致灌溉者的博弈结构复杂化。制度安排可以帮助或阻碍农民解决问题，而制度安排受到一系列变量参数的影响，这些变量是制度分析必须考虑的参数。

二　物理特征和社区特征

大部分的灌溉系统都有排他性困难，水资源具有衰减性，水量具有可分性，这些物理特征影响灌溉系统中农民的集体行动。灌溉水资源单位的可分性消耗，使得灌溉水资源的使用更紧密地与私人物品理论有关，但制度设计、执行、实施与公共物品有关，因此，灌溉问题在占用方面具有私人物品的特性，但在供给方面是集体物品的特征。这种特征又由于灌溉范围、是否存在可替代水源、农田位置等自然物理特点而复杂化，同时灌溉社区特点如灌溉者的收入来源，灌溉者的社会、经济、文化等差异，都将影响到灌溉者与他人合作的动机。

（一）农民对灌溉系统的依赖程度

农民对灌溉系统依赖的程度会影响到他们与其他人合作的动机，他们对灌溉系统的依赖有两种形式：一种是他们的经济收入有赖于灌溉系统，比如，以农业收入为主的家庭，灌溉水源充足与否将严重影响到农作物的收成。农民的经济收入对灌溉系统的依赖程度影响到他们参与集体行动的动机，依赖性越大，越是愿意投入大量私人资源去运作和维护灌溉系统。

---

① 〔美〕埃莉诺·奥斯特罗姆：《公共事务的治理之道》，余逊达、陈旭东译，上海三联书店，2000，第77页。

但是，如果农民的收入仅依赖于灌溉农业收入，没有其他收入来源，这种情况也可能会阻碍他们形成新的合作行动，因为灌溉系统需要资金投入，并且是在农业收成之前就需要投入。另一种形式是灌溉系统是农田的主要水源，比如，农田依靠水渠里面的水浇灌，没有其他的水源可灌溉。如果农民完全依赖唯一水源灌溉他们的农作物，并且以灌溉农业收入为主，他们将难以同意为保护河流而减少抽水量。在这种情况下，农民依赖于灌溉系统作为主要收入来源将有助于或阻碍集体行动。

同样的，其他灌溉水源的可获得性也可能增加或降低农民合作的动机，在一些灌溉系统中，当水源稀缺时，其他灌溉水源的存在将减少农民之间的争水，因而有助于长期合作；但在有些灌溉系统中，农民由于有其他灌溉水源，就没有动力去维护现有的灌溉系统，这种情况将不利于农民之间的合作。

（二）水的稀缺性和不确定性

灌溉水源的稀缺性以及供给的不稳定性在灌溉系统中经常出现，并影响灌溉者集体合作的动机。威克汉姆（T. H. Wickham）和瓦莱拉（A. Valera）在分析水资源管理水平的影响因素时，认为那些帮助农民合作灌溉的项目在供水量具有预见性的条件下更能成功，相反，如果农民感到即使修建了水渠也难以确保有充足的水源灌溉，那么将难以有信心合作。[1] 换句话说，如果没有获得充足灌溉水量的可能性和前提条件，农民将没有积极性进行合作。韦德（R. Wade）的观点正好相反，他认为水资源越是稀缺、供水越是不稳定，耕作社区合作管理河道的可能性越大。[2] 这两种观点看似互相矛盾，但都说明水源稀缺性和供水不稳定性对灌溉者合作动机的影响是曲线形式，[3] 而非简单的线性关系。农民在他们愿意对灌溉系统投资和维护之前，必须首先确定至少能获得适量的水。如果水量充足，投资灌

---

[1]　T. H. Wickham, A. Valera, "Practices and Accountability for better water management", in D. C. Taylor, T. H . Wichkam, eds., *Irrigation Policy and the Management of Irrigation Systems in Southeast Asia* (Bangkok: International Rice Research Institute, 1978), p. 74.

[2]　Robert Wade, *Village Republics: Economic Conditions for Collective Action in South India* (New York: Cambridge University Press, 1988), p. 9.

[3]　Norman Uphoff, *Improving International Irrigation Management with Farmer Participation: Getting the Process Right* (Bounder Colorado: Westview Press, 1986), p. 84.

溉系统就没有多大意义，不管有没有投资，农民都可以获得灌溉用水，他们将没有积极性进行集体投资。只有在水源的稀缺是中等水平，规律性的分水和维护活动能影响到达农民田里的水量时，农民才有集体合作的可能性。因此，在水量极为稀缺或非常充足的情况下，农民集体行动的可能性都很低，只有在水量是中等稀缺，农民认为通过集体努力能够获得更多水量的情况下，集体合作行动产生的可能性才较大。

水量稀缺、供水不充分将会增加农民的合作成本。当水渠中可灌溉的水量减少时，偷水的诱惑将增大，监督和惩罚的工作量也将增大，这样才能确保分水规则顺利执行。更为严重的是，当农民争夺使用少量的水，他们之间极有可能产生冲突。农民为了增加流入自己农田的水量，可能会擅自扩大出水口，或者私自在水渠凿开出水口，这些私自的破坏行为将再次增加维持灌溉系统的难度。由于水量不足而引起的种种违规行为都将增加灌溉系统中的合作成本。

简而言之，水量的变化对灌溉者行为的影响是曲线形式的，在水量极为稀缺和非常充足的情况下，合作行为产生的可能性都很低，只有在中等稀缺的情况下，农民希望从集体合作中能获得潜在的预期收益，那么合作才有可能发生。换句话说，如果他们合作成功，他们将可以获得更加充足和更为稳定的供水，因而产生集体行动的需求。但是如果水源非常稀缺，那么为获得灌溉用水的大量潜在成本将阻碍集体行动的供给。农民能否成功地管理和维护灌溉系统，有赖于他们为获得水源而付出的成本与潜在收益的平衡，两者的平衡与水源的稀缺程度有关。

（三）灌溉面积和灌溉者数量

农民集体合作灌溉的成本除了与水源稀缺性、供水的稳定性等自然物理特征有关之外，还同时受到灌溉规模和灌溉者数量的影响。许多研究者都认同，在同等条件下，信息成本、沟通成本、决策成本、监督成本将会随着集体人数的增加而增加，各种各样的交易成本会随着人数的增多而增长。这意味着，小规模的灌溉系统或少量的灌溉者将比大范围的灌溉系统更容易组织集体行动。在亚洲的一些发展中国家，村庄是农民生活的基本单位，在村庄内部，村民能相对容易达成协议，并能在村庄内部执行，然而村庄与村庄之间的合作就极为困难。因此，在那些以流域或灌区范围成立的灌溉组织，村庄数量的多少会影响灌溉组织村级合作的成本。

虽然大规模灌溉系统集体行动的组织成本高昂，但是由于水利设施自身具有基础设施的特点，水利设施建设的巨大成本需要大规模的投资，设施建成后，人均初始成本将随着人数的增加而逐渐减少，即边际成本随规模变大而递减。这种变化仅仅描述了固定成本随灌溉者数量单调递减的情况，组织成本则不遵循规模效应的原理，集团成员的数量越大，组织成本将越高。当组织成本加上初始成本，成员数量大的集体物品的成本显然要比成员数量小的集体物品的成本高。在任何一种情况下，规模是决定自发、理性地追求个体利益是否会产生有利于集团行为的重要因素，比起大集团来，小集团能够更好地增进其共同利益。①

（四）灌溉者之间的差异

灌溉社区的特点是影响灌溉制度安排的重要因素，社区中灌溉者数量对集体行动的影响是从规模与集体行动的关系来讨论的，但是在社会关系紧密的村庄，村民能够有效地分担集体合作的成本，并采用恶毒的流言、社会声誉和排斥等非正式方法来惩罚"搭便车"行为，从而组织和执行集体行动。农村中的社会结构和传统规范对农民集体行动的成功发挥着极为重要的作用，这些社会结构和规范最终的落脚点在于村民之间的关系，村民关系受到他们村庄内部差异的影响。

在同一个灌溉系统中，灌溉者在以下方面存在差异：①他们的文化和社会差异，如种族、阶层、家族、宗族、宗教；②灌溉的土地面积或所持有的水量份额差异；③他们的农田位置差异。这些差异是影响灌溉集体行动的重要因素，如果灌溉社区因为种族、宗族、阶层或宗教差异而无法沟通交流，并导致社区分裂，那么在分裂的社区中集体行动的成本将比没有分裂的社区高。在一些社区，灌溉者之间的分裂大到足以阻碍任何形式的合作。然而，在有些社区，虽然在种族、阶层等方面存在差异，但是这些社区能克服阻碍，形成和维持长期的合作努力，那些能缓和灌溉者之间潜在冲突的制度安排对集体行动至关重要。

---

① 〔美〕曼瑟尔·奥尔森：《集体行动的逻辑》，陈郁等译，上海三联书店、上海人民出版社，2007，第42页。

灌溉社区中差异的存在意味着农民对灌溉收益的分享和成本分担是不均匀的。对于这种不均匀，奥尔森认为其并不阻碍集体物品的供给，他认为"一个集团，如果其成员对一件集体物品的兴趣程度很不平均，而且它希望获得的集体物品与成本相比极有价值，那么比起其他拥有相同数量成员的集团，它更有可能为自己提供集体物品。"① 在灌溉系统中，这意味着每个农民的灌溉面积不均匀，或者在分水和投工投劳所承受的负担不均匀，并不会阻碍集体合作。相反的观点认为，灌溉面积差异过大，过度的不均匀将阻碍当地农民在灌溉设施的运作和维护方面的合作。根据这种观点，在财富、影响力分布不均的社区中，富裕的农民将不愿意和贫困的农民合作，如果他们有合作，富裕的农民更希望能获得更多的优先权和收益。② 在这种情况下，为了维持农民之间的合作关系，成本－收益分配的制度对集体行动成功与否极为重要。

灌溉者之间的差异不仅体现在经济、影响力方面，他们对水源的可获得性也是有差异的。在大部分的水渠灌溉系统中，渠首农民具有获取水源的天然优势。正因为水流自上而下的自然特点，上游或渠首农民浪费水资源会对下游或渠尾农民带来负的外部性。但是，并不存在激励渠首农民节约用水的有效机制，因为无法对流入农田的水量准确测量并进行收费。组织节水耗费的成本高昂，并且人人都想成为他人节水行为、保护行为的"搭便车"者。渠首的农民可以节约用水，但得不到对此行为的任何补偿；而渠尾农民获得渠首农民节水的收益，却没有对渠首农民做出相应的回报。③ 因此，经济财富的差异、农田位置的差异并不是问题的本质，关键问题是如何对称地、均衡地分配集体行动的收益和成本。

但是，具有优势的渠首农民也并非高枕无忧。如果下游或渠尾的水源

① 〔美〕曼瑟尔·奥尔森：《集体行动的逻辑》，陈郁等译，上海三联书店、上海人民出版社，2007，第37页。

② Shui Yan Tang, Institutions and Collective Action In Irrigation Systems (Ph. D. diss., Indiana University, 1989), p. 35.

③ Masako Fujiie, Yujiro Hayami, Masao Kikuchi, "The Conditions of Collection Action for Local Commons Management: The Case of Irrigation in the Philippines," *Agricultural Economics* 33 (2005): 178 - 189.

极为稀缺，并且这种稀缺是由于上游或渠首农民人为造成的，那么下游或渠尾农民可能会到上游、渠首破坏水库、闸门，甚至和渠首农民发生冲突。渠首农民可能会由于建设水利设施而与渠尾农民合作，共同承担设施建设的初始成本。当渠首农民和渠尾农民合作执行一套分水规则时，渠首农民在与渠尾农民的谈判协商中，则处在更有优势的位置，因为他们更接近水源。在一些灌溉系统中，为了解决渠首和渠尾的位置差异，土地分配的时候让每家农户的农田都分布在渠首和渠尾，这样每个农民都有动力确保渠首的水能流到渠尾，以灌溉渠尾的农田，这种农田分布常常有利于农民的合作。① 一些灌溉系统虽然没有农田分布的均衡考虑，但是采用了特殊的分水规则以确保每个位置的农田（渠首和渠尾）都能灌溉。②

灌溉水资源的自然物理属性和灌溉社区特点是农民解决集体困境必须要面对的现实状况，这些现状影响他们的行动情境及其所导致的激励和行为结构。制度分析者需要对公共资源的自然属性和社区属性保持高度的敏感性，以便更好地理解行动舞台中所发生的事情。制度安排设计更是如此，如果分析者能自觉地询问一系列关于某一情境的外部世界如何影响该情境中的结果、行动集合、行动—产出关联和信息规则的问题，他就能明确地考察世界状态的属性及其转变问题。③

三　制度安排

灌溉系统中的集体行动问题有三种制度安排，政府治理方案、市场治理方案和自组织治理方案，无论哪一种解决方案，制度设计都需要适应不同的自然属性和社区特征，并需要一套制度安排来解决制度供给、可信承诺和相互监督问题。④

---

① Shui Yan Tang, Institutions and Collective Action In Irrigation Systems (Ph. D. diss. , Indiana University, 1989), p. 36.

② E. Walter Coward, "Principles of Social Organization in an Indigenous Irrigation System," *Human Organization* 38 (1979)：28-36.

③ 〔美〕埃莉诺·奥斯特罗姆：《制度性的理性选择：对制度分析和发展框架的评估》，载保罗·A. 萨巴蒂尔编《政策过程理论》，彭宗超译，生活·读书·新知三联书店，2004，第74页。

④ 〔美〕埃莉诺·奥斯特罗姆：《公共事务的治理之道》，余逊达、陈旭东译，上海三联书店，2000，第69页。

灌溉系统治理需要制度，但问题是：谁来供给制度？制度供给本身就是集体物品，新规则的供给会使所有的人境况变好或变差，等同于提供另一种公共物品，"搭便车"动机同样存在制度供给中，经济理性的个体希望从他人提供的新制度中确保自己的收益。① 因此，制度供给本身是一个二阶的集体困境，即用来解决集体困境的制度供给也是一个集体困境。

制度设计需要解决的第二个难题是可信承诺问题。灌溉制度往往由一系列的规则构成，这些规则明确地规定每个农民可以占用多少水资源，何时、何地、以何种方式占用，并规定他们必须贡献多少的劳动、资金或物质，从而维持他们的灌溉系统。但要如何确保每个农民都遵守规则，特别是在灌溉水源稀缺时，以及违反灌溉规则的诱惑很大时，可信承诺问题就成为一个关键问题。政府管理的灌溉系统可以借助外部强制力量命令灌溉者遵守承诺，但在自组织治理的灌溉社群中，灌溉者需要在没有外部强制的情况下解决承诺问题，他们通常声称"如果你遵守承诺，我也遵守承诺"，可实际上，自组织治理同样需要相互监督。相互监督问题是制度安排需要解决的第三个问题，和制度供给类似，监督问题同样存在二阶困境。因为监督惩罚他人需要付出成本，但是获得的收益为集体所有成员享有，那么一个理性的经济人希望成为一个"搭便车"者，从他人的监督惩罚中获益，因而，监督、惩罚也是一种公共物品，同样存在二阶的集体困境。

没有监督，不可能有可信承诺；没有可信承诺，就没有提出新规则的理由。② 制度安排是一个内含二阶困境的集体困境，但是，灌溉社区的自组织治理似乎能够设计合理的制度安排改变激励结构，解决集体行动问题，许多自组织治理的灌溉制度已经证实了这点。制度安排是一系列规则，这些规则是潜在语言实体，用于描述涉及广为人知的、参与者实际用来规范相互依赖关系的方法。③ 灌溉制度正是由这些规则所形成的规则架

---

① Robert H. Bates, "Contra Contractarianism: Some Reflections on the New Institutionalism," *Politics Society* 16 (1988): 387 – 401.

② 〔美〕埃莉诺·奥斯特罗姆：《公共事务的治理之道》，余逊达、陈旭东译，上海三联书店，2000，第 69 页。

③ Elinor Ostrom, "An Agenda for the Study of Institutions," *Public Choice* 48 (1986): 3 – 25.

构并且这些规则架构以嵌套的多层次形式存在。

在制度分析与发展框架中，规则是嵌套在规定如何改变该套规则的更高层次的规则中，因而规则系统是多层次的框架，不同层次的规则规定不同的事情，在灌溉制度中同样存在规则的层次性。操作规则是第一层次的规则，它要解决的是日常决策，规定何时、何地及如何提取资源单位，监督者是谁，监督方式是什么，哪些信息需要公开，奖励和惩罚措施是什么等。① 操作规则嵌套在集体选择规则之内，受到集体选择规则的影响，集体选择规则是第二层次的规则，它通过决定操作规则变化的方式，以及谁可以参与这些决策来间接影响操作规则。② 宪法规则是第三层次的规则，它通过决定谁有资格参与制定、改变和发展集体选择规则来影响操作规则和结果。

（一）操作规则

操作规则决定谁可以参与该层次，参与者可以做、必须做，或不能做哪些事情，如何惩罚违规者、奖励特殊贡献者。如果参与者认同这些规则，并愿意遵守规则，那么操作规则就有助于参与者之间的合作。在灌溉系统中，有四条操作规则对农民解决集体行动难题特别重要。

1. 边界规则

界定公共池塘资源的边界和明确规定有资格使用这些资源的人是组织集体行动的第一步，③ 限定有权提取资源单位的人数是集体行动成功的关键前提条件。没有清楚界定资源使用权，"外来者"能随意进入，当地占有者的管理成果就会被没有做出任何贡献的"外来者"所分享，因此，当地的资源使用者将难以协商和执行有关分水规则和投资行为。马斯（Maass）和安德森（Anderson）以灌溉系统说明边界问题的重要性，他们认为许多地区灌溉系统的优势和凝聚力与灌溉社区成功地限制、维持现有的边界范围有关，稳定的资源使用者社群为

---

① 〔美〕埃莉诺·奥斯特罗姆：《公共事务的治理之道》，余逊达、陈旭东译，上海三联书店，2000，第84页。

② E. Ostrom, G. Gardner, J. Walker, *Rules, Games and Common - pool Resources* (Ann Arbor: The University of Michigan Press, 1994), p.46.

③ 〔美〕埃莉诺·奥斯特罗姆：《公共事务的治理之道》，余逊达、陈旭东译，上海三联书店，2000，第145页。

目前的资源使用者提供保证。① 界定边界意味着公共池塘资源社区在某种程度上是闭合的，不是开放进入的。在资源使用成员明确、边界清晰的灌溉系统中，灌溉社群能够更好地管理水资源。

在灌溉系统中，存在几种常用的边界规则：①拥有土地所有权就自动拥有水权；②拥有水利灌溉设施的所有权就有权使用水资源；③拥有不依赖于其他所有权的一定份额的水权；④支付准入费；⑤灌溉组织的成员。这些规则可以同时存在同一个灌溉系统中，也可以单独使用。灌溉系统通过这些规则界定有权使用灌溉水源的个体，从而确定集体行动收益的覆盖范围以及成本分担范围。因而，边界问题的重要性不仅在于抵制"外来者"随意进入灌溉社区，而且使公共成本和公共收益对称，避免出现收益或成本的外溢。如果一个从灌溉系统中受益的农民被排除在成本分摊范围之外，或者一个承担成本的农民无权使用水源，那么这种资源分配都是不佳的或低效率的。

在边界范围之内，灌溉者享有不同的权利，这些权利统称为权利束。奥斯特罗姆和施拉格对公共池塘资源中的权力束进行过专门的讨论，将其归纳为进入权、提取权、管理权、排他权和转让权，统一归纳入产权束或产权集，他们认为产权是通过规则描述个体与资源的关系以及如何使用资源的权利，是在特定领域采取特定行为的强制性权威，对于持有产权的个体，规则授予或规定个体在运用产权中的特定行为。② 因此，权利是规则的结果，没有规则的界定，即使赋予完整的产权束，水资源的使用也可能是无效率的。在灌溉系统中，水权可以分为进入权、提取权、管理权、排他权和转让权，这些权利是相互独立的，并且在一些灌溉系统中权利是可以交易的。

2. 分水规则

边界规则界定了有权从灌溉系统中取水的个体或群体，分水规则将

---

① 转引自 Shui Yan Tang, Institutions and Collective Action in Irrigation Systems (Ph. D. diss., Indiana University, 1989), p. 38.

② 〔美〕埃德勒·施拉格、埃莉诺·奥斯特罗姆：《产权制度与近海渔场》，载迈克尔·麦金尼斯主编《多中心治道与发展》，王文章、毛寿龙等译，上海三联书店，2000，第111~114页。

进一步说明灌溉系统中的水是如何在个体之间进行分配的，并规定灌区中个体的取水量，这条规则在水量无法充分满足所有农田灌溉需求时特别重要。如果分水规则能有效地执行，它能降低用水的不确定性，并减少取水冲突。灌溉系统存在三种常用的分水方法——根据农田面积决定取水量、根据固定时间表取水、按固定的顺序取水。这三种规则并不互相排斥，它们在多数情况下是互相关联的。以按时间表取水为例，每个农民允许灌溉的时间与农田面积相关，农田面积越大，灌溉时间将越长。在多数的灌溉系统中，取水规则具有多种不同的组合形式，在以一种取水规则为主的灌溉系统中，当出现水量变化时，可能会采取其他形式的取水规则。

分水规则是根据缺水程度、输水设施的长度和结构、农作物的种类以及可采用的监督机制制定的，适应于不同的灌溉情况。按照灌溉面积分水是较为常用的分水规则，这条规则根据灌溉系统中每个农民所拥有的农田面积按比例分水。比如，农户 A 的农田面积占整个灌溉面积的 1/10，那么他就有权获得 1/10 的灌溉水量。当水量充沛时，通常采用按灌溉面积分水的方法，但在水量较为稀缺的情况下，则采用轮灌取水方法。轮灌取水是一种既定时又定序的取水方法，灌溉者根据水流特点和农田位置，将整个灌区划分为多个小的区域，并规定每个区域的灌溉时间，以及整个灌区的灌溉顺序。当轮到某个区域灌溉时，这个区域的所有农田开始取水灌溉，灌溉时间一结束，他们就停止灌溉，轮到另外区域的农田取水灌溉。轮灌制度一般在支渠层面上采用，轮灌的时间和顺序基于灌溉者所同意的分配规则确定。按面积分水和轮灌取水是较为常用的分水规则，除此之外，还存在一些特殊的分水方法，比如按照水稻的生长期来确定需水量，因为农作物生长的不同时期需水量不同。

灌溉机构对取水有两种不同的管理思路：一种观点是严格控制取水，采用更加准确的取水时间表或取水量。为了严格执行取水规则，灌溉机构必须要有足够的权威和能力来命令农民遵守取水规则，然而，来自农民的压力，特别是当地有威望的农民可能会影响灌溉机构的管理能力。另一种观点是放松取水控制，特别是在水量下降的情况下。放松控制减轻了灌溉当局的压力，但除非是农民可以获得其他水源，否则将产生争水冲突。

3. 投入规则

投入规则规定灌溉者使用水资源需要付出的代价，确定他们必须要支付的资源种类和数量，这些投入可以是劳动，也可以是物资、金钱。大规模的灌溉系统，投入多数由国家承担，农村小规模灌溉系统则不同，他们的灌溉系统通常以村庄为单位，由农民自己筹资，投工投劳建设和维护。小规模灌溉系统有四种常用的投入类型：①常规水费；②日常维护的劳动；③紧急维护的劳动；④重大建设的劳动、金钱或物资。每一种投入类型都必须遵守公平原则和比例原则。公平原则要求所有的灌溉者都必须做出贡献，比例原则要求每个灌溉者所做出的贡献要与他从灌溉系统中获得的收益成比例，如投入量与灌溉面积相符，或与灌溉水量相符。

比例原则对投入规则能否有效执行极为重要。钱伯斯（R. Chamber）就指出为了有效地维护灌溉系统，每个灌溉者规定的投入量应该和他所获得收益量成比例。他明确地指出"当社区能直接从共同劳动中受益，并且劳动义务根据他们的收益量按比例分担时，共同劳动就最有可能成功……相反，如果所做出的贡献与收益没有直接联系，共同维护将极为困难。"[1] 比例原则适用于日常维护，但在紧急维护中，公平原则更适合。执行比例原则需要计算每个灌溉者所要承担的劳动量或金钱，在小范围的维护中，比例原则的执行成本是高昂的。当灌溉系统出现紧急塌方或崩塌，需要紧急维修时，所有的农民被组织起来参加水渠的修复，此时公平原则将更容易执行，也更具可行性。

4. 惩罚规则

在灌溉系统中，仅有边界规则、分水规则、投入规则是不够的，村庄中的灌溉者仍然有可能过度索取水资源，最后导致灌溉资源的耗尽，所以，限制、惩罚违规行为的规则还是需要的。在许多公共池塘资源的自组织治理中，监督和惩罚并不是由外部的强制机构实行，而是由社区自己执行，对这种惩罚制裁机制而言，"准自愿遵守"准确地描述了其中的逻辑。"准自愿遵守"指在没有外在强制的情况下，个体选择遵守规则，因

---

① Robert Chamber, "Men and Water: the Organization and Operation of Irrigation," in B. H. Farmer ed., *Green Revolution? Technology and Change in Rice - Growing Areas of Tamil Nadu and Sri Lanka* (Boulder, Colorado: Westview Press, 1977), pp. 340 - 363.

为他们知道如果被发现违反规则，将会受到惩罚。"准自愿遵守"具有权变的性质，行动者通常认识到集体目标已经实现，并且其他人也遵守规则，因此他也愿意遵守规则。① 在一个重复博弈的场景中，权变策略有助于制度安排的长久性，博弈者相信其他人也是遵守规则的，从而形成内部强制。

"准自愿遵守"在公共池塘资源的治理中确实发挥作用，但自组织治理同样需要监督机制。无论采用什么样的分水规则和投入规则，灌溉者之间仍存在互相欺骗的动机，他们都想要延长灌溉的时间，隐瞒自己的用水量，特别是在水源稀缺时，对此，更需要监督机制。但监督和惩罚他人是耗费个人成本的，而受益却分享给所有人，监督和惩罚本身也是个集体行动难题。在灌溉系统中，农田相邻的灌溉者互相监督，后面灌溉者有动力监督前面灌溉者的用水行为，因为前面灌溉者的浪费行为将直接影响到后面农田的用水量。在这种监督中，监督者没有耗费多余的资源，监督前面的灌溉者能保证他们最大限度地取水，同时，监督者自己也受到在他们后面取水的灌溉者的监督，这种占用者－监督者的模式有利于克服集体行动难题。

灌溉者社区对违规惩罚的方式多种多样，如被村民孤立、罚金、暂时或永久丧失水权、监禁等。不同惩罚方式适用于不同的社区，其制止违规行为的效果有赖于灌溉者社区的特征和可行的监督机制。在一个封闭的同质性村庄，被村民孤立的惩罚形式能有效地制止违规，但在一个多样化的异质性村庄，物质性的惩罚，如罚金，将更加有效。但是，惩罚力度太大，如剥夺水权，并不一定适合每个灌溉社区，因为丧失水权可能导致更为严重的冲突。

（二）集体选择规则

操作规则明确规定了允许的和被禁止的行为，如果操作规则的设计与执行能与当地灌溉村庄的条件一致，那么将有助于农民集体合作行动的产生。但是村庄的社会经济情况、外部的物质世界在不断地变化，操作规则

---

① 〔美〕埃莉诺·奥斯特罗姆：《公共事务的治理之道》，余逊达、陈旭东译，上海三联书店，2000，第150页。

如果要保持与当地情况的一致性，则需要允许规则变迁的舞台，而集体选择就提供了这个舞台，规定了操作规则变迁的方法。操作规则并不会自己产生，也不能自己执行，任何一种制度安排，都需要制定、修改操作规则的方法以及解决冲突的论坛，这些问题是集体选择层次关心的问题。

操作规则嵌套在集体选择规则中，这意味着集体选择规则能决定、执行、修改操作规则。当灌溉社区的外部环境发生变化、内部社区结构产生变迁时，集体选择层次可以调整或改变操作规则以适应外部环境。同时，灌溉者是有限理性的个体，他们无法设计完美的操作规则来解决未知的意外事件，只能不断地试错、调整，从而完善操作规则。并且，灌溉者本质上有着机会主义的行为倾向，违规行为、争水冲突常有发生，集体选择安排通过惩罚违规者、解决冲突，维持灌溉系统的运作。总之，在一个外部世界不断变化、个体知识有限的情况下，集体选择安排保持了操作规则变迁的动力，使其更好地适应外部环境。

1. 冲突解决规则

争水冲突是灌溉中最为常见的冲突。在灌溉水量不足的季节，机会主义心理会诱使灌溉者偷水，除非他们确信其他灌溉者遵守分水规则，否则灌溉者将会做出违反规则的行为。偷水行为往往是冲突的起因，冲突可能产生于个体与个体之间，也可能产生在村庄与村庄之间。当冲突产生时，冲突者通过社区的公共论坛或政府机构来解决冲突。

在自组织的灌溉系统中，冲突的解决者通常是灌溉协会的领导者或德高望重的村民。当冲突的范围扩大到团体与团体之间，比如上下游村庄的争水冲突，冲突的解决者就上升为当地的政府机构，以协调或诉讼的方式解决冲突。因此，冲突解决在分级式的公共论坛中进行，对违规行为的惩罚也是分级制裁，而这种多层级的决策方式正是集体选择规则的核心。

2. 多层级的集体选择

不同的集体选择涉及不同规模的灌溉区域、不同的农民数量，因而需要不同的集体选择单位来进行集体决策。在政府管理的灌溉系统中，操作规则是由国家的立法机构或行政机构制定、修改并执行的。在这种系统中，自上而下的集体选择单位可分为国家灌溉机构、地方灌溉机构、灌溉社区、村庄、村民小组。但在小规模的灌溉系统中，集体选择单位通常由灌溉者自组织承担，操作规则的制定与修改由灌溉者集体讨论决定。但即使是村庄的灌溉系统，同样存在多层级的集体选择单位，可以分为村级灌溉组织、灌溉小组两个层级。

在多数的农村灌溉系统中，一个灌溉社区通常存在两个层级的集体选择单位，村级的灌溉组织和灌溉支渠或村民小组，因而，操作规则的制定也在不同的层级中进行。如果将整个村庄的灌溉作为一个单独的灌溉系统，那么每条支渠或村民小组就是子系统，两者是不同层级的集体选择单位，制定影响范围不同的操作规则。支渠或村民小组通常由农民自己组成，可以对他们范围内的灌溉问题进行决策。这些支渠子系统对整个灌溉系统的有效运作和维护十分重要，不同的支渠由于不同的地理位置、土壤特性、种植模式和灌溉水量，需要制定适合支渠条件的分水规则和投入规则。在许多大型的灌溉系统中，不同的河道在水流情况、天气情况、农作物的需水量等方面差异明显，如果只以整个灌区成立集体选择单位，并制定和执行统一的操作规则，那么这些规则可能难以适应每个子系统的实际情况，也无法应对每条河道出现的突发事件，而支渠或河道子系统对灌溉情况更为了解，能更好地制定并执行合适的操作规则。

更为重要的是，支渠或村民小组的灌溉子系统的存在能更好地促进村民参与灌溉决策，并提高规则的遵从率。如果支渠的分水规则或投入规则是由支渠农民自己设计，那么他们将更愿意遵守自己制定的规则，而不是由外部权威制定的规则。同一支渠或小组的农民可以利用较为紧密的社会关系，通过非正式机制来执行规则和惩罚违规行为。

当子系统层级的集体选择单位根据外部环境的变化对操作规则做出调整时，系统层级的集体选择单位也必须对更大范围的灌溉问题做出规定，如支渠之间的分水规则。子系统层级的集体选择单位仍然可以保持他们范围之内的自治性，自主决定分水问题和投入问题。通过建构多层级的集体选择单位，集体行动的受益范围与成本分摊范围将更为一致。

按照制度分析与发展框架的核心思想，与操作规则一样，集体选择规则嵌套在更高层级的宪法规则中。宪法层次有权制定关于集体选择的规则，比如决定谁有资格参与集体选择决策。在中国农村小规模的灌溉系统中，宪法选择机构同样存在，主要是地方政府、地方水利行政机构。这些机构对乡镇的灌溉系统进行整体规划，对农村灌溉系统进行财政资助，并规定村级灌溉制度基本的运作原则，比如规定灌溉协会领导人的选举方法、财政资助的申请办法等。但在小规模的灌溉系统中，宪法规则的作用并不明显。

在灌溉系统中，并没有哪一种制度安排能适合所有的情况。不同的操作和集体选择规则，适应于不同的自然物理属性、社区特征，并产生不同的集体行动结果。

四　行动舞台

行动舞台是一个隐喻，是用于规范个体关系的规则、世界状态以及舞台所在的社会特性等方面的比喻。[①] 笔者用行动舞台来形容中国的乡村社会，正如杜赞奇将中国乡村描述为一张由国家政权、乡村精英、宗族、宗教所构成的权力文化网，在其中，正式权威和非正式权威在这张看起来没有缝隙的网中或融合或冲突，或延续或断裂，而乡村灌溉治理正是在这种舞台或网络中展开的，治理绩效很大程度上依赖于两种权威在其中是融合还是冲突。

中国农村灌溉治理除了存在正式的基层组织，它更是一种文化网络，它由乡村社会中多种组织体系以及塑造权力运作的各种规范构成，包括在宗族、市场等方面形成的等级组织或巢状组织类型，这些组织既有以地域为基础的、有强制义务的团体（如某些庙会），又有自愿组成的联合体（如水会和商会），以及非正式的人际关系网络（如血缘关系、庇护人与被庇护人关系等）。[②] 必须指出的是，这些规范无法用市场体系或官僚体系的逻辑来理解，它们是非正式的规范，与正式治理制度——村委会同时存在于农村之中。

行动舞台用来描述基层农村治理的正式组织——村委会，以及非正式

---

① 〔美〕埃莉诺·奥斯特罗姆：《制度性的理性选择：对制度分析和发展框架的评估》，载保罗·A. 萨巴蒂尔编《政策过程理论》，彭宗超译，生活·读书·新知三联书店，2004，第67页。

② 杜赞奇：《文化、权力与国家：1900—1942年的华北农村》，江苏人民出版社，2010，第2页。

组织——宗族、宗教影响灌溉管理的复杂情景。自发性自组织治理与行政引导性自组织治理的行动舞台是不同的，前者沿着自下而上的自发性变迁轨迹，国家政权与它的联系较弱，在它的行动舞台中，正式组织与非正式组织互动或产生冲突的可能性比较小；后者遵循自上而下行政引导的制度变迁，在它的行动舞台中，基层乡镇政府、村委会作用要明显大于前者，它的自组织治理制度是在行政力量引导下建立的，因此，在它的行动舞台中，正式组织与非正式组织的相容性对灌溉管理成效极为关键。

五　制度结果

公共池塘资源治理的规则体系产生两种结果：制度和绩效。在灌溉系统中，制度结果表现为规则的遵从程度，绩效结果表现为灌溉系统的维护情况，两者产生的综合性结果是农作物产量。因此，对灌溉制度结果的评估，可以从规则的遵从率、灌溉系统的维护情况以及农作物的产量来考量。

对于灌溉系统管理结果的评价有多种方法，其中，灌溉者对灌溉规则的遵从度是主要的评价内容。研究者用农民是否频繁违反分水规则来衡量遵从度，[①] 但很多时候遵从度难以直接测量，只能用水利基础设施的维护水平来间接评估规则的遵从度，如水渠坡面的维护程度、入水口的情况和水渠漏水的控制情况。[②] 另一种评估灌溉系统维护情况的方法是考察输水情况，比如灌溉系统主要节点的输水情况、渠尾供水的稳定性、用水户用水的公平性。无论是灌溉设施的维护情况，还是输水情况，灌溉系统管理情况的综合结果都是农作物的产量，渠首水稻产量和渠尾水稻产量的变化就是灌溉差异的最明显结果，所以，农作物亩产量也是衡量灌溉制度的常用指标。[③] 基于现有灌溉系统的评估指标，规则的遵从率、灌溉系统的维护情况以及农作物亩产量是较为主要的衡量标准。然而，遵从率与维护情况存在同样的变化趋势，因为农民遵守灌溉规则的表现就是执行分水规

---

① P. K. Bardhan, "Irrigation and Cooperation: An Empirical Analysis of 48 Irrigation Communities in South India," *Economic Development and Cultural Change* 48 (2000): 847 – 865.

② J. Dayton – Johnson, "The Determinants of Collective Action on the Local Commons: A Model with Evidence from Mexico," *Journal of Development Economics* 62 (2000): 181 – 208.

③ J. Dayton – Johnson, "Irrigation Organization in Mexican Unidades De Riego: Results of a Field Study," *Irrigation and Drainage Systems* 13 (1999): 55 – 74.

则、投入规则，参加水渠维护的集体行动，但是，仅以单一的维度来判断一套制度安排成功与否是不够的，需要多维度的指标来评估灌溉制度安排的成效。

六　制度分析与发展框架的细化

不同的物理条件、社区特点以及规则影响着灌溉系统中的集体行动，影响着行动者在行动情境中相互作用、相互支配以及交换服务的结果，影响着灌溉自组织治理的自变量。这些因素并不是散乱地或叠加地堆积在一起，它们是按照一定的规则架构联系起来的，这个架构就是制度分析与发展框架。当框架中一个要素发生变化，其他要素也可能发生变化，规则架构运作的方式就发生改变，行动情境也就不同。这就意味着，当我们要解释各种不同的灌溉情况，必须要分析涉及其中的变量要素之间的关系。

根据前文的分析，灌溉系统的制度分析与发展框架可以细化为下图（见图 3 - 2）。

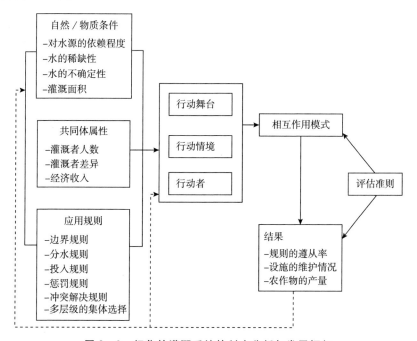

图 3 - 2　细化的灌溉系统的制度分析与发展框架

七　核心概念

本研究是围绕团体特征与自组织治理而展开的制度分析，涉及的关键性概念如下。

（一）自组织治理

自组织治理是指由资源使用者自己设计具有约束力的制度安排，社区有能力组织他们自己，使社区所有成员（至少大部分）能积极参与所有相关的决策过程，从而进行自治。按照奥斯特罗姆的分析，自组织治理是一种自筹资金的合约博弈模型，在这种合约模型中，公共池塘资源的使用者达成各种协议，这些协议通过许多机制加以执行，公共池塘资源社群自我制定规则、执行规则是自组织治理两条核心的原则。在本项研究中，灌溉自组织治理存在两种类型：自发性自组织治理和行政引导性自组织治理。自发性自组织治理是由行动团体自发地进行制度推动，灌溉社群基于潜在获利机会而不断进行试探、博弈、妥协，最后达到制度的均衡；行政引导性自组织治理是行动团体在相关部门或政策引导下建立的自治制度，并自我执行各项制度规则。在灌溉自治中，水利局通过对村用水户协会的业务技术指导引导灌溉自治，虽然行政引导性自组织治理受到国家政权的干预，但社群仍具有自我制定规则和执行规则的绝对性权力，政府部门仅仅起到政策引导性作用，这类自治类型在中国农村基层治理中普遍存在。

（二）团体异质性/同质性

"团体异质性"是一个集合性的概念，指团体成员在某些方面的差异，具体包括经济异质性、种族异质性、社会文化异质性。异质性与同质性是相对应的概念，同质性指团体成员在经济利益、种族、社会文化认同上具有共同性。对异质性/同质性的研究通常与集体行动联系在一起。

（三）灌溉共同体

共同体是指具有高度集体认同感的内聚团体，灌溉共同体指具有较强内聚力的、紧密的、同质性较高的灌溉团体。灌溉共同体具有强有力的宗族组织、共同的身份认同、灌溉管理的共识，是一个具有强烈集体凝聚力的同质性团体。灌溉共同体是以宗族为核心形成的内聚性的同质性团体，它没有受到国家强制力量以及农村基层自治组织的干预。

（四）关联性灌溉团体

关联性团体指具有共享的道义责任和道德标准的团体，团体中的成员不仅建立在共享利益之上，而且基于道义上的责任。① 关联性团体具有两个结构特点：第一，团体必须具有包容性，包括辖区内的每个人；第二，当地官员也是团体成员，并嵌套在团体中。根据关联性的这两个特征，关联性灌溉团体是指灌溉团体包含辖区内的所有灌溉者，并且，村干部嵌套在灌溉团体中，灌溉团体中存在共享的道义责任和道德标准。关联性灌溉团体与灌溉共同体都是同质性团体，前者的最大特点在于基层干部嵌套在灌溉社群中，具有强关联性。

（五）分裂化灌溉团体

分裂化灌溉团体是指灌溉社群高度分化，缺乏强有力的宗族组织或宗教组织，灌溉者在经济利益、社会文化认同方面存在异质性。分裂化灌溉团体中，缺乏共享的道德规范和共同规范，缺乏集体共识。在分裂化灌溉团体中，存在多个宗族或者同一宗族分化为多个独立的房支/子宗族系统，村庙多元且分散，团体中无法产生让所有灌溉者都认同的共同规范。该类团体的非正式规范与正式规范是冲突的，多种不同的非正式规范对统一的正式规范赋予不同的意义，从而导致正式规范执行困难，集体行动受阻。

第三节　研究方法

一　研究方法：多案例研究

本研究是一项定性研究，相比较于大样本的定量分析，定性分析擅长对因果逻辑的细致解释，适用于讨论关键变量对结果的影响路径，因此，本研究旨在通过多案例比较分析来解释团体特征对集体行动的影响路径。本研究通过对三个个案、两种农村灌溉自治系统的深描，以多案例分析方法来进行研究。之所以选择案例分析，是因为该方法可以全面地展示乡村背景中的地理特征、社区特点、传统文化以及制度特点，这些都是影响灌

---

① Lily L. Tsai, *Accountability without Democracy：Solidary Groups and Public Goods Provision in Rural China*（New York：Cambridge University Press，2007），p. 94.

溉系统的重要因素。在现有的研究中，多个学科，如人类学、社会学、农业经济、政治科学，均对世界各地的灌溉系统进行过深度描述，这些研究为笔者提供了很好的分析思路，因而，本研究采用多案例的定性研究方法，通过案例深描来呈现资料和分析其逻辑关系。

（一）案例研究

作为一种定性研究方法，案例研究适用于三种情境：需要回答"怎么样""为什么"的问题时，研究者无法控制研究对象时，或者关注的是当前现实生活中的实际问题时。[①] 基于此三种情景，本研究适合采用案例研究，具体原因包括：①本书的研究问题类型适用于案例研究。本书要回答的是"为什么有些村级灌溉系统治理绩效不佳，而有些村级灌溉制度却具有长久的持续性"。该研究问题需要先描述灌溉治理情况，是关于"怎么样"的问题，之后再解释治理绩效差异，则是关于"为什么"的问题。本研究具有描述性和解释性的特点，具有案例研究的适用情境。②本研究对象的低可控性符合案例研究要求。本研究要讨论的是中国农村特点与灌溉自组织治理绩效的关系，是一个在现有政治、经济、社会背景下进行的灌溉管理现象。这些研究现象已经存在，无法进行控制。③本研究所关注的时间阶段符合案例研究要求。本研究关注的是当前灌溉管理的实际问题，是当下正在发生的灌溉故事。基于这三个理由，本研究采用案例研究方法，"通过详细、深入地收集多种多样内容丰富的数据对封闭系统或案例（多案例）所进行的的研究"。[②]

（二）多案例研究

案例研究有单案例研究和多案例研究两种类型。单案例研究是对单一研究对象的描述，但乡村灌溉自治的环境极为多样化，单一案例分析不具有普遍性，所以本研究选择多案例研究。多案例研究可以克服单案例在代表性上的局限，也可以在更大范围内解释研究问题，研究结论的有效性将更强。本研究的分析单位是灌溉者团体，灌溉者团体受到正式的国家政权、乡绅势力、宗教信仰、文化传统等多种因素的影响，因而成为一个复

---

① 〔美〕罗伯特·K. 殷：《案例研究》，周海涛译，重庆大学出版社，2007，第 3 页。

② J. W. Creswell, *Qualitative in Inquiry and Research Design：Choosing among Five Traditions* (Thousand Oaks, CA：Sage Publication, 1998), p. 61, 转引自牛美丽《中国地方政府的零基预算改革》，中央编译出版社，2010，第 49 页。

杂的分析单位，单一案例的讨论无法回答"为什么有的村庄灌溉系统管理良好，有的却管理失败"的问题。因此本研究采用多案例分析，通过分析三个农村灌溉系统较为全面地回答研究问题。

二 研究案例的选择

案例的选择应该具有代表性。本研究选择案例主要考虑两个因素：第一，案例所在的政治经济背景大体一致。这里的政治经济背景相同是指政府实施相同的农村灌溉管理政策，因为本研究不讨论宏观的政治背景，从而排除国家政策对农村灌溉治理绩效影响的可能性。同时，本研究所选择的案例的经济水平大致相同，每个农村的家庭经济收入水平大致相同，从而排除经济因素对集体行动水平的影响，将分析的焦点集中在灌溉者团体身上。第二，案例要具有代表性。在中国，农村灌溉系统自组织治理主要有两种类型，一种是自发性的自治制度，另一种是行政力量引导性的自治制度，因此，选择的案例必须要能区分出这两种制度的特点，并能够在相同维度上进行比较。

与此同时，本研究的多案例研究均以村庄为分析单位，因为以村庄作为分析对象有助于对本研究议题的细致讨论。在社会科学的研究中，为了对人们的生活进行深入细致的研究，研究人员有必要把自己的调查限定在一个小的社会单位内来进行。这个单位的规模要适于研究人员进行密切的观察，也要能够提供所研究提议的较为完整的切片。村庄是一个社区，其特征是，农户聚集在一个紧凑的居住区内，与其他相似的单位隔开相当一段距离（在中国有些地区，农户散居，情况并非如此），它是一个由各种形式的社会活动组成的群体，具有特定的名称，而且是一个为人们所公认的事实上的社会单位。① 因此，"以一个村子作为研究中心来考察村民之间相互的关系，如亲属的词汇、权力的分配、经济的组织、宗教的皈依以及其他种种社会关系，并进而观察这种种社会关系如何相互影响，如何综合以决定这个社区的合作生活。"② 本研究讨论在中国背景下的小规模灌溉系统的治理情况，

① 费孝通：《江村经济——中国农民的生活》，商务印书馆，2006，第25页。
② 〔英〕雷蒙德·弗思：《中国农村社会团结性的研究》，《社会学界》第10卷，第435页，转引自费孝通《江村经济——中国农民的生活》，商务印书馆，2006，第24页。

村庄为我们提供了解释种种社会关系是如何影响社区的集体合作行动的舞台，因此，以村庄作为本研究的调查对象有助于解释村庄的异质性对自组织治理的影响。

　　基于以上因素，笔者选择从同一个县里面选取案例，在同一个县中，农田水利政策一样，农村的经济收入水平也基本一致，从而避免宏观政治经济因素对灌溉自组织治理的影响。同时笔者选择三个农村灌溉系统作为两种自治制度类型的代表，九里圳作为自发性自治制度的代表、黄家村和谢家村作为行政力量引导建立的自治制度代表，分别描述了三种不同的灌溉者团体类型，较为全面地解释了灌溉者团体特征与农村灌溉自组织治理的关系。

　　本研究个案所在位置大致如图 3 - 3 所示。

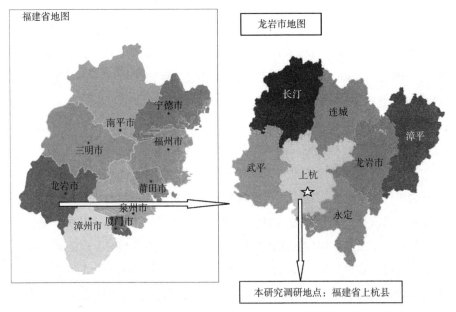

图 3 - 3　调研地点所在地

资料来源：根据百度地图绘制。

　　本研究选择福建省为田野调查地点。和中国其他省份一样，福建省水利管理经历了集体合作社时代、1978 年之后的村委会管理阶段、20 世纪 90 年代之后的参与式管理和用水户协会（也称为水利协会）管理时期。集体合作社时代，制度要求和个体积极性促进农民参与到水利设施的建设与维护；集体时代解体后，个体经济的发展削弱了农民参与水利设施管护的积极性，虽然国家在政策上仍然支持水利建设，但国家政策扶持偏向大型水利设施的建设与维护，中型或区域性灌区则由省级政府或辖区管理局负责，干、支渠以下的斗渠、农渠多数由乡镇的灌溉管理站负责，村庄则各自负责村庄与斗渠之间的连接渠以及村庄内部的毛渠。虽然，整个水利系统根据不同的受益范围都规定了相应的政府机构，但由于每级政府的财政能力以及偏好，基层小规模灌溉系统往往无法得到实质性的财力支持和政策优惠，从而逐渐衰败，并逐渐散失干、支、斗渠灌溉系统的引水功能，从而使整个水利系统发生"最后一公里"的灌溉障碍。在20世纪90年代，世界银行的参与式灌溉管理和用水户协会被引入中国，并在多个地方展开试点，取得了较好的管理绩效。2005年，水利部、国家发改委、民政部联合发文，出台了《关于加强农民用水户协会建设的意见》，提出"积极培育农民用水合作组织"，鼓励农民在经过民主协商、经过多数用水户同意后组建不以营利为目的农民用水户协会。农民用水户协会在互助合作、自主管理、自我服务的宗旨下，兴办和管理农民水利工程设施。福建省水利厅、民政厅发布了《关于进一步促进农民用水户协会规范发展的通知》，从程序、制度等方面规范了农民用水户协会的发展，截至2008年底，福建全省组建了2168个农民用水户协会，[①] 其中龙岩市上杭县是全省农民用水户协会的典型示范县，曾在2006年全省农民用水户协会工作经验交流会上介绍过典型经验。因此，本研究选择上杭县作为具体的田野调查地点。

　　本研究以上杭县作为田野调查的地点，主要基于以下几点原因：第一，上杭县位于福建西部，境内多中低山或低山，少部分丘陵地带，水系密布，多数属于汀江水系，各溪流呈树枝状分布，水资源较为丰富，人均水资源量为6193立方米，是全省人均水量的1.8倍。上杭县的经济社会处在逐渐的转型阶段，工业产值占县生产总值最大比重，其次是农业，虽然农业生产总值的增长速度低于工业，但仍保持每年3.5%的增长速度，农业对这样一个闽西县城来说，仍较为重要。第二，上杭县

---

① 福建省水利厅编《福建省农民用水户协会宣传手册》，2009年。

是福建省最早实施农村用水户协会制度的县，县水利局积极推行用水户
协会制度，具有较为成熟的管理经验，政府各部门对用水户协会都颁布
过相关政策。上杭县建立了福建省第一个用水户协会，并得到福建省水
利厅、民政厅的相关政策支持，省水利厅曾多次在上杭县召开农村用水
户协会现场交流会，将上杭县用水户协会的管理制度作为典型在全省推
广。基于这两点原因，上杭县在农村灌溉系统治理中，具有较为丰富的
案例来源。

　　本研究对样本的抽样采用"理论性抽样"，是根据理论讨论的前提来
选取案例，不断增长的理论兴趣引导个案的选取，[1] 所选取的案例分别代
表理论讨论上的不同情况。本书所讨论的理论问题是关于自组织治理的绩
效差异及内在原因，而农民用水户协会是灌溉自组织治理的制度形式。在
威权体制的制度背景下，基层自组织治理嵌套在中观甚至宏观的政治制度
中，因此，自组织的形式与制度经常受到政府的引导，比如，本研究所讨
论的用水户协会，其成立过程、规章制度都受到水利部门和民政部门的引
导。但是，基层灌溉系统也有存在自发形成的自组织治理制度，这些自发
成立的灌溉组织在早期常常命名为灌溉管理委员会或水利协会，但在
2005 年之后，国家鼓励基层成立用水户协会，这些自发的灌溉管理委员
会和水利协会也都按照要求更名为用水户协会，并在规章制度上按照政策
要求进行了完善。由此可见，基层村庄有两种不同变迁方式的自组织治理
制度，其区别在于制度演变是自发形成的还是行政引导的，这一区别也就
成为本研究选取具体个案的第一个标准。第二个选择标准是灌溉系统的治
理绩效，在上文理论框架分析部分，对制度的结果采用规则遵从度、基础
设施管护情况、农作物的产量来衡量，从而得出失败或成功的绩效评判。
基于这两个分类维度的排列组合，将会产生四种类型的个案，但由于自发
演变，失败型的灌溉系统都回到了由行政引导建立农民用水户协会的发展
模式，因而无法真正收集到该类制度的详细情况，这类案例作为缺失处
理。本书选择的个案如表 3 - 1 所示。

---

　　① 〔美〕劳伦斯·纽曼：《社会研究方法：定性和定量的取向》，郝大海译，中国人民大学
　　　　出版社，2007，第 272 页。

表 3 - 1　本研究选取的个案类型

自治绩效 制度演变方式	失　　败	成　　功
行政引导型	六里圳灌溉系统	黄家村灌溉系统
自发演变型	—	九里圳灌溉系统

三　数据收集

案例研究方法的突出特点是多样化的数据来源，一般情况下，案例研究可以有六种数据来源：政策文件、档案、访谈、直接观察、参与式观察和实物。[①] 每种数据都有优缺点，所以每一种定性研究方法都会采用不同的数据收集方式，但都必须遵循"三角测定"原则，通过不同的资料来源来丰富、支持研究论点。在本研究中，核心数据主要通过一对一的半结构式访谈、座谈会、非参与式观察与档案四种方式获得。

本研究中，数据收集的方式适用于不同的数据类型。

第一，座谈会。笔者首先通过与用水户协会的主要领导者（会长、副会长、会计、出纳、管水员）进行座谈，了解每个用水户协会的大致情况，座谈会收集的数据是有关协会的运作情况。座谈会所获得的信息在半结构访谈中也会被谈及，从而互相验证不同行动者对相同问题的看法，确保访谈信息的真实性。

第二，半结构式访谈。笔者采用半结构式访谈与协会中的关键人物进行交谈，这类访谈对象分别为：协会领导者、宗族长者、村主任、村民组长、负责水利的乡长、乡水利站站长、灌溉者。为了避免访谈对象缺乏代表性，笔者在挑选访谈对象时是按照比例进行抽取的，每个灌溉小组分别访谈农田位于渠首和渠尾的灌溉者，并访谈各个主要时期的村民组长及前任会长，获得有关各个不同时期的灌溉管理情况，通过访谈每个小组具有代表性的灌溉者以及村中的关键性人物，从而获得灌溉者对灌溉系统的多角度观点，直到"理论饱和"。半结构访谈的另外一部分主要对象是普通灌溉者，这部分访谈对象主要通过滚雪球法拓展而来。

---

① 牛美丽：《中国地方政府的零基预算改革》，中央编译出版社，2010，第 54 页。

第三，非参与式观察。笔者用非参与式观察法观察每个灌溉系统的分水情况、账务清算方法、水渠维护的任务和成本分摊方法。本研究采用的非参与式观察主要有两种形式：一种是笔者跟随管水员，观察他的具体工作，观察他如何进行巡渠、如何分水等细节；另一种是笔者观察用水户协会召开的会议，观察他们如何分摊任务、清算账务、做出决策等细节。半参与式的田野观察能很好地获得灌溉者对敏感问题的真实态度，比如，灌溉者对协会会长、村干部的真实评价，灌溉者对集体行动的真实意愿等。

第四，档案。笔者收集的档案主要有县水利志、水利政策、乡志、村志、族谱、村庙的碑文、用水户协会会议记录（1990～2010 年）、协会章程、协会账务等资料。在这些档案资料中，各种历史性的材料和记录较为完整地提供了各种组织所经历的大事件，这些大事件描述了各自组织的历史。

这些资料收集方法有助于笔者获得翔实的数据。在对三个灌溉系统的田野调研中，笔者分两次进入田野，分别是 2010 年的 7～8 月和 10 月，历时 3 个月，访谈 81 人次，完成了 10 万字的访谈文字。

四　数据分析

本研究在数据分析方面主要经过两个步骤：对原始数据的处理和数据的呈现。在处理调研期间所获得的一手数据或二手数据时，本研究以制度分析与发展框架中的变量为关键词，依次分析每个关键词的面向，即按照范畴—性质—面向的逻辑分析关键词。比如对分水规则这个关键词的处理，笔者首先提出分水规则的类型，其次分析每个灌溉系统中所使用的分水类型，最后呈现每个灌溉系统的完整画面。本研究是一项小样本的多案例研究，在数据处理上，采用理论导向的数据分析方法，按照制度分析与发展框架作为编码的线索，逐一分析每个案例中的关键词。多案例研究数据分析注重挖掘案例细节，呈现事件的过程与逻辑关系。

五　研究的效度和信度

效度和信度是衡量定性研究的重要指标，前者指研究者得出因果关系结论的有效性，后者指研究结果的可信度和可外推性。本研究采用以下方法来增加研究的效度和信度，具体如下：第一，三角化校正。三角校正是指研究者通过多种方式测量某种现象，能更大可能地观察到它的所有方面。[①] 本研究通过多种数据收集方式，对不同利益相关者进行访谈，以验证获得数据的真实性。第二，数据处理遵循从范畴—性质—面向的方式，以较为科学客观的方式处理数据，增加研究结论的效度和信度。第三，采用较为严格的制度分析与发展框架。该分析框架是研究公共池塘资源理论的较为规范的分析框架，在许多东南亚灌溉系统的实证研究中得到检验，本研究采用该分析框架，以确保分析逻辑的有效性。第四，笔者的自我反省。为了避免笔者的主观性，笔者在研究过程中，不间断地与案例中的关键性人物进行沟通，在调研的每个阶段中不断反思上个阶段中笔者的表现，尽量避免调研和写作中的主观性，进而改进下一步的研究。

六　研究中的道德考虑和研究不足

道德问题是社会科学研究中必须要注意的问题，特别是定性研究中涉及真实地点、人物、案例的展示，案例研究更是对真实人物的真实生活的描述，道德问题就更加凸显。笔者在进行调研时，首先告诉访谈对象，调研的目的是为了进行博士论文写作，所有的数据均用于学术研究，并告知受访者，如果他们想要知道研究结果，可向笔者索取研究报告。在访谈中，笔者尊重每一位访谈者，避免在提问过程中出现引导性问题，让受访者自然地讲述。在处理数据时，对调研的具体村庄采用匿名处理，对所有的受访者匿名化。

每一种研究方法都有其研究的优点和不足，案例研究提供了对研究问题的深度描述，但案例研究的结论容易受到推广性的质疑。本研究虽然采用多种研究技巧来确保研究的有效性和可信度，但仍然有几个不足：第一，本研究采用定性分析方法，没有采用任何定量化方法来做辅助分析，

---

① 〔美〕劳伦斯·纽曼：《社会研究方法：定性和定量的取向》，郝大海译，中国人民大学出版社，2007，第181页。

因此，数据分析的过程中受到主观性因素的挑战。第二，本研究分析三个灌溉系统，虽然多案例分析的有效性要强于单案例分析，但是中国农村治理的地域差距很大，因此，这三个案例面临着"能否代表中国农村灌溉治理"的挑战，笔者只能秉着"理解80%村庄的80%的现象"的原则来研究中国农村灌溉问题。第三，本研究重点关注团体特征对自组织治理的影响，对于其他因素如宏观政治制度、基层民主制度等因素的讨论尚未深入，相比较于全面检验各种因素对自组织治理的影响，本研究侧重解释团体特征对自组织治理的影响路径。

第四章　中国农村灌溉自组织治理

在农村灌溉系统中，村庄是重要的主体，韦德（Wade）将印度村庄看作灌溉事务中的合作团体，它们在水资源稀缺和洪水危害的自然资源条件下，形成具有合作行为的团体，通过村民大会、村委员会来组织灌溉事务或雇用灌溉人员。[①] 在村庄层级，村委会和村民代表大会是农村治理的自治组织，村委会办理村级公共事务和公益事务，如农田水利，村民代表大会审议村委会的年度工作情况，并可以制定村规民约。[②] 显然，村委会是农村灌溉最基层、最小的供给单位。即便村委会不是正式的行政单位，但它在行政机构体系中扮演重要角色，中国农村公共物品的供给通过中央到地方的层层地方化，使村委会成为最基本、正式的供给单位，农田水利供给的地方化依托村委会自上而下推行自组织治理，形成一种行政引导性的灌溉自治。

除了正式的自治制度，中国农村更是一种文化网络，由乡村社会中多种组织体系以及塑造权力运作的各种规范构成，包括在宗族、市场等方面形成的等级组织或巢状组织类型，这些组织既有以地域为基础的有强制义务的团体（如某些庙会），又有自愿组成的联合体（如水会和商会），以及非正式的人际关系网络（如血缘关系、庇护人与被庇护人关系等）。[③] 必须指出的是，这些规范不能用市场体系或官僚体系的逻辑来理解它们，

---

① Robert Wade, *Village Republic*: *Economic Condition for Collective Action in South India* (New York: Cambridge University Press, 1998), pp. 7 – 9.

② 《中华人民共和国村民委员会组织法》，第十一届全国人民代表大会常务委员会第十七次会议修订，2010 年 10 月 28 日。

③ 杜赞奇:《文化、权力与国家: 1900—1942 年的华北农村》，江苏人民出版社，2010，第 2 页。

它们是非正式的规范，这些规范自发地以成本最小化原则将一种制度安排循序渐进地传递到其他制度安排中去，进行自发性的制度变迁。在中国乡村社会中，宗族、宗教是农村灌溉自治的重要主体，它们通过非正式的共同规范治理灌溉事务，形成无行政力量干预的自发性灌溉自治。

简而言之，中国农村灌溉的自组织治理有两种不同的形式：行政引导性自治和自发性自治。它们都符合自组织治理的两个关键性原则：社群内部自我制定规则、自我执行规则。值得特别指出的是，行政引导性自治虽然受到行政部门政策的引导，但灌溉社群仍是灌溉治理的主体。之所以中国存在这两种不同形式的自治类型，是因为农村灌溉治理中存在国家基层治理的正式组织和乡村社会的非正式组织。

第一节　灌溉自组织治理中的正式组织

在中国，乡镇政府是最为基层的政府机构，村委会是法律上规定的村民自治组织，这两者都是农村公共物品供给的重要主体，他们在中央与地方的分权化、地方化的过程中逐渐承担了农田水利供给的大部分责任。地方化或分权化并不是一个新的现象，它经常被用来解决许多发展中国家大量的公共问题，在 1980 年至 1990 年中期，75 个发展中国家和转型国家就有 63 个国家采用不同形式的地方化或分权化。[1] 在理论中，不同的研究者提出对公共物品供给地方化/分权化的不同观点，乐观的观点认为，地方政府应该承担辖区范围内公共物品供给的主要责任，因为他们更加了解公民的真正偏好，而当公共物品供给质量不佳时，公民知道向哪个层级的政府问责，并"用脚投票"做出投资的选择，所以地方政府出于对税收的竞争，有动力提供更好的公共物品。[2] 但是，悲观的观点认为，公共物品供给的地方化/分权化将带来复杂的问责和财政管理不当的问题。[3]

① A. Agrawal, J. Ribbot, "Accountability in Decentralization: A Framework with South Asian and West African Cases," *The Journal of Developing Areas* 33 (1999): 473 – 502.

② Tiebout, "A Pure Theory of Local Government Expenditures," *Journal of Political Economy* 64 (1956): 416 – 424.

③ Jonathan Rodden, Susan Rose – Ackerman, "Dose Federalism Preserve Markets?" *Virginia Law Review* 83 (1997): 1521 – 1572.

中国的地方化/分权化验证了对此问题的争论，高速的经济发展说明地方化/分权化促进了地方政府改善投资环境、供给公共物品的积极性，但这些高速的经济发展多数是工业发展所带来的。根据 2009 年的统计数据，自 1978 年到 2008 年国内生产总值的平均增长速度是 9.8%，工业的增长速度为 11.4%，农业的增长速度仅为 4.6%，[①] 农业对经济增长的贡献逐渐减弱，地方政府对农村基础设施、农田水利投资的积极性逐渐降低，他们更愿意将公共财政投资于能带来直接经济效益的公共物品。即使地方政府有积极性投资农田水利，但也由于财政紧张，而导致供给不足，特别是乡镇一级的财政状况仅仅维持在"吃饭财政"的水平上，而无法充分地投资农田水利。

一　灌溉管理中的乡镇政府

（一）乡镇政府：入不敷出的基层财政

小型灌溉系统的管理责任随着农村公共物品供给从中央转移到地方，乡镇政府成为主要的供给主体，乡镇政府是中国政府机构系统中最为基层的行政单位，全国有 40828 个乡镇政府，管理约 678589 个农村，供给占全国人口 54.32% 的 72135 万农村人口的公共物品。[②] 但实际上，由于财权和事权地方化/分权化的程度不同，"县乡两级政府承担 70% 的预算内教育支出和 55%～60% 的医疗支出"，[③] 越低层的政府所承担的公共服务职能就越重，却没有相应的公共财政收入。自 1994 年实行分税制以来，五级的政府财政支出结构中，中央集中了相当大的税收收入，但不完善的政府间财政转移支付使乡镇供给农村公共物品的财力极为有限。在乡镇公共财政紧张的情况下，中央采用无资金支持的委托方式将公共物品的供给地方化，允许地方通过非正式的财政制度来解决公共物品供给的资金来源，即制度外或预算外收入。实际上，乡镇政府并没有

---

① 国家统计局：2009 年中国统计数据。

② 数据来源：乡镇政府数据和农村人口数据来自《中国统计年鉴 2009》；农村个数来自《中国统计年鉴 2004》。

③ 世界银行：《中国：省级支出考察报告》，http：//siteresources.worldbank.org/EXTEAPCHI-NAINCHINESE/Resources/3885741 - 1199439668180/PER_ exesum - chn.pdf，最后访问日期：2016 年 10 月 15 日。

制定新税种的权力，但他们有办法通过各种名目来获得收入。正如林毅夫生动地描述了地方政府以执行中央政策的名义，向农民过多收费，增加地方收入，但这些收入并没有真正用于供给地方公共物品上，而是用于支付政府冗员，扩大政府规模，或者由于地方官员腐败而用于个人消费。① 虽然，1993 年通过的《农业法》规定，乡镇对农民的税费（"三提五统"）不能超过上年人均收入的 5%，但乡镇对农民的人均收入采用"自我报告"的方式，因此很难判断制度外的收费是否已经超过农民实际收入的 5%。

允许地方存在预算外资金和非正式的公共财政制度，这种做法为地方政府打开了"潘多拉盒子"，导致无税收自主权的地方政府创立"准税收系统，并逐渐脱离中央政府的控制，这些税费结构非常混乱、不透明，并非常不公平"。② 许多的机构部门巧立名目，以行政费的方式收取属于他们自己的收入，这些机构部门"小金库"的设立、收费、记录并没有在当地政府官方预算之内，而是由这些机构"小金库"自由支配。③ 同时，乡镇政府常常以自筹的方式筹集资金，自 20 世纪 80 年代到 2003 年农村税费改革之前，自筹资金占乡镇政府财政收入的比重逐年增加（见图 4 - 1）。自筹存在普遍的规律：富裕与贫穷的农村融资或自筹难度差异很大，越是富裕的地方，融资越容易，越是贫穷地方，融资越难。在东部沿海的江苏省的农村公共物品供给中，上级拨款和农村自筹的比例是 26：74，村自筹占绝对大的比重；而在西部的甘肃省，两者的比例为 77：23，上级政府的拨款比重较大，村级自筹的资金非常有限。④ 摊派收费、使用者费、行政罚款也是乡镇政府获取收入的另外一些方式。在一些乡镇，当官员要修建道路或建校舍时（多为形象工程），摊派就可能发生，本质上，

---

① Lin Yifu et al. , The Problem of Taxing Peasants in China (Working paper of China Center for E-conomic Research, Peking University, 2002), pp. 1 - 66.

② Christine P. W. Wong, eds. , *Financing Local Government in the People's Republic of China* (Oxford University Press, 1997), pp. 13.

③ A. Park, S Rozelle, C. Wong, "Distributional Consequences of Reforming Local Public Finance in China," *The China Quarterly* 147 (1996)：751 - 778.

④ 张林秀等：《中国农村公共物品投资情况及区域分布》，《中国农村经济》2005 年第 11 期。

摊派收费是公共物品收费制度的一种形式。在一些省份，地方政府通过严苛的行政罚款制度，比如违反计划生育政策、违反宅基地建设政策，目的是获得更多的收入。[①] 项目繁多的预算外收入方式实质上是将农村公共物品供给责任转嫁给农民，2006 年取消农业税之前，如果把各种税费加总计算，中央政府估计乡镇政府对农民征收的税费总额已经超过人均收入 5% 的上限，有的地方高达 24%。[②]

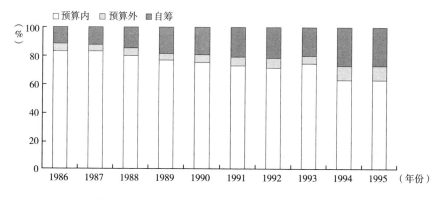

图 4-1　1986～1995 年乡镇财政收入结构变化趋势

资料来源：林万龙：《中国农村社区公共产品供给制度变迁研究》，中国财经出版社，2003，第 97 页。

简而言之，公共物品供给地方化过程中事权和财权的不对称以及无资金支持的委托允许地方政府通过非正式的筹资方式来供给公共物品，只要这些方式没有违反现有的法律体系，这些资金就构成了地方政府的预算外收入。这些预算外收入是政府机构没有通过正规的预算途径间接或直接获得的资源，当国家在预算制定过程中平衡开支和收入时，这些收入不会被考虑进去。这些预算外收入在国家正式预算制度的监控范围之外，导致国家无法有效地监控这些资金的使用。

整个 20 世纪 90 年代，中央都在寻找控制地方税收负担的办法，90 年代到 2000 年之前，各部委共出台了 37 份与降低农民税费负担有关的官

---

① Lin Yifu et al., The Problem of Taxing Peasants in China (Working paper of China Center for Economic Research, Peking University, 2002), p. 13.

② Lily L. Tsai, *Accountability without Democracy : Solidary Groups and Public Goods Provision in Rural China* (New York: Cambridge University Press, 2007), p. 41.

方文件，但所取得的成效一直不尽如人意，① 直到 2003 年的农村税费改革才取得实质性的进展。根据财政部报告，2006 年全面取消农业税之后，农民负担大幅度减轻，与农村税费改革前的 1999 年相比，农民每年减负总额超过 1000 亿元，人均减负 120 元。② 在理论上，农村税费改革取消农业税，减轻了农民负担，地方政府可以通过上级政府的财政转移支付来解决公共物品供给资金问题，但实际税改之后政府间财政转移支付的效果仍待评价。以笔者调研的上杭县湖洋乡 2000 年和 2005 年的预算内收支情况为例，2000 年农业税占预算内总收入的比重为 8%，上级补助为 75%；2003 年税费改革之后，乡财政收入中农业税随之取消，但上级补助占预算内收入的比重从 2000 年的 75% 降到 2005 年的 58%（这些数据均是预算内收入，无法获得预算外收入数据），③ 上级政府并没有在取消农业税之后，加大对乡镇政府的财政转移支付。按照乡镇干部的话说，"农村税改是减轻了农民负担，但是我们（乡镇政府）的公共财政仍然非常紧张，上面的转移支付还是很有限，这几年乡财政能勉强维持，很大因素是工业的发展，上级补贴太少了。"④ 正如理论界在争论产生农民负担的真正原因，税费改革对农村公共物品供给的影响同样也是一个争论的问题，但通过中央和地方配套的财政转移填补地方财政缺口是较为认同的做法，可实际的财政转移却极为有限。

一言以蔽之，作为农田水利主要的供给机构——乡镇政府的公共财政不足，预算内的财政收入有限，预算外收入却不断膨胀。农村税费改革之前，乡镇政府通过各种费来筹集农村公共物品供给经费，但带来农民负担沉重，以及公共物品供给不足的后果。2003 年之后的农村税费改革并没有改善乡镇财政的情况，政府间的财政转移支付仍难以填补地方财政缺口，导致农村公共物品供给仍极为不足，农田水利的投资仍处

---

① 陶然、刘明兴、章奇：《农民负担、财政体制与农村税费改革》，中国社会科学院世界经济与政治研究所工作论文，2004 年第 1 号，第 1 页。
② 郭永刚：《财政部长金人庆：全面取消农业税后农民人均减负 120 元》，《中国青年报》，2005 年 12 月 30 日，http://zqb.cyol.com/content/2005 - 12/31/content_ 1226232. htm，最后访问日期：2016 年 10 月 15 日。
③ 数据来源：上杭县湖洋乡统计年鉴 2000 年、2005 年数据。
④ 访谈记录：九里圳 201016。

在低水平的状态。

　　必须指出的是，在财政收入极为有限的乡镇政府中，财政支出多为
"吃饭财政"，行政管理费占用大量的乡镇财政支出，而用于农业支出、
水利支出的份额很少。以笔者所调研的上杭县湖洋乡的财政支出情况为
例，相比较于支农、农林水支出，行政管理费在历年财政支出中所占比重
最大（见图4-2），并且乡镇政府有较强的激励动机将公共财政投资于乡
镇企业，而不是农田基础设施。在乡镇官员看来，"农业投资的回报很
低，县里面对我们的政绩考核很多是以经济发展为主，比如乡工业区建
设、招商引资等，水利基础设施耗资巨大，回报周期太长。"[1] 这种乡镇
财政支出模式有其内在逻辑性，中国的财政地方化/分权化通过激励地方
政府投资于乡镇企业来刺激经济增长，经济增长所带来的税收除了一部分
上缴国家，地方政府可以持有部分的税收收入。这种投资促进经济增长，
增长带来税收的发展模式促使地方政府有极强的积极性通过扩大生产性投
资促进经济增长，并最终能获得可支配性的税收，[2] 而对于农田水利这种
低回报率或非生产性的公共物品投资则鲜有积极性。

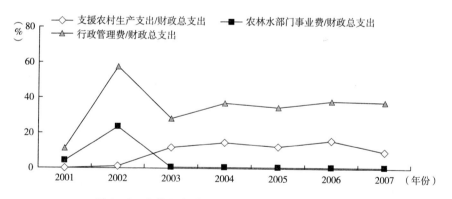

图4-2　上杭县湖洋乡2001~2007年财政支出结构
资料来源：湖洋乡人民政府：《湖洋乡乡志》。

公共物品供给地方化/分权化所带来的地方经济发展和工业化并不

---

① 访谈记录：九里圳201017。

② Jean Qi, *Rural China Takes Off*: *Institutional Foundations of Economic Reform* (Berkeley: University of California Press, 1999), p. 3.

必然自动地供给更多的公共物品，财政地方化/分权化为地方经济发展和城镇化创造了条件，但同时也可能导致治理和公共物品供给的退化，因而地方化/分权化具有积极作用，也有消极作用，而对于农村公共物品供给而言，地方化/分权化所带来的消极作用更为显著。对于最基层的乡镇政府而言，地方化/分权化降低了上级政府的财政补助，同时增大了乡镇供给公共物品的责任；中央允许地方政府通过非正式的预算外收入来满足公共物品供给的支出，可是这个政策却使大多数的地方公共财政脱离上级政府的控制，因为上级政府无法确切知道下级政府完成这些任务需要多少人手、多少预算，更不知道下级政府在执行过程中将会使用什么方法来完成任务，而下级政府正可以以此为理由不断扩充编制、增加预算。[①] 在此种制度背景下，农田水利的投资严重不足，与此同时，水利管理制度历经了从改革开放前的集体化治理到 20 世纪 80 年代之后的乡村自治，水利管理机构逐渐成为乡镇机构中的边缘机构，乡镇政府供给农田水利的职能进一步弱化。

（二）乡镇的水利站：边缘性的弱势机构

1949 年新中国成立之后，政府开始进行农业合作社运动，到 1956 年农民合作化程度已高达 91.2%，其中 30% 是高级社，1956 年底，全国 91.6% 的农户加入了 70 多万个高级社，[②] 同时也完成了农村水利工程公有化，农民公社成为国家动员农民进行农田水利建设的组织，在投入上采用 "以工代赈" "民办公助" "三主方针" 的方式筹集资金和劳动力。20 世纪 50 年代中期，乡镇开始设立 "水利委员会" 作为乡镇一级对水利事业的管理机构，当时的 "水利委员会" 并没有专职人员，是不同机构组成的工作委员会，到了 50 年代后期，乡镇和公社才开始配备专门的水利干事或水利员。70 年代初，公社成立 "水电组" 负责水利项目建设和管理，80 年代初，改为乡镇 "水利管理站"。在这段时期内，国家通过水利站将国家权力下沉到农村，将农村纳入整个国家现代化进程中，以从生产大队中收取农业剩余的方式提取工业化的基础性

---

① 陶然、刘明兴、章奇：《农民负担、财政体制与农村税费改革》，中国社会科学院世界经济与政治研究所工作论文，2004 年第 1 号，第 6 页。

② 程漱兰：《中国农村发展：理论与实践》，中国水利水电出版社，2002，第 16 页。

积累。① 因而，乡镇水利委员会以及公社水电组等机构，与任何历史时期主管水利建设恢复生产的组织有本质的区别，此时的乡村水利成了国家公共经济的一部分。② 水利委员会、水电组、水利管理站的人员经常"下乡"进行日常管理工作，"下乡"本身就是一种权力运作的战略，③ 这种工作方式保证权力运用的直接性，是在与农民面对面的共同劳动中实施权力，同时用"以工代赈"的方式发动农村大量的劳动力，组织农民集体进行农田水利建设。

值得一提的是，从 20 世纪 50 年代至 80 年代，水利管理机构从无实体机构的"水利委员会"演变成具有人员编制的"水利管理站"，资源拨付直接从财政中支付，可见其重要性的凸显，但这种机构地位随着 80 年代集体化治理的消失而逐渐弱化为乡镇政府的边缘机构。

20 世纪 80 年代之后，乡镇水利管理机构逐渐走向衰弱。80 年代，农村的基本生产制度发生变化，随着家庭联产承包责任制的推行，村集体财产被分割，农民分散经营承包到户的土地，集体化农业组织解体，农村原来的供给制度基础缺失，造成农村公共物品供给的萎缩。④ 由于公社制度、生产大队的解散，国家将群众投工投劳新修水利的做法制度化，建立劳动积累工制度，实行"自力更生为主，国家帮助为辅"的原则，引导民间资本投入到农田水利中，国家则开始渐渐退出农田水利的建设和管理。但奇怪的是，在 80 年代中期，水利站的地位得到提升，1986 年中央劳动人事部、水利部颁发了《基层水利水土保持管理服务机构人员编制标准》明确将农村乡镇水利站作为县级水利部门派出机构，配备水利干部负责乡镇水利和小水电，但是水利站的作用受到机构改革的削弱。乡镇的"七站八所"与乡镇政府出现条块分割的矛盾，乡水利站直属县水电局，支出也是从县水电局直接拨付，但分割了乡镇权力。在 80 年代后期

---

① 谭同学：《乡镇机构生长的逻辑——楚镇水利站、司法所政治生态学考察》，硕士学位论文，华中师范大学，2004，第 28 页。

② 胡书东：《经济发展中的中央与地方关系——中国财政制度变迁研究》，上海三联书店，2001，第 28 页。

③ 苏力：《送法下乡——中国基层司法制度研究》，中国政法大学出版社，2000，第 35 页。

④ 张军、何寒煦：《我国农村公共物品的供给：改革后的变迁》，《农村改革》1996 年第 5 期。

的机构调整中，"七站八所"的管理权逐渐下放给乡镇政府，水利站也成为以乡镇领导为主的机构，[①] 之后，水利站行政归乡镇政府领导，业务归县水电局领导。隶属关系上的变化，表面上看起来是水利行政管理体制内部的机构改革，实质上是将原来至少在县一级进行规划的水利建设与管理权下放到乡镇一级，实质是县级政府甩包袱，但由于乡镇财政长期短缺，水利站无法充分发挥农田水利管理职能。正如访谈的一位副乡长说讲的"乡镇作为一级政府，却没有一级财政。所以，经费、资金问题成了乡镇的头等问题，每年的水利款都非常紧张，我们至少有一半的精力要花在找钱上面。不然，就很难正常运行"。[②]

　　整个 80 年代，分产到户的承包制迅速地瓦解了农田水利建设和维护的集体组织，同时中央和地方采用"分灶吃饭"的财政制度，原来靠农民义务修水利和中央财政投入办水利的模式被打破，水利投入锐减。虽然 1985 年水利电力部颁发的《水利工程水费核算、计收和管理办法》规定"凡水利工程都应实行有偿供水"，"水费标准应在供水成本的基础上，根据国家经济政策和当地水资源状况，对各类用水分别制定"，这意味着开始实施灌溉水费制度，但是很多地方并没有完全按照供水成本向用户收取灌溉水费，一些行政部门随意截留、挪用水费，灌区管理单位对水费也没有完全的支配权，有些水费被截留用于政府公共开支，不少地方仍然采取"搭车"收费方式，将其他行政事业型收费和水费捆在一起征收，并采取层层加码的方式，增加了农民的经济负担，并挫伤了农民参与治理农田水利的积极性。[③] 同时，水利站由于经费有限，逐渐减少了对农村水利建设的参与，"下乡"的工作方式逐渐转为坐镇乡镇办公，水利站的功能也慢慢萎缩。

　　90 年代之后，农田水利逐渐进行市场化产权改革，所有权和经营权得到进一步分离。在改革背景中，乡镇水利站在多次的小型水利设施改革中，进一步缩小业务范围，失去对灌溉设施的控制权。在产权改革中，水

---

① 张厚安主编《中国农村基层政权》，四川人民出版社，1992，第 334 页。
② 访谈记录：九里圳 201018。
③ 周晓平：《小型农田水利工程治理制度与治理模式研究》，博士学位论文，海河大学，2007，第 74 页。

利站对小型水利工程没有所有权和经营权，在履行灌溉服务中不仅难以收回成本，而且灌溉的村庄经常欠款，水利站难以维持机构的运转，开始出现负债运作的情况。1994 年分税制实行，乡镇水利站的事业经费降低，站内职工收入没有保障，水利站留不住人才，队伍人心不稳。由于经费得不到保障，对服务的质量没有监督和衡量机制，该阶段乡镇水利站提供的灌溉服务态度和质量均不佳，经常延误灌溉。① 虽然在 1997 年颁布的《水利产业政策》以文件的形式重新规定了水利工程的供水价格，但是水费的收取、下发的流程并没有改变，仍然由基层水管部门或经管部门向农民收取水费，水费和农业税等各项税收一起征收，通过乡镇政府交给县政府，然后再交给县水管部门，之后再转拨到基层水管部门。水费经过层层剥夺和截留，最后到基层的用于维持水利站的费用都不足，更不用说"以水养水"。1997 年之后，农田水利工程市场化改革的步伐加大，"鼓励农村集体、农户以多种方式建设和经营小型水利设施"，② 对小型水利设施采取拍卖、租赁的市场化改革。国家对小型农田水利采用承包、租赁、拍卖、股份合作等灵活多样的经营方式和运行机制，③ 但对于乡镇水利站而言，这些改革都在缩小水利站的业务范围，并意味着国家最基层的乡镇政府正在从农田水利中退出。

对水利站最大的冲击是 2003 年农村税费改革，取消农业税使农村、县乡政府面临强所未有的挑战，④ 在财政压力下，精简机构是乡镇自我调节的举措，"社会转型的过程，也就是财产与权力再分配过程"，⑤ 必然伴随着权力格局的重新调整。在乡镇的机构调整中，能为上级部门或乡镇财政创收的站所（如土管所、交管所）通常得到优先照顾，成为改革的获利者，但对于已经丧失从农村中汲取能力的水利站，则面临着被减编或被合并的危险。

总体而言，自 20 世纪 80 年代农村家庭联产承包责任制实施之后，集

① 周晓平：《小型农田水利工程治理制度与治理模式研究》，博士学位论文，海河大学，2007，第 76 页。
② 《中共中央关于农业和农村工作若干重大问题的决定》，1998 年 10 月。
③ 国务院体制改革办公室发布《水利工程管理体制改革实施意见》，2002 年 9 月。
④ 陈锡文主编《中国县乡财政与农民征收问题研究》，山西经济出版社，2003，第 159 页。
⑤ 曹锦清：《中国七问》，上海科技教育出版社，2002，第 181 页。

体组织单位解体为单个的家庭单位，乡镇水利站原本从村社集体吸取农业剩余转变为要从成千上百个单独家庭收取水费，庞大的交易成本需要借助乡镇的强制力量。正因为要借用乡镇的强制力量收取水费，水利站从农村中吸取资源的能力逐渐弱化，并在多次的机构调整中成为改革的弱者，水利站的运作经费、编制、权力逐渐被削弱，成为乡镇机构中的边缘机构。水利站是国家在农村的最基层的水利服务机构，它的兴起与衰落和国家逐渐退出农村公共物品供给，将水利治理转移到大江大河的治理上有很大关系。在这种背景下，直接隶属乡镇政府领导的水利站在资源紧缺且各"条"各"块"都已经是利益主体的情况下，成为乡镇机构中的弱者，难以为农村水利灌溉提供服务。

考察整个乡镇一级的政治生态系统，可以发现随着公共物品供给职责的层层地方化，乡镇承担了农村水利供给的主要责任，但是此种地方化或分权化没有配备合理的中央与地方的财政关系，本质上是一种无资金支持的委托。公共物品供给责任的地方化，以及政府间无资金支持委托的财政关系，产生的政策变通是允许预算外收入的存在。分税制改革之后，中央集中了大部分的税收收入，却没有承担足够的地方公共物品供给责任，可以推论分税制是一种划分收入而不界定支出的改革，其仅仅意味着中央集权的需要。[1]这些集权通过一系列的农村管制政策体现出来，比如粮食收购制度、户籍制度、生育制度等，乡镇为了执行这些对农村社会生活的管制，有理由以无资金支持的委托为借口在政策执行中增收预算、扩充编制，上级政府却由于信息不对称，无法了解政策执行的真实成本，并无法监控预算外收入的征收和使用。正是这些管制政策实施及其成本，系统性地扭曲了基层政府和农民的行为，并导致了农民税费负担增大，基层政府规模扩张和寻租等问题的出现，这些税费收入未能形成有效的农村公共物品供给，反而在很大程度上为基层政府的腐败和规模膨胀提供了条件。[2]

简单而言，外部的政治生态系统造成了乡镇政府责、权、利的不对

---

[1]　陶然、刘明兴、章奇：《农民负担、财政体制与农村税费改革》，中国社会科学院世界经济与政治研究所工作论文，2004 年第 1 号，第 10 页。

[2]　陶然、刘明兴、章奇：《农民负担、财政体制与农村税费改革》，中国社会科学院世界经济与政治研究所工作论文，2004 年第 1 号，第 6 页。

称，导致公共财政紧缺，农田水利投资不足。而在乡镇内部的政治生态系统中，基层的水利管理机构——乡镇水利站却在不断地边缘化，从20世纪80年代至今，农村从集体化解体为以家庭为单位，水利治理失去了集体行动的组织，但是征收农业税和各种摊派、自筹使农村"资源从扩散到重新积累"过程的速度加快，[①] 乡镇官僚机器及其精英在整体"升级"过程中，更倾向于与资源吸取能力强的群体（如土管所）结合，将部分资源吸取能力不足的边缘性机构甩出，像水利站这样难以实现资源的货币化并形成货币积累的象征机构开始被边缘化。

在此种乡镇政治生态系统中，国家从小型农田水利治理中转移到大江大河的治理，农田水利的治理责任通过层层地方化下放到基层乡镇，但囿于乡镇的公共财政稀缺以及水利站的边缘化，基层政府在农田水利供给方面发挥的作用极为有限。相反，乡镇政府通过各种制度外收费，如摊派、自筹等，将农田水利的供给成本转嫁给农民，实际上，国家在农田水利的相关政策上，逐渐将农田水利作为村民自治的主要内容。

二 灌溉管理中的村委会

（一）预算外收入中的村委会

村委会是人民公社解体之后农村的管理组织，产生于20世纪80年代底，起初是协助政府维持社会治安和维护集体的水利设施，后来逐渐扩大到对农村基层社会、政治、经济生活诸多事务的村民自我管理。1982年宪法规定村委会作为我国农村基层社会的群众自治组织，并在国家多次水利政策调整中，逐渐成为农田水利的供给主体。1985年，水电部在《国家管理灌区经营管理体制的改革意见》中，提出有条件的灌区可以将国家管理转移给受益户集体管理，提出加强基层群众用水管理组织，建立健全群众性的管理队伍，这是国家首次以文件的形式表达了将"小农水"的管理职责转移给农民的信息。1989年，国务院做出《关于大力开展农田水利基本建设的决定》，决定建立劳动积累工制度，逐步建立农村水利发展基金以及对农田水利设施实行管理责任制等政策，该决定从国家层面

---

① 孙立平：《断裂——20世纪90年代以来的中国社会》，社会科学文献出版社，2003，第59页。

强调农民在治理"小农水"中的主体地位。

在 20 世纪 80 年代的政策变革中，农田水利的产权仍沿革公社和生产队时期的公有性，1983 年水电部颁布的《水利水电工程管理条例》中规定，"国家投资兴建的水利、水电工程，属全民所有，由国家所有，有的也可以委托集体代管"，"民办公助或社、队自筹资金修建的水利、水电工程，属队社集体所有，由集体管理，有时也可以根据需要由国家管理"，"属集体管理的工程，其所有权属集体，使用权属管理单位"。这些规定说明 80 年代"小农水"产权还是单一的，属于集体所有，但是由于集体作为"小农水"所有者通常以委托人的身份将工程日常运营管理委托给特定的代理人，如管水员，所以"集体"的主体身份是抽象和虚设的。村委会虽然是 80 年代之后"村民自治"的集体代表，但由于家庭承包责任制的推行，土地分散经营，村组两级再不能如过去那样全权掌握集体政治资源，也无法像公社时代那样动员全村人兴修水利、掏堰挖沟，更不能全部掌握集体的经济资源，只能通过粮食"户卖村结"，将"三提五统"从粮站扣下来挪作村集体所用。在乡镇的行政压力下，村组常常将留给村集体的"三提"挪补上交乡镇"五统"的亏欠，致使村集体实力日趋虚弱，因而，村并没有在制度外收入中获得有关农田水利供给的资金。

"三提五统"是乡镇政府所征收的预算外收入，它随着农村公共物品地方化到乡镇一级，村委会作为农村公共事务的管理机构在"三提五统"的提留款中可以获得水利公积金，用于农田水利的基本建设,[①] 但实际上，灌溉水费或预算外收入中的水利公积金提留并没有为农田水利筹资发挥真正作用，反而加重了农民负担。1985 年，国家提出有偿供水，按照核算成本确定水费标准，但实际上农业供水水价仅为成本的 1/3 左右，多数省份的收取率仅为 40% ~ 60% ,[②] 无法维持水管部门的运作经费，征收的水费无法实现"以水养水"的政策目标。灌溉水费的征收并不是独立进行，而是与其他农业水费、行政事业性费用捆绑征收，"搭车"征收的

---

① 根据 1991 年 12 月 7 日中华人民共和国国务院院令第 92 号《农民承担费用和劳务管理条例》整理。

② 水利部水管单位体制改革课题组：《对水利工程管理单位体制改革的探究》,《水利发展研究》2001 年第 4 期。

方式,之后再以村提留、公积金的方式成立水利基金用于水利设施的建设。可是水费征收中经常受到行政部门的层层加码,村提留和公积金被随意截留、挪用,农民无法监控水费的实际用途,更无法从预算外收入中得到水利建设资金。

在某种意义上,村庄作为等级结构中最底层的组织单位,并不是正式的政府机构,因而不存在所谓的正式预算内收入,虽然有乡镇的财政拨款,但这些拨款并没有常规化,村庄很大程度上是通过自筹的方式筹集农田水利基金的。在农田水利建设中,政府自 2005 年设立中央财政小型农田水利建设补助专项资金,在 2009 年中央设立财政专项补助资金 45 亿元用于支持小型农田水利建设,[1] 并以转移支付的方式,最后到达补助的村庄。但是上级政府的补助资金不仅是不足的,而且是不可靠的,很多上级的补助资金在到达补助对象之前就被抽取掉了,即使基层村庄的补贴申请得到批准,村庄最后得到的也仅仅是拨款金额的一小部分。因为在拨款自上而下地从上级政府到某个村庄的下发转移过程中,每级政府都可能以"行政费"的方式从拨款中获益。[2]

即便村庄最后能得到有限的拨款,很多的专项拨款要求乡镇政府或村庄提供配套的资金或项目,比如要求平整土地,这就增加了村庄申请水利专项拨款的难度。专项拨款不是常规性的财政支持,要顺利地获得拨款要求村委会了解这些拨款的情况,这很大程度上依赖于村委会与上级领导的私人关系。笔者所调研的谢家村村主任描述了水利拨款的申请过程,说明由于缺乏正式的、规范的拨款制度而使拨款无法成为农田水利可靠的资金来源:

> 我们都知道烟草基地工程款可以用来建标准化渠道,但由于我们村的烟草种植面积在县里面不是最大的,种植大户也比较少,所以前几年烟基工程款都申请不到,去年我听说我一个战友在市里面工作,我特地过去拜访他,最后我战友帮我们村申请到了烟基工程的拨款。

---

① 国家水利厅:《2009 年国家水利统计公报》。

② Kevin O' Brien, Li Lianjiang, "Selective Policy Implementation in Rural China," *Comparative Politics* 31 (1999): 167 - 186.

但是拨款批下来以后，又产生了新的难题，烟草局要我们村平整土地，把田埂、农田高度平整好之后才能拨款。这对我们提出了新的难题，因为现在组织村民平整土地，重新规范田埂都会牵涉到村民们的利益，我们平整土地就用掉了一年的时间。①

(二)"一事一议"的民主

在上级拨款极为有限、非常规的情况下，村庄自治是农田水利建设和管理的重要组织方式，但是对于人民公社解体之后的农村，每一项集体行动都是困难的，但是只要村民们还继续合用一个公共池塘资源，他们就处在相互依存的联系中。② 只要村庄具备自组织治理的条件，那么村民成功地自治建设和管理农田水利的可能性就很大；如果村庄缺乏这些条件，就难以达成有效的集体决策，甚至"每一项集体决定，每一次权力分配最终都被体验为脆弱的、不合法的"，③ 而村庄自组织治理的成功很大程度上依赖于"一事一议"民主的效果。

"一事一议"在农村税费改革之后成为农田水利的重要治理形式。税费改革之前，劳动积累工和农村税费是农田水利投资的两项重要制度。劳动积累工制度在 20 世纪 80 年代为小型农田水利的建设、投入提供了很好的制度保障，该阶段的小型水利投入每年以 15% 的速度增长，年新建和恢复水利工程数十万处，年新增有效灌溉面积和除涝面积近千万亩，年治理水土流失面积十几万平方公里。④ 但是随着农村中市场经济渗透的程度不断增加，农业收入占家庭收入的比重不断减少，农民对劳动积累工的积极性逐渐减弱，劳动积累工制度的作用也逐渐减弱。在税费改革之后，取消了"三提五统"、各种杂费，并逐步取消了劳动积累工、义务工，建立了以税率提高的农业税以及农业附加税为主体的农村税制。同时，采取

---

① 访谈记录：六里圳 2010009。
② 〔美〕埃莉诺·奥斯特洛姆：《公共事务的治理之道》，余逊达、陈旭东译，上海三联书店，2000，第 64 页。
③ 〔美〕R. M. 昂格尔：《现代社会中的法律》，吴玉章、周汉华译，译林出版社，2001，第 264 页。
④ 顾斌杰：《小型水利政策体系建设的回顾及其展望》，《中国农村水利水电》2006 年第 6 期。

"一事一议"的办法，由村民大会民主讨论决定村内兴办各种其他集体生产和公益事业所需要的资金。但实际上"两工"的取消使"小农水"失去了依赖近 20 年的投入，"一事一议"在实行中还有许多困难，即使"事""议"成功，筹资额也比较少。

自新中国成立之后的 50 年中，小型农田水利历经了人民公社时代政社合一的集体建设及村委会时期的村民自治，生产大队或村庄一直是集体行动的单位，但是作为农田水利建设主体的村民，却一直被排除在决策之外，他们无法有效地监督和影响乡镇政府和村委会。虽然在 20 世纪 90 年代小型农田水利开始进行产权改革，但是产权改革主要是对能带来经济效益回报的水利设施开展，如堰塘用于水产养殖，以承包或租赁的方法将所有权和经营权进行分离，而具有公共效应的灌溉设施、渠道、泵站仍属于集体所有，这个集体从公社时期的大队转变为改革开放之后的村委会。水利工程的建设与维护仍然由各级政府或村委会自上而下发动、引导或强制农民参与，村民主动参与灌溉管理的机会很少，因而逐渐将农田水利建设、维护看作国家的事情、乡政府的事情，主体意识薄弱。

税费改革取消"两工"以及"三提五统"，乡镇政府和村委会无法再利用自上而下的政治动员来引导村民参与灌溉设施的建设与维护，"一事一议"的筹资筹劳制度是税改之后村民自治的主要内容，该制度通过村民大会民主讨论的方式让灌溉主体——村民参与到灌溉管理的集体决策中来。同时，在县乡"压力型体制下"[①]，乡镇政府运用责任考核机制，通过村财乡管等方法，使村委会干部"受雇"于乡镇政府，村委会失去了自治的空间和能力，村干部在征收"三提五统"的过程中成为国家政权的代表，逐渐丧失了村民所认同的权威。而乡村社会"是由多重交叠和交错的社会空间权力网构成的"，[②] 在乡村差序格局中，村干部的法定权威如果没有以乡镇的强制力量为依托，其权威在村民中难以获得认同，"一事一议"的民主也举步维艰。但不可否认，"一事一议"的民主并不

---

① 荣敬本等：《从压力体制向民主合作体制的转变：县乡两级政治体制改革》，中央编译出版社，1998，第 28 页。

② 〔英〕迈克尔·曼：《社会权力的来源》（第一卷），刘北成、李少军译，上海人民出版社，2002，第 1 页。

是完全失效，自治的成效依村庄内部结构和村庄资源状况而异，[1] 而本质上，村庄结构是由村委会的正式制度与基于血缘或地缘的非正式制度交叉融合、互相影响而塑造的。

　　行文至此，可以看出村委会作为小型灌溉系统治理的组织单位，农田水利资金长期不足。农村税费改革之前，村庄通过提留款、统筹款筹集水利建设资金，但实际上，除了完成乡镇的税收任务，村级集体资金非常有限。在税改之后，中央设立小型农田水利专项资金用于补贴农村的灌溉水利，但专项资金的获得更多取决于非正式的人际关系，而缺乏规范的拨款程序，并且这些专项补贴是不固定的、非常规的，无法用于持续地投资或维护农田水利。在国家财政补贴杯水车薪的情况下，"一事一议"的村民自治通过筹资筹劳为灌溉水利提供投入来源，"一事一议"是税费改革之后农田水利的重要治理模式。"一事一议"的民主将灌溉管理的责任从政府转移到灌溉者身上，但在实践中，村干部威望不足、集体资源匮乏、村民参与的积极性不高、议事成本高昂等因素都影响了村民自治的效果。简而言之，村庄无法从国家科层行政系统中获得农田水利建设的资金，同时"一事一议"的民主在现代化、市场化背景下的乡村中面临着多种挑战，自治效果依据村庄内部结构和集体资源的不同而不同。

三　用水户协会[2]

　　中国的农田水利建设在公共物品供给地方化的过程中逐渐成为乡镇政府的供给责任，但由于事权和财权的不对称，乡镇一级机构通过预算外收入来供给公共物品，实质是将供给责任转移给灌溉者——农民。国家从小型农田水利的退出，相应地鼓励民间资本的进入，但市场化产权改革仅局限在能带来经济回报的水利设施，对于公益性的灌溉渠道建设、管护仍然以集体为单位进行管理。"集权式乡村动员体制"[3] 在 20

---

① 贺雪峰：《村治模式：若干案例研究》，山东人民出版社，2009，第 52 页。
② 2005 年，水利部、国家发改委、民政部联合颁布了《关于加强农民用水户协会建设的意见》（水农〔2005〕502 号文件，用水户协会发展迅速。福建省上杭县的多数基层村庄以"水利协会"称呼成立的用水户自我管理的水利设施组织。本书统一用"用水户协会"一词。"用水户协会"等同于"水利协会"。
③ 于建嵘：《岳村政治：转型期中国乡村政治结构的变迁》，商务印书馆，2001，第 285 页。

世纪 80 年代解体之后，国家试图设计新的组织形式让分散化的灌溉者参与到农田水利的建设和维护中。虽然村委会作为村民自治的组织形式，以"集体"单位的角色供给农田水利，但农田水利属于村委会集体所有，集体管理导致产权不清楚，村民们对这个"集体"到底是谁存有疑虑，[①] 这造成了灌溉者主体意识的缺失，因而在灌溉集体行动过程中，村民的参与性下降。"一事一议"制度意在通过村民民主大会来进行集体决策，实质上是让灌溉者参与到灌溉管理的各种决策中来，体现的是"参与式灌溉管理"。

"一事一议"可以看作"参与式灌溉管理"的国际经验在中国语境中的体现，参与式灌溉管理自 20 世纪 70 年代以来受到许多发展中国家的推崇，意指用水户参与到灌溉管理的所有领域和层次，同时也意味着灌溉管理责任逐渐从灌溉机构转移到私人机构、非政府组织，或当地农民组织，即灌溉管理转移。[②] 中国在 20 世纪 90 年代末逐渐在农业灌区推广参与式灌溉管理，并以建制村为单位成立用水户协会，将原本属于村委会的水利设施产权转移到用水户协会，在性质上用水户协会是独立于村委会的、在民政局注册登记的社会团体。农民用水户协会是税费改革取消"两工"之后，"一事一议"民主的产物，灌溉者以选举的方式组建用水户协会领导班子，以民主讨论的方式做出灌溉水费、分配权利和义务、分水制度等有关灌溉的集体决策。在农民用水户协会制度中，最为核心的内容是规定水利设施的所有权属用水户协会所有，协会有权自主管理水利设施。[③]

农民用水户协会成立之后，虽然村级同时存在村委会组织，原则上用水户协会取代了村委会在农田水利事务上的管理权和领导权，是灌溉者成立的合作组织，但在多数村庄中，村委会和用水户协会有着千丝万缕的关系，有些协会和村委会是同一班领导，甚至有些村庄成立用水户

---

① 访谈记录：黄家村 2010002。

② Mark Svendsen, Jose Trava, Sam H. Johnson, Participatory Irrigation Management: Benefits and Second Generation Problems (Economic Development Institute of the World Bank, Working Paper, 1997), pp. 1 – 29.

③ 访谈记录：黄家村 201014。

协会是想要获得水利局的补助。① 用水户协会有助于解决第一代的灌溉难题，如政府财政困难、产权不清、农民参与性低下等，但同时用水户协会自身也面临着第二代的灌溉问题，如协会资金短缺、管理经验缺乏、自我发展能力不足、水利知识不够等。②

对许多农村而言，用水户协会是自上而下行政力量推行的制度变迁，是在水利部门、民政部门以及乡镇政府引导下建立的合作组织。有些县政府成立了由分管副县长任组长、相关部门负责人为成员的农民用水户协会建设领导小组，并把此项工作纳入各乡镇、县有关部门年度目标管理考评内容，建立健全了工作落实责任制，并通过宣传、培训等多种方式帮助农村建立用水户协会。③ 严格而言，农民用水户协会是税费改革、取消"两工"之后农田水利管理的新型组织形式，村民自治在农田水利事务上的具体体现。此项制度将农村水利设施的产权从村委会转移出来，产权明确界定为用水户协会的集体产权，遵循的逻辑是"一事一议"的草根民主，通过政策引导灌溉者自愿参与灌溉的各个领域和层次，并对各种灌溉事务进行集体决策、自我管理、自我执行以及自我监督。但是，用水户协会的运作与村委会的运作一样，同样会遇到基层民主的各种障碍，协会的运作在具有各种宗族组织、寺庙信仰的乡村社会中进行，此种社会背景下，作为村庄自治的正式制度用水户协会或村委会或明或暗地受到这些非正式组织的影响。

第二节　灌溉自组织治理中的非正式组织

对于社会科学研究者而言，灌溉并不是一个单纯基于"实践理性"或"技术理性"的公共事件，更多地要以汉人的"文化理性"为基础才能成为可能。用人类学语言表达，汉人的"文化理性"是以道德宇宙观

---

① 上杭县水利局内部材料：《上杭县农民用水户协会调研情况汇总》，2008。
② Mark Svendsen, Jose Trava, Sam H. Johnson, Participatory Irrigation Management: Benefits and Second Generation Problems (Economic Development Institute of the World Bank, Working Paper, 1997) pp. 1 - 59.
③ 上杭县水利局内部材料：《上杭县农民用水户协会工作情况汇报》，2008。

为基础所衍生出的各种水神崇拜，因而在传统的水利社会中，水首先要在一个文化中获得意义，然后才能够被作为一种资源来使用。①文化意义或道德宇宙观难以体现在国家治水的正式制度上，而更多地体现在乡村社会错综复杂的宗族传统和寺庙崇拜上，并围绕宗族、寺庙开展自治治水。在中国几千年的治水传统中，东方集权式的治水模式解释了大江大河的治理，而对分散的、小规模的灌溉水则更多地采用村庄自治，农村水利几乎是一个完全自治的水利社会。忆古思今，新中国成立至今的60多年仅仅是中国几千年历史的瞬间，但是这60多年正是国家在从农田水利逐渐退出、回归村民自治的水利社会的60多年。在乡村自治的水利社会中，国家政权对乡村生活的渗透与退出、乡绅经纪、宗派以及宗教信仰都重叠并相互作用，因而，在乡村的权力竞技场中，乡镇政府、村委会、用水户协会仅从国家政权角度描述了农村灌溉水利治理，而在这个竞技场中，宗族、寺庙等非正式制度对治水的影响同样重要。

一　宗族：不只是亲属组织

宗族是由具有共同祖先、男系血缘的嫡传，按辈分排列长幼次序所组成的单位。②"宗"与"家"不同，后者是政治经济学中的一个基本单位，结构单一并包括女性成员。③简单而言，宗族是一个公共生活的基本单位，而家庭是经济生产中的基本单位。在河北省邢台县的灌溉用水组织中，"水股"（水权）不是按照一家一户分配，而是按宗族分股，即使同宗的兄弟分家，却不分水股，仍然以同一宗族参与灌溉组织。村落组织是由拥有共同祖先的血缘集团和经济上互相协作的家庭集团组成，而宗族作为高于家庭的组织单位在村庄管理中发挥重要作用。④在宗族势力强大的南方地区，村

---

① 张亚辉：《水德配天——一个晋中水利社会的历史与道德》，民族出版社，2008，第9～10页。

② 杜赞奇：《文化、权力与国家：1900—1942年的华北农村》，江苏人民出版社，2010，第66页。

③ 艾伯瑞：《宋代的家庭概念》，转引自杜赞奇《文化、权力与国家：1900—1942年的华北农村》，江苏人民出版社，2010，第66页。

④ 杜赞奇：《文化、权力与国家：1900—1942年的华北农村》，江苏人民出版社，2010，第69页。

庄甚至被称为"氏族家庭主义",宗族的作用超越单纯的亲属组织,更多时候是一种地方组织,宗族虽然是基于血缘亲属关系而形成的组织,但其更为核心的是作为村庄治理的政治与地方组织。

在福建地区,宗族和村落明显地重叠在一起,许多村落只有单个宗族,①这些村落最早是基于血缘而非政治性聚落的实体,但是随着国家政策渐进地改造乡村社会,国家政权逐渐地渗透进乡村社会,乡村发展成为具有明确统治区域的征收税赋的实体,并迫使村庄建立了自己的财政体系。村庄演变成为具有地理边界、纳税摊款以及各种公共事务的实体之后,宗族就操纵着传统的政治机制,村务管理、公共活动以及村公会(类似于现在的村委会)成员名额的分配,都是以宗族或房支为划分基础。②

旧中国时期,宗族一直被认为是协调人际关系和维护社会秩序的有效工具,虽然宗族会随着经济贫富或社会地位而裂化,但其分裂在一定程度上仍以血缘远近为标准。即使宗族内部出现了分化,但正宗清源仍是儒家忠孝思想的体系,符合旧中国官方正统儒家教义,宗族可以约束村民言行符合道德与行为规范、组织集体行动、开展公共活动。宗族可以制定税款的分配方式、灌溉水权的分配,组建村公会以及村庄内部的道德规范,以血缘为基础的宗教在村庄事务管理中占有重要地位。封建国家试图实施正式的制度——保甲制和里甲制来控制乡村,保甲或里甲制对区域的划分原则上以地缘为基础,但到了20世纪初,保甲和里甲制度的划分单位渐渐以宗族的"门""房"为基础,宗族势力与保甲组织的混合使前者更为"正统化""官方化"。这使我们清楚看到作为文化网络中重要因素的宗族是如何担当起组织村庄政体重任的,③特别是当村庄从血缘性的团体转变为征收赋税的实体时,血缘团体和行政区划成为对同一乡村社会实体的两种表述。

---

① 〔英〕莫里斯·弗里德曼:《中国东南的宗族组织》,刘晓春译,上海人民出版社,2000,第1页。
② 杜赞奇:《文化、权力与国家:1900—1942年的华北农村》,江苏人民出版社,2010,第65页。
③ 杜赞奇:《文化、权力与国家:1900—1942年的华北农村》,江苏人民出版社,2010,第80页。

　　新中国成立之后，自土地改革运动、人民公社化运动至"文化大革命"，一波一波的政治运动都将宗族和村庙当作封建残余，给予打击、消灭、摧毁，宗族逐渐从乡村治理中退出来，取而代之的是国家权力对乡村的控制，以生产队、人民公社等不同的组织形式对乡村进行控制。然而，宗族对村民有一种文化意识的影响力，虽然宗族活动是被禁止的，但村民之间仍保持宗族意识、身份认同以及宗族记忆，以至于在 20 世纪 80 年代之后较为宽松的政治背景下，宗族很快复兴，并发展迅速。虽然市场经济背景下的乡村宗教不再拥有族产、族田，也很少集体族祭或聚餐，但是该时期的宗族关系仍体现在各种乡村社会生活中，如婚嫁、丧事和传统春节，同宗村民仍保持各种合作关系。① 尽管宗族并不是一个明确的合作团体，但是村民在紧急情况下会首先向同胞兄弟或同族成员寻求帮助或合作。

　　20 世纪 80 年代至今，村民自治是农村治理的正式制度，但宗族仍在影响着民主改革的执行以及村庄选举。② 虽然村委会的成员已经不像旧中国时期那样按照宗族或房支（子宗族）来推选，组成村公会，但实际上，村民自治下的宗族已经不满足于修祠撰谱、调节族内纠纷，而逐渐将焦点转移到村民选举、村政中来，选举提供了一个检验宗族关系和差序格局的平台。选举并没有阻碍宗族的作用，反而刺激了宗族关系以及与宗族关系纠缠在一起的婚姻、人情、面子等相关资源，选举刺激了宗族的苏醒和相互之间的竞争；选举增强了宗族的凝聚力和向心力，致使族内或房支内矛盾暂趋缓和，但使族际、房际之间的矛盾逐渐加深。③

　　宗族影响着村庄选举的同时也在影响着村务管理以及村民的集体行动，特别是村级公共物品的供给。村级公共物品的供给所带来的是村集体利益，但村集体利益和宗族成员的利益并不总是一致的。如果是单一宗族的村庄，村集体利益和宗族利益冲突的可能性较小，而如果是势力相当的多宗族村庄，宗族之间的竞争会比较激烈，村集体与宗族利益集团发生冲

①　Myron L. Cohen, "Lineage Organization in North China," *The Journal of Asian Studies* 49 (1990): 509 – 534.

②　Daniel Kelliher, "The Chinese Debate Over Village Self - Government," *China Journal* 37 (1997): 63 – 86.

③　肖唐镖：《农村宗族与村民选举的关系分析——对赣、晋两省 56 个村选举的跟踪观察和研究》，《北京行政学院学报》2007 年第 4 期。

突的可能性很大。因此准确而言，是宗族结构而非宗族在对村庄自治产生影响。如果宗族团体覆盖整个村庄，那么宗族能积极地促进村庄公共物品的供给；如果宗族仅仅包含村庄中的部分村民，村民分属于不同的宗族，那么宗族对村级公共物品供给的影响更多是负面的。① 因为在单一宗族的村庄中，宗族的利益和村庄的利益是一致的，宗族成员们相信村干部能为村庄的集体利益考虑，因而村民对村干部组织的集体行动能积极参与并给予支持。但是在多宗族的村庄中，不同的村民隶属于不同的宗族，村干部也属于某一个宗族，村民们倾向于认为，村干部会为自己的宗族团体谋利益，而忽略甚至牺牲村集体利益，因而他们对村干部的信任要比单一宗族的村庄低，从而造成村民在参与村公共物品的各种决策时，扩大对自己宗族小集团有利的公共物品偏好，而对于全村或其他宗族团体受益的公共物品，参与的积极性则不高。

宗族不只是亲属组织，更是村庄治理的政治实体。尽管在不同的历史背景下村庄政治有所不同，但村庄政治是由国家基层政权与宗族、寺庙所构成的权力竞技场。在权力竞技场中，单一宗族紧密的村庄与多宗族的"分裂了的村庄"② 的集体行动、合作行为差异明显。在分裂了的村庄中，多宗族实力相当，没有出现强有力的能覆盖全村的氏族组织，各个宗族有其行为规范、身份认同，宗族内部能对成员的行为进行约束，但无法对其他宗族成员的"搭便车"行为、违规行为进行声誉上或物质上的惩罚，③从而导致多宗族或多种族的农村社区集体行动的失败。而单一宗族的村庄则不存在这个问题，同一宗族所形成的内向性舆论对宗族成员的行为产生威慑作用，从而产生"荣誉和羞辱感"，进而造成"面子"或"人品"的增失。在乡村的熟人社会中，人与人之间的社会交往、经济交易很多情况下是依据习惯法来签订各种契约的，④ 此种习惯法并非官方权威，是由

① Lily L. Tsai, *Accountability without Democracy : Solidary Groups and Public Goods Provision in Rural China* (New York: Cambridge University Press, 2007), p. 164.

② 黄宗智:《华北小农经济与社会变迁》，中华书局，1986，第 279 页。

③ E. Miguel, M. K. Gugerty, "Ethnic Division, Social Sanctions, and Public Goods in Kenya," *Journal of Public Economics* 89 (2005): 2325 - 2368.

④ 杜赞奇:《文化、权力与国家: 1900—1942 年的华北农村》，江苏人民出版社，2010，第 158 页。

"面子"或"人品"所产生的信任度。

简而言之，多宗族或房支（子宗族）分化明显的村庄本质上是社会文化异质性很大的社区，单一宗族则具有较为一致的身份认同，是同质性较大的社区。在社会身份差异性、异质性明显的社区，社区中子宗族的权力文化网络没有包含所有村民，房支（子宗族）的道德约束、行为规范无法对"搭便车"或违规行为进行惩罚，造成集体行动困难、公共物品的供给水平低下；而在同质性的社区中，同族的道德舆论对成员的行为产生影响，村干部的行政工作在很大程度上也要符合宗族的差序格局，遵守宗族的行为规范，宗族利益和村庄利益是一致的，因而同族成员既能约束自己的行为使之符合宗族所认同的规范，也能信任村干部的管理行为，对集体行动的参与、支持度都比较高，从而集体行动、合作行为容易实现。

二　寺庙：功能性的信仰

在一个水利社会中，水之所以重要，一方面是因为它是灌溉的核心因素，另一方面，水也是汉人道德宇宙观的重要象征因素，[①] 这种以水为核心的道德宇宙观体现在一系列与水神或寺庙有关的仪式上，构成一幅水利社会的文化图式。在中国，与水有关的宗教仪式非常普遍，求雨，祭拜龙王、水母或各种与水有关的神，在这些祭祀仪式中，水利组织获得了更大的权威与认同，从而能够维持一个灌溉流域的合作体系和控制机制。虽然乡村所供奉的神五花八门，信仰、祭祀各式各样，但这些不同的信仰元素之所以能并存不悖，是因为它与其他乡村因素，特别是乡绅网络、宗族组织、国家政权相互作用，共同创造了乡村权威。表面上，乡村的宗教信仰看起来是市民性质，但这些信仰被各组织或乡绅引为己用，甚至与国家政权相结合控制乡村社会。所以，宗教在乡村治理中发挥着功能性作用。

在中国农村，宗教在封建社会时期有时被作为危害政权安全的非正式组织，这些超越村界的、具有武装力量的宗教组织有时为村民提供安全保护，有时却威胁到国家政权，如红枪会。但农村最为普遍的是以村为单位的宗教组织，这类宗教组织并不以结社反叛国家政权为目的，却参与了村

---

① 张亚辉：《水德配天——一个晋中水利社会的历史与道德》，民族出版社，2008，第75页。

庄的日常政治生活。① 在以村庄为单位的宗族组织中，寺庙中的神保卫整个村庄，宗族活动以村庄为整体，所有的村民无论自愿或非自愿参与，都受到寺庙的恩泽。所以，宗族的组织规模与村公务范围基本相符，寺庙的维护或祭祀是村庄的集体活动，与村务联系在一起，在将宗教信仰和村庄公务联系在一起的过程中，乡绅起了重要的作用。在儒家思想占统治地位的中国以及天人合一②信念的影响下，阴阳二界的官僚体系浑然一体，修庙、祭祀是乡绅们乐意承担的责任，并逐渐将宗教活动扩展到修桥修路、建学校、组织自卫队等公共物品的供给。在宗教活动组织中的香头，或由在修庙中捐钱最多的人担任，或由村中德高望重的人担任，组成村管理机构。在 20 世纪初的清末，香头改称会首③，成立村公会，推行新政④，并执行征税摊款。

在乡村正式成立村务管理机构以前，宗教活动是乡绅展示领导才能、控制村务的重要平台。信徒们并不在意他们供奉的神（如关帝）是否有内在的核心价值，其来源是否正统，各阶层的信徒们会将供奉的神引申出符合自己愿望的神力，并使其成为与国家正统思想相符的形象，如关帝演化成为忠孝的象征，与儒家文化保持一致。而宗教仅仅是乡绅控制乡村权力结构的外衣，当 20 世纪初国家推行新政时，乡绅们迅速从宗教活动中退出来，推行新政，并承担起新的政治组织的领导责任。可见，宗教对乡村精英而言，是他们融入天人合一官僚体系的中介物，当宗教活动和村务管理联系在一起时，宗教组织就具有政治性色彩，乡村中香头、会首等具有领导性质的精英参与宗教活动，目的在于利用宗教的功能性作用。

宗教寺庙为乡村精英提供了进入世俗政治结构的一条重要途径，精英们作为村庄真正的领导人，自然而然地嵌入在宗教团体中。对普通村民而

---

① 杜赞奇：《文化、权力与国家：1900—1942 年的华北农村》，江苏人民出版社，2010，第 96～97 页。

② "天人合一"是指天神的官僚体系和人间的官僚体系是一致的，除了苍天和某些天神之外，皇帝统率俗世和阴间的一切事务。引自杨庆堃《中国社会中的宗教》，上海人民出版社，2007。

③ 香头，是个职位，通常由祭祀或修葺庙宇捐钱最多的人担任。新政之后，香头改称会首或首事，香头和首事的职位可以继承，他们是乡村的实际领导人，这种村庄领导结构直到新中国成立之后才改变。

④ 新政是 1900 年清末推行的一系列措施，如新办学校、成立村公会等。

言，宗教寺庙宣扬为村庄的美好生活做出贡献的道德观，以及同时期的正统思想，比如封建帝制时期，关帝是忠孝的化身、国家和社区的守护神，从而强化国家正统思想，因而统治者和乡绅们乐于维持宗教寺庙的存在。据此分析，在以村庄为单位的宗教团体中，寺庙的庇护是以村庄为单位的，所供奉的神恩泽所有家庭，因而所有的村民自然而然是宗教组织的成员，而作为乡村精英同样乐意承担宗教仪式或寺庙事务，因为这些活动与村务活动联系在一起，管理宗教事务的权力可以扩展到对村庄的控制，村庄的领导者嵌套在宗教组织中。由此可见，村庄的宗教组织是具有广泛的包含性与嵌套性的关联性团体，其关联性由于全村村民的参与以及乡村精英的介入而得到加强，在这种具有强关联性团体的村庄中，宗教活动和村务管理是一致的，宗教活动常被用来组织集体行动，如在祭祀或庆典上筹资、捐款修建村道，在龙王爷的庆典上安排灌溉分水、进行灌溉集体决策。[1]

新中国成立之后，宗教寺庙对乡村的影响力减弱，寺庙被作为封建迷信的代表而遭受严厉打击，国家取缔各种宗族团体，直到 20 世纪 80 年代，宗教寺庙才重新修建，得以复兴，但社会主义政治背景下的寺庙对乡村事务的影响力普遍减弱，影响方式也发生变化。在现在的农村管理中，村民委员会和村党委是农村治理的正式制度。村委会负责公共事务和公益事业，调解民间纠纷，协助维护社会治安，向人民政府反映村民的意见、要求和提出建议。[2] 村党委是中国共产党在农村的基层组织，按照中国共产党章程进行工作，发挥领导核心作用，依照宪法和法律，支持和保障村民开展自治活动、直接行使民主权利。[3] 但在乡村中，经常存在各种委员会形式的民间组织，特别是在福建、江西的宗教或宗族影响比较大的农村，存在着各种各样的委员会，如寺庙管理委员会、修桥委员会、建校委员会、维修祠堂委员会和续谱委员会，负责处理涉及全村公务的事务。这些都是民间组织，与村干部无关，村组干部即使加进来，也大多以私人身

---

① 杜赞奇：《文化、权力与国家：1900—1942 年的华北农村》，江苏人民出版社，2010，第 11~20 页。
② 《中华人民共和国村委会组织法》，第二条。
③ 《中华人民共和国村委会组织法》，第三条。

份加入，并且多数既不管事，也不管钱，委员会的事务都由村民另外推举出来的民间精英负责。①

以寺庙委员会为例，虽然它不是官方承认的乡村公益事业的供给者，但实际上，农村寺庙在社会救济、村庄集体物品的供给上能发挥积极作用。一个村庄的寺庙团体为村民建立了一套"好"与"坏"的道德责任标准，为村民提供了对乡村精英的管理绩效进行评价的道德标准，村民们可以用共同认可的道德规范来表扬或惩罚村干部。当村干部为村庄的集体福利做出贡献时，村干部就能获得村民的认同，从而获得好的人品或声誉；当村干部没有履行应尽的职责时，他们将可能失去干部的权威和在寺庙团体的道德地位。实质上，寺庙为村民提供了一套对村干部或乡村精英的奖惩考核规范，其内在逻辑是宗教团体提供了一种道德问责的非正式制度。

不可否认，宗教寺庙在某种程度上意味着愚昧、封建迷信，但另一方面，寺庙团体对乡村的公益事业建设具有积极作用，如村道建设、水利设施建设等。虽然现在的宗教寺庙与封建社会时代的宗教寺庙在影响村务的方式上发生了变化，封建社会时期，宗教寺庙与村务管理是联系在一起的，乡村精英是宗教团体的领袖，同时也是村庄的真正领导者，而现今村干部通常不作为宗教团体的领袖，但只要宗教团体的道德问责仍然对村干部产生效应，即使作为团体中普通成员的村干部也会尽力为改善乡村社区做出贡献。所以，本质上，宗教团体对乡村治理的影响方式并没有产生变化，它仍然提供一种以道德为内涵的非正式问责，而当村干部是这个团体中的一员，这种问责就能对他的政绩产生作用。

综上所述，乡村社会的权力竞技场是复杂的，灌溉是一项需要合作的集体行动，受到正式的科层官僚制度、基层民主以及民间宗族、宗教团体的影响。正如杜赞奇指出：在中国乡村，职务性的、祭祀性的、政治性的、经济性的各种等级制度、乡绅网络以及行政机构等相互作用，共同塑造着乡村的政治、经济、文化生活。② 而这些因素的不同组合、作用方式塑造了不同的乡村结构，进而导致不同的村庄自治效果。简而言之，如果

---

① 贺雪峰：《乡村社会关键词》，山东人民出版社，2010，第187页。
② 杜赞奇：《文化、权力与国家：1900—1942年的华北农村》，江苏人民出版社，2010，第11页。

村庄的宗族是单一的，身份认同是一致的，宗教寺庙以村庄为单位，村民们供奉同一个寺庙，不存在迥异或冲突性的宇宙道德观，那么村庄的社会文化同质性就比较高，村民们具有共同的道德规范，这些非正式的道德规范对正式制度中的村干部也具有约束作用，从而促使他们为村庄的集体福利更好地工作，积极地供给公共物品，我们将这类同质性很高的村庄称为"乡村共同体"。相反，如果村庄有多个宗族，并且势力相当，或宗族分化为多个房支，身份认同复杂，宗教信仰分化，某一宗族或宗教的道德规范无法对宗族之外的村民发生作用，村庄的集体利益分化为以宗族或房支为单位的小集团利益，而作为正式制度的村干部能获得他的宗族成员的信任，却失去了其他宗族村民的信任，从而产生集体行动困难，村级公共物品供给水平低下，我们将此类社会文化异质性的村庄称为"分裂化的村庄"。

第三节　中国情境中的灌溉团体类型

在传统中国背景下，乡村社会长期处在国家政权之外，处在行政体系末端的县级政府之下，乡村与国家的联系比较少。随着国家政权对乡村社会的渗透，乡村社会逐渐由血缘聚落的非政治性实体转变为征收赋税的实体。新中国成立之后，国家以村民自治的方式将乡村纳入政权体系，并通过自上而下的国家政策、行政力量引导乡村自治。当下农村，市场力量的发展明显地冲击着村庄的整体性，村庄不断演变为原子化的个体，农民不断地退出高投资、低回报的农田水利管护。与此同时，国家不断通过"三农"宏观政策、专项财政补贴、农田水利管理改革等方式来引导农村水利管理，推广建立了多种灌溉管理制度，比如，参与式灌溉管理、用水户协会。然而，乡村社会是一张充满活力和创造性的社会文化网络，社群内部也能自发演化出灌溉管理制度，比如，靠着乡土社会的礼治精神来支持的晋水灌溉制度[①]，不灌而治的山西四社五村

---

① 张亚辉：《灌溉制度与礼治精神——晋水灌溉制度的历史人类学考察》，《社会学研究》2010 年第 4 期。

的灌溉制度①，等等。这些灌溉制度则是灌溉团体自发演化产生的灌溉制度，制度变化遵循诱发性的自我演化。基于这两种不同演变路径的灌溉制度，本书将行政引导和自我诱发性作为区分灌溉制度的维度之一，另外一个分类维度则是自治绩效的成功与失败。按照这两种分类维度则产生了四种灌溉团体，但由于自我诱发并且失败的灌溉村庄通常会转而接受行政引导的制度，因此，自我诱发的失败型灌溉团体不纳入讨论的范畴。本书重点讨论自我诱发成功型灌溉制度、行政引导成功型灌溉制度、行政引导失败型灌溉制度，并以此归纳出三种灌溉团体——灌溉共同体、关联性灌溉团体和分裂化灌溉团体。

"共同体"是一个内聚、紧密的同质性团体。在乡村共同体中，亲族组织虽然不是十分强大，但较为稳定，亲族纽带对生产关系起到相当大的支配作用。共同体中集体认同感强烈，存在许多整体性、全村性的组织，以及有效的整体政治结构。② 灌溉共同体是具有较强宗族或氏族组织的、内聚紧密的灌溉社群，它有明确的边界，这个边界是自然形成的，同时受到特定的行动和制度的强化。这个边界既是现实的边界，同时也存在于人们的意识当中，共同体成员的个人意识、需求和活动边界与共同体的边界高度重合。③ 正是因为灌溉社群具有较为明确的地理和心理边界，成员才能基于血缘亲属关系或邻里关系而进行密切的社会交往与互动，从而强化团体的内在凝聚力，使群体成员具有很强的集体认同感，形成一致的共同对外活动，进而成为内聚性的、较为封闭紧密的同质性共同体。

灌溉共同体受到国家行政机构的影响较少，通常处在行政体制之外，其制度变迁往往是自发地缓慢变化。灌溉共同体多数是基于宗族或宗教组织演变而成，其灌溉管理属于自发性的自组织治理，受自上而下行政力量的干预较少。当国家权力渗透进乡村社会，体制性村委会干部介入灌溉社群中，即使是紧密、封闭的灌溉共同体，其特征也会发生变化，从而演变

---

① 董晓萍、〔法〕蓝克利：《不灌而治——山西四社五村水利文献与民俗》，中华书局，2003，第19～20页。
② 黄宗智：《华北的小农经济与社会变迁》，中华书局，1986，第269～273页。
③ 刘玉照：《村落共同体、基层市场共同体与基层生产共同体——中国乡村社会结构及其变迁》，《社会科学战线》2002年第5期。

为关联性强弱不同的灌溉团体。

"关联性"是一个能恰当解释非正式规范与正式规范同时存在于灌溉自治团体中的概念。关联性有两个面向：包含性和嵌套性，包含性指正式行政区划单位中的个体是团体成员，嵌套性指正式组织的领导者内嵌于团体中，因而，关联性可用于解释行政引导性灌溉自治中的团体特征。在同质性村庄中，村委会干部嵌套在村庙组织、宗族组织或非正式的灌溉管理委员会中，认同团体内部共享的道德义务的约束作用，此类灌溉社群称为关联性灌溉团体。关联性灌溉团体指灌溉者不仅具有共同利益，而且拥有共享的道德义务，[①] 更为重要的是，基层治理的正式组织——村委会的干部嵌套在灌溉团体中，认同灌溉社群中的非正式道德规范。当灌溉团体是一个具有强关联性的社群时，非正式的道德义务对正式制度的干部能起到很好的激励作用，从而促进灌溉服务的供给。在关联性团体中，正式权威和非正式权威是相互融合、互相促进的。

关联性灌溉团体首先是一个同质性团体，如果村庄具有多个势力均衡的宗族或村庙组织系统，不同宗族具有不同的身份认同，那么即使村民之间存在共同利益，要成立一个覆盖全村村民的灌溉组织也极为困难；即使上级行政力量引导建立用水户协会，也常常由于宗族利益冲突而削弱用水户协会的作用，从而导致非正式规范阻碍正式组织规范的作用。所以，在一个异质性的灌溉村庄中，灌溉团体的包含性和嵌套性极低，灌溉团体的关联性也很低，甚至会演变为分裂化的灌溉团体。

分裂化灌溉团体是一个异质性的灌溉团体，灌溉者分别属于不同的宗族、宗教，具有不同的身份认同，虽然灌溉者之间具有共同的利益，但分裂化的非正式规范阻碍了正式组织的正常运作。在分裂化的灌溉团体中，存在不同的宗族，或者同一宗族解体为多个子宗族，灌溉者无法维持村级统一的宗族礼仪。村中社会结构解体，全村性的共同组织解体，宗族组织或村庙组织也因村庄的分化而解体、消失。[②] 分裂了的灌溉社群不存在共同的道德规范，不同的宗族团体认同各自的非正式规范和身份认同，但缺

①　Lily. L. Tsai, *Accountability without Democracy：Solidary Groups and Public Goods Provision in Rural China*（New York：Cambridge University Press, 2007），p. 4.

②　黄宗智：《华北的小农经济与社会变迁》，中华书局，1986，第 277 页。

乏包含所有灌溉者的道德约束。村干部成为宗族利益的代表，而不是村级共同利益的代表，因而在此类灌溉团体中，正式制度与非正式制度是相冲突的。虽然成立了村级的用水户协会或村委会，但分化的非正式规范割裂了村级组织的结构，村级非正式共同规范和道义责任荡然无存。

灌溉共同体、关联性灌溉团体和分裂化灌溉团体是本项研究力图要解释的中国农村灌溉团体类型。灌溉共同体通常存在于自发性灌溉自治中，受国家行政力量的影响较少，关联性灌溉团体和分裂化灌溉团体分别代表行政引导性灌溉自治中的两种团体类型，关联性的灌溉团体是一个同质性团体，具有很好的包含性和嵌套性，分裂化灌溉团体则是一个异质性团体，非正式共同规范的缺乏阻碍了正式组织的运转。

第五章　共同体及其灌溉自治：
横排片和九里圳

　　共同体是日本学者用来描述具有高度集体认同感的内聚团体，二战期间（1935～1943），日本社会科学家在华北地区所做的调查（称为"惯调"）中，将"共同体"的概念引入中国乡村的研究。随后，海外华人研究者基于共同体和非共同体的分类对中国农村的类型进行过拓展和细致的讨论。虽然研究者对"共同体"是否适合描述中国乡村的特点还存在争议，但共同体的特性——较强的宗族组织，联系较为紧密，具有较强的内聚力①——恰如其分地归纳了同质性较强的灌溉团体。灌溉共同体指的是灌溉社群具有强有力的宗族组织，共同的身份认同，对灌溉管理具有共识，具有强烈的集体凝聚力，同质性的灌溉团体经过长时间的共同劳动演变成为共同体。九里圳②的横排片就是这种典型的灌溉共同体，横排片的同质性促使村民形成九里圳的共享价值，实施有效的灌溉规则，并进而强化他们的同质性，使其演化成为一个灌溉共同体。

　　九里圳灌溉制度是自发性自治制度，是横排片的村民不断进行尝试、博弈、妥协，达成对灌溉方案的一致性同意，最终实现制度均衡，这是一种自发性制度变迁。九里圳灌溉规则的创立是源于灌溉团体内部不均衡所引起的获利机会差异，灌溉者对潜在获利机会自发地、缓慢地进行制度变

---

① 杜赞奇：《文化、权力与国家：1900—1942 年的华北农村》，江苏人民出版社，2010，第 176 页。

② 九里圳是指长度约九里（4.8 公里）的水圳，专指从上游新坊村到下游横排片的灌溉水渠。

迁。① 九里圳灌区内的六个村庄存在异质性利益诉求和身份认同，是一个异质性的灌溉社群，但是九里圳的横排片是一个同质性的灌溉共同体，作为灌溉子团体，横排片的同质性促使了九里圳内部的合作，但是子团体之间的异质性却造成了上下游之间的冲突。横排片是一个具有集体感的紧密共同体，其同质性促进和维持了横排片灌溉者的合作，并制定了以下游（横排片）集中管护为核心的灌溉制度，产生了灌区中小团体供给灌溉服务的"奥尔森效应"。

第一节　九里圳的自然物理特征

上杭县位于福建省西南部，地处东经 116°16′~116°57′，北纬 24°46′~25°28′，东西宽约 69 公里，南北长 78 公里，全县面积 2848 平方公里。其中丘陵山地 2279 平方公里，占全县总面积的 80%；河流 319 平方公里，占全县总面积的 11.2%；耕地 250 平方公里，占全县总面积的 8.8%，是一个"八山一水一分田"的地方。全县境内群山重叠，山峦起伏，地质结构复杂，岩石种类繁多，地貌类型多种多样。各地年平均降水量为 1680 毫米，年内降水分布不均，造成水旱灾害频繁。自宋太宗淳化五年（公元 994 年）建县的千余年间，据有历史记载考察，上杭县曾发生特大洪灾 6 次，旱灾平均每 15 年遇一次，水土流失较为严重。上杭县地处山区丘陵，河床切割深，天然降水渗透后大部分汇入河槽，全县多年平均水资源总量为 27.87 亿立方米，人均占有量为 6408 立方米，高于全省人均占有水量 4900 立方米，属于丰水地区。上杭县的水资源虽然丰富，但降雨量相对集中，时空分布不均，且森林植被保护得不好，水土流失较为严重。水利工程结构又不尽合理，引、提水工程占灌溉面积的 80%，蓄水工程占 20%，没有大、中型水库工程，降水季节不能充分调蓄，大量水资源回归大海，有时又缺少流水供应，往往丰水年也出现旱情。②

九里圳位于上杭县西南部的湖洋乡，属于一般丰水区，年均降水量为

① 孔径源：《中国农村土地制度：变迁过程的实证分析》，《经济研究》1992 年第 2 期。

② 上杭县水利电力局编《上杭县水利电力志》，福建科学技术出版社，1993，第 1 页、25 页，其中的数据是 1993 年统计数据。

1653.6毫米,① 属亚热带气候的丘陵地带。九里圳灌区丘陵起伏,地势由东南向西北倾斜,山低坡缓,坡度在15～20度,灌区内村落交错,地形多样。② 九里圳自湖洋乡南部的五坊村上迳坡引水开渠,上迳水源自上迳古仓山一带,经上迳村,在马头寨下从左边吸取鹿坑水源(见图5-1),再往下,从右边吸取珊瑚寨水源,到了下迳村,又和小拌水流汇合,最后到达湖洋乡,经过埔背、温田,在富坵和濑溪汇合。③ 九里圳跨越五坊、新坊两个村,灌溉五坊、新坊、龙山、上罗、濑溪、横排片的良田,灌溉面积约1031亩。

图5-1　九里圳水源

九里圳灌区险峻的高山少,低矮的丘陵多,灌区的六个村海拔最高的为龙山村690米,海拔最低的是下游的横排片270米,上下游海拔差距大。虽然上迳水源错综贯穿在这六个村,但是水流落差大,并且农户多以丘陵的梯田耕作方式种植农作物,所以上迳水源的支流无法直接浇灌农田。九里圳从水源处修建水坝引水开渠道,往北下行,穿过村庄民房,越过河沟山凹,流经山坡农田,蜿蜒曲折,其间流经六个村的农田,最后到达下游的横排片,主干渠道4.8公里。

---

① 上杭县水利电力局编《上杭县水利电力志》,福建科学技术出版社,1993,第27页。
② 湖洋乡人民政府:《湖洋乡志》(征求意见稿),2010,第41～42页。
③ 湖洋乡人民政府:《湖洋乡志》(征求意见稿),2010,第43页。

　　九里圳灌溉的上下游六个村庄对水源的依赖程度不同，上游新坊村、五坊村在九里圳修建之前就通过土渠引水灌溉，对九里圳水源的依赖性最低。虽然在九里圳水渠修建以后，上游村庄也从九里圳取水灌溉，但是上游部分农田仍有其他可灌溉水源。位于中间的龙山村和上罗村，通常是扮演"搭便车"的角色，在历次的上下游争水冲突中，矛盾主要集中在上游的新坊村和下游的横排片，龙山村和上罗村仅有部分农田在九里圳灌区范围之内，并且面积较小，他们的灌溉水源虽然依赖于上游，但是依赖程度远不及下游的横排片。

　　横排片一直负责管理、维修、保养九里圳水渠，横排片六个村民小组的260亩农田位于九里圳的下游，没有其他可灌溉水源。对于横排片的194户农民而言，九里圳灌溉是他们农田收成的保证，农业收入完全依赖于九里圳的水源，在家庭收入完全以农业收入为主的年代，九里圳水源更为重要，因此，自九里圳水渠修建之后，横排片的村民就自动地承担水渠的管护责任。即使在粮食匮乏的年代，他们仍高薪支付管水员的报酬——1500斤谷子（可以应付四口之家一年的口粮），以保证水渠的流水畅通。在1962～1963年，横排片的村民曾经寻找过其他的可灌溉水源，他们想要在新坊村下游的地方重新建立一个水坝取水，但是由于从水坝取水到山腰灌溉难度太大，最后放弃了寻找可替代的灌溉水源。正如当地民歌唱的"九里圳，九里长，溪水引向横排岗，若是没有这路水，横排怎能变粮仓"。

　　虽然横排片的农田灌溉完全依赖于九里圳的水，但上迳水源的水量较为充沛，且九里圳位于亚热带季风气候区，温暖湿润、降水充沛，属于一般丰水区，年平均降水量为1520～2130毫米，通常上半年多下半年少，年均降水总量为11.46亿立方米。每年的少雨季节集中在10月到次年的2月，平均月降水6～7天，历史上最长的无降雨时间为41天（1959年9月21日至10月31日）。可见，当地的水资源并不稀缺，只是因为水流特点以及地貌特征，造成灌溉水源缺乏，所以通过集体努力可以获得充足的水源。横排片的村民自1751年修建九里圳水渠以来，供水日趋稳定，开垦的水田不断增加，灌区规模不断扩大，农业生产也逐年扩大，促进了人口增长，并吸引移民迁入，当地俗语说"先有九里圳，后有下迳村"讲的就是新移民的迁入。

　　九里圳水量的变化受到天气降水的影响，水量的变化进而影响到村民

的合作，偷水或争水冲突多数发生在久旱未雨的情况下。比如在 20 世纪 60
年代（大致在 1963~1964 年），天气干旱，水渠水量骤减，如果要满足上
游农田的充分灌溉，下游就无水浇灌。在这种情况下，上游新坊村就堵住
出水口，不让水流到下游，从而保证自己的农田有水，下游横排片的村民
就要求新坊村放水，于是产生争水冲突。在横排片内部，水量的变化同样
影响着村民的集体合作行为，缺水对集体行动有两种不同的影响：增强合
作和偷水行为。当出现干旱时，村民集体取水抗旱，比如在 1963 年，天气
大旱，水渠无水灌溉，六个小组村民轮流挑水到水渠中灌溉农田；1991 年 4
月，两个月未下雨，旱情严重，横排片的村民自 4 月 20 日开始从各村民小
组抽调劳力日夜加班轮流灌水。但是，缺水时期同样会诱使偷水行为的出
现，在农事季节用水紧张时，专职管水员要增加巡查水渠的次数，监督上
游的灌溉用水，制止浪费以及偷水行为，以保证下游有水灌溉。由此可见，
水量的减少可能会加强合作，但同时也会导致违规行为，增加监督成本。

　　简而言之，九里圳所在区域属于一般丰水区，但由于丘陵地质，农田
多是梯田形式，溪流位于农田之下，因而无法利用河流的自然水流灌溉，
但是通过人工水渠引水可以满足该区域农田的灌溉。这种水资源的情况提
供了灌溉者集体合作的前提条件，他们通过集体行动的努力可以获得灌溉
水源，于是下游的横排片六个小组村民修建水渠、维护水渠，从而获得充
分的灌溉水源，解决农作物生长的需水问题。但是，九里圳水渠水量的变
化影响着村民们的集体行动，水量减少导致了上游与下游横排片的争水纠
纷，另外，水量减少也加强了横排片内部的集体合作，使其共同抗旱。

第二节　九里圳的团体属性：异质中的同质性

　　一个灌溉系统边界可以根据灌溉面积的大小、灌溉者数量的多少确定。
九里圳灌区覆盖六个区域——上罗村、龙山村、濑溪村、五坊村、新坊村、
横排片，受益人口众多，灌溉总面积 1031 亩。九里圳的管护皆由下游的横
排片负责，严格地讲，九里圳的集体合作行动仅限于横排片的六个村民小组，
横排片与其他上游五个受益村庄历来少有合作，更没有集体行动。九里圳灌
区中，横排片与上游四个村的灌溉面积、受益人口如表 5-1 所示。

表 5 - 1　九里圳灌溉面积

村庄/组别	总户数（户）	人口（人）	九里圳灌溉面积（亩）
横排片	194	781	634.31
新坊村	32	148	102.3
五坊村	42	238	182
上罗村	11	66	54.5
龙山村	11	53	57
合　计	290	1286	1030.11

注：1. 濑溪村数据缺乏。上罗村仅有岭背区域的农田在九里圳灌区。特别指出的是，横排片、新坊、五坊、上罗、龙山的数据是由各村村支书提供的数据，提供的土地面积都比实际面积要小，因而造成了总灌溉面积少于水利局勘测的总面积 1031 亩。2. 灌溉面积是指九里圳水渠流经的土地面积。

资料来源：根据九里圳用水户协会 2007 年材料数据整理。

　　根据水利局的勘测，横排片的灌溉面积虽为 634.31 亩，但由于下游农田需要兴建灌溉工程，占用了较多的农田，按照横排片自己的统计，实际灌溉受益面积仅为 260 亩，占九里圳灌溉总面积的 1/4。已有的对农村社区研究的文献表明，村庄内部产生集体行动的可能性要远远高于村庄之间合作的可能性。每个村都是一个独立的利益集团，九里圳灌区的管理正体现了这种观点，九里圳的修建和维护都是由横排片的村民负责，并将管护九里圳作为横排片的传统，但在横排片与其他五个村庄之间则没有产生集体行动。

　　作为九里圳灌溉系统的管理主体——横排片村民，他们是水渠修建、维护、制度运作的主体。横排片是一个由六个村民小组组成的自然村，居住位置和农田位置多集中在村庄的南面，毗邻古楼村、濑溪村。横排片的 260 亩受益农田仅仅占九里圳灌溉总面积的 1/4，可是却承担了全部的管护负担，这是一种不对称的成本 - 收益分布，而"奥尔森效应"解释了这种小团体提供公共物品的可能性。根据"奥尔森效应"的解释，位于下游的横排片对灌溉水源的需求程度要远远大于九里圳灌区的其他村庄，灌溉水源对他们的农作物收成极为重要，虽然他们的受益农田仅仅占整个灌区的 1/4，但是他们愿意提供灌溉管理，即使承担全部的水渠管护成本。

　　更为重要的是，横排片是一个交往紧密的小团体。六个小组的村民都居住在村庄的南面，房屋紧凑，居住密集，除了少量姓郭（仅有 17 户）

的村民居住在郭屋，其他五组姓谢的村民全部密集地居住在村庄南面的横排片。横排片大部分村民是谢氏的后代，根据村庄族谱记载，横排片村民是谢氏始祖第三房——得寿公房的后代，在谢氏宗祠中横排片村民的血缘关系较为亲近，因而可以判断横排片是一种社会关系紧密的社区。非正式制度能确实发挥作用，社会声誉、排斥可以有效地制止违规行为，而且，村民之间对彼此的农田受益面积、亩产量、该获得的灌溉水量和应负担的成本都较为了解。在这样一个信息较为透明的社区，村民想要通过隐瞒自己的收益来减少负担，或采取"搭便车"策略是较为困难的。

　　九里圳灌区的横排片村民在居住习惯、生活风俗、宗族文化等方面的同质性都较高，但是横排片和上游的五个村庄则不同，他们之间存在很大的异质性。横排片是乡政府所在地，村口就是乡集镇贸易中心，贸易往来频繁，周边乡村村民都来这里赶集交易，促使村庄成为乡里面经济较为发达的区域。与新坊、五坊等村庄相比，横排片的人均收入比较高（见图5-2），在用水纠纷最常发生的新坊村与横排片之间，两村人均收入差距最大。九里圳灌区的地势特点是从水源处海拔逐渐降低，新坊村在地势比较高的山里面，远离集市，交通不便，在六个村中人均收入最低。灌溉水利设施是耗资巨大的工程，即使是农村小规模的灌溉水渠，不管是初始成本的投入，还是持续的维护投入，都是成本高昂的工程，并且水渠的初始修建或维护必须在受益之前就投入，因而，经济实力是供给灌溉系统的基本条件。

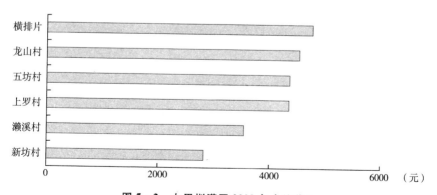

图5-2　九里圳灌区2008年人均收入

资料来源：上杭县湖洋乡人民政府：《湖洋乡统计年鉴（2008年）》。

　　在横排片，每户村民的农田面积虽然存在大小差异，但由于中国在20世纪50年代的土地改革运动中，土地的分配是按照人数分配的，因而，同一村庄的人均耕地面积差异不大。即使在50年代土地改革运动中，由于人数较多而获得较多土地的大家庭，也会因为分家划分土地而使每个家庭的耕地面积趋于平均，这种划分加大了土地的分散程度，[①] 并增强了农田对合作灌溉的依赖性。九里圳横排片的194户村民，平均每户的耕地面积是3.2亩，人均0.8亩，各村民小组内平均每户的耕地面积差异不大，各组人均耕地变化也不大（见图5－3）。可以看出，横排片灌溉者之间灌溉面积或所持有的水量份额差异不大，并没有出现大面积的灌溉者，水量需求较为平均。

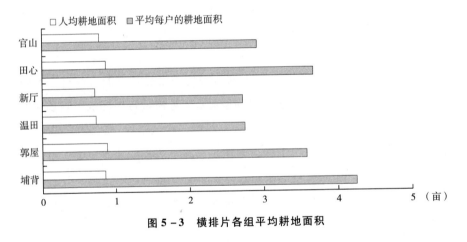

图5－3　横排片各组平均耕地面积

　　整个灌区的农田都是分散和小面积的，但新坊村和五坊村一带的农田存在许多的"飞地"[②]，两村的农田并没有形成明显的分界线。这些"飞地"大多新中国成立前就存在，由于传统的婚嫁风俗，土地作为女儿的嫁妆，女儿嫁到别的村庄，却还拥有娘家土地，这样就产生了农田交叉。并且在新中国成立前，地主之间进行土地买卖，当时的有钱人会购买上游灌溉水源充足的一些土地，因而造成了新坊村的农田中有许多是五坊村的农田，这种土地格局在新中国成立后的土改运动中保留下来，所以新坊

---

①　费孝通：《江村经济——中国农民的生活》，商务印书馆，2006，第170页。
②　飞地：指农田没有在该田主所在的行政村界内，而是在其他行政村边界内。

村、五坊村一带出现"飞地"，农田交叉严重的现象。[1]

横排片的农田都坐落在村庄伯公树往下，延续到横排片的村民居住地，呈三角形状，最西面是郭屋，最东面是温田，最南端是埔背，东西狭长（见图5-4）。九里圳水渠在伯公树下分为左右支渠：左支渠全长1500米，灌溉面积约400亩；右支渠长780米，灌溉面积约260亩。支渠的渠道宽度根据灌溉面积大小确定，分布在横排片的六个小组的农田地理位置差异不大，虽然面临着渠首和渠尾的位置差异，但由于采用左右支渠的设计方法，渠首和渠尾村民小组的用水差异不大。如果是干旱时期，就采用轮灌制度（当地称为"跑马水"）从而解决地理位置造成的用水差异。

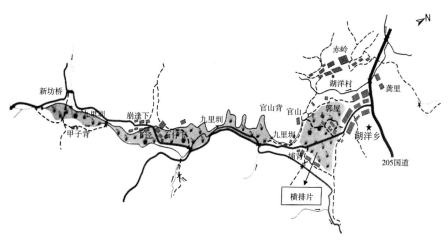

图5-4　九里圳灌区平面示意
资料来源：九里圳用水户协会。

横排片作为九里圳灌溉制度的设计者和运作者，其六个村民小组在经济收入、灌溉面积、宗族血缘等方面差距不大，趋于同质，是社会交往紧密的社区。但横排片与上游的其他村庄，特别是水源处的新坊村，存在较大差异，横排片与新坊村在对水源的依赖程度、上下游的地理位置、经济收入、市场化程度等方面都存在差异，两个村庄表现出很大的异质性。初步认为，横排片的村民由于内部的一致性，集体合作灌溉成功的可能性较

---

[1] 访谈记录：九里圳201001。

大，但是横排片与上游新坊村之间由于异质性的存在，集体行动极难成功。

第三节　有序的九里圳灌溉制度

一　边界规则：地权和管护义务决定水权

边界规则是灌溉制度的基础性规则，只有明确界定灌溉系统的边界和有权使用灌溉水源的用户，才能进一步讨论分水问题和投入问题。九里圳用水户协会①的章程明确规定横排片农户为协会会员，九里圳的所有权归属于横排片的所有农户②，九里圳属于集体产权。但是九里圳的特殊之处在于灌溉系统的边界与所有权的边界并不一致，其灌溉边界也包括横排片之外的其他五个村庄，但是产权却仅属于横排片，这意味着新坊、五坊、龙山、上罗、濑溪这五个村庄的灌溉农户有权使用灌溉水源，但没有权利参与有关九里圳的任何决策。按照奥斯特罗姆对产权束的分类方法，上游这五个村庄的灌溉者是授权用户，仅拥有进入权和提取权，他们的权利是由拥有管理和排他的集体选择权的他人所界定的，授权用户无权设计自己的分水规则或阻止他人灌溉取水，尽管他们有权取水灌溉，但是他们没有参与九里圳决策或改变灌溉制度的权利。③

横排片的村民所拥有的权利则不同于授权用户的权利，他们是所有者，拥有进入权、提取权、管理权、排他权、转让权，拥有最完整的产权束。这些权利表明横排片的灌溉者不仅有操作层级的权利——进入权和提取权，而且拥有集体选择权——管理权、排他权和转让权。横排片与其他五个村庄的权利差异也影响到对分水规则和投入规则的制定和执行。对于横排片的灌溉者而言，九里圳是他们的集体财产，维护水渠和取水灌溉是他们的义务和权利，他们有权决定在缺水季节合理分配上下游的水量，并

---

① 横排片在早期成立九里圳管理委员会，后更名为九里圳水利协会，现在更名为九里圳用水户协会。现在，九里圳用水户协会是九里圳的管理组织。
② 九里圳用水户协会：《九里圳用水户协会章程》。
③ 〔美〕埃德勒·施拉格、埃莉诺·奥斯特罗姆：《产权制度与近海渔场》，载迈克尔·麦金尼斯主编《多中心治道与发展》，王文章、毛寿龙等译，上海三联书店，2000，第114页。

在干旱季节采用轮灌分水，决定洗圳的具体事宜。

对于整个九里圳灌区而言，农户灌溉用水的资格是由土地权决定的，只要他们拥有灌区内的土地，就自动拥有灌溉权。而对于横排片的农户取水资格则更加严格，凡是农田位于横排片的农户都有权使用九里圳的水灌溉，但同时灌溉者要承担九里圳的管护责任。因此，对横排片的农户而言，他们的土地所有权包含水权，但是他们必须分担管护责任，如果没有参与水圳的管护活动，他们将面临被停水的可能性。

虽然九里圳灌区内不同村庄享有不同的权利范围，而灌溉边界范围却是稳定的，这是因为在这六个村庄中土地转让并不多见，水权是根据土地权来确定的，并且依附于土地所有权，所以只要土地所有者变更不大、土地面积保持稳定，那么灌溉边界就相对固定。在灌溉边界相对稳定的情况下，外来者无法随意进入灌区。虽然九里圳的受益范围是整个灌区的六个村庄，但是成本分担范围仅在横排片，按照经济效率的标准来看，这种资源分配是低效率的，但正如"奥尔森效应"所解释的小团体承担集体公共物品是具有可能性和合理性的，所以只要团体之间的成本和收益处于均衡状态，那么制度就能够维持稳定。如果要改变这种均衡，实现"帕累托改进"①，就需要耗费巨大的集体合作成本，甚至面临着合作失败的危险，那么这种"帕累托改进"则不是最优的。

二　分水规则：下游集中管水和"跑马水"

九里圳灌溉系统存在众多分散农户，上游与下游之间、村与村之间、农户与农户之间，都是分散的利益主体，但他们有着取水灌溉的共同利益需求，所以九里圳水资源的分配首先是村与村之间的分水，然后才是农户与农户之间的分水。九里圳在清朝时期就制定了横排片与上游村庄（主要是新坊村）的水量分配方法。当时横排片的村民与新坊村村民发生了用水纠纷，上游新坊村不放水给横排片农户灌溉，两个村庄发生了争水冲突，并诉讼到县衙，当时的县官通过协调，制定了上下游水量分配方法，

---

① 帕累托改进是指在没有使任何人境况变坏的前提下，使得至少一个人变得更好。在九里圳灌溉管理中，帕累托改进是指维持相同质量的灌溉管理，但使上游、中游的五个村庄都参与到灌溉集体行动中，分担灌溉管理成本，从而使整个灌区的成本–收益分配更为合理。

采用当地客家人打年糕的石臼①为出水口标准，在新坊村的水渠开通三个出水口，以石臼的宽度为出水口大小，以此来分配上游和下游的水量（见图5-5）。同时，横排片的农田区域开通七个小分水口（见图5-6）

图5-5　九里圳石臼出水口

图5-6　九里圳十字分水口

---

① 石臼是客家人用来打年糕的一块外形类似碗状的石头，底部宽度比较窄，开口比较宽。当时的村民就把石臼打穿，让水流通过，类似现在的水管。这三个出水口都是开口朝内，底部朝外，这样出水口的实际大小是底部的宽度。此后，对石臼的方向进行过一次调整，开口朝外，以扩大出水口。

来进行水量分配。[①] 虽然现在九里圳所有的水渠都已经修建成标准化渠道（见图5-7），清朝的三个出水口已不是主要的水量分流点，但以标准化的石臼宽度作为分水口的大小，体现了在水量计量困难的情况下的一种标准化方法，这种方法和清末关中地区以香来度量水程的原理是一致的。

图5-7　九里圳水渠

严格而言，九里圳灌区上下游的水权分配遵循有限度的渠岸权利原则和有限度的优先占有原则。有限度的渠岸权利原则是中国自唐代以来渭北地区各渠灌区普遍采用的原则，是指所拥有的土地在渠道两侧的一定范围之内，其所处的地形和位置符合引水灌溉条件的农民有理由获得灌溉水资源的合法使用权。但是，这并不是说靠近渠道的农民有独占权，虽然不同位置的农民可允许获得的水量是不同的，但是在权利分配上，灌区内的所有农户的权利是平等的。有限度的优先占有原则是指首先利用水资源的人有优先使用权，特别是在水资源稀缺时。然而先占原则也是有限度的，下游的土地也有权获得灌溉水量。[②]

九里圳上下游之间的分水正是按照这两种规则进行分配的。上游新坊村靠近水源，渠道两侧的农田都有灌溉权，但是新坊村并不能独占水源，下游的横排片即便不能获得与上游农田等量的灌溉水量，但在权利上，他

---

①　访谈记录：九里圳201032。

②　萧正洪：《历史时期关中地区农田灌溉中的水权问题》，《中国经济史研究》1999年第1期。

们具有同等的取水灌溉权利。当水量稀缺时，上游的农田有优先灌溉的权利，但灌溉的水量应该控制在维持农作物生长的基本需水量内，以兼顾下游的农田灌溉。在灌溉实践中，九里圳采用下游统一分水制度来实行有限度的渠岸权利原则和有限度的优先占有原则。下游统一分水制度，当地称为"一把锄头管水"，是指由下游横排片的专职管水人员统一分配水量，灌溉时专职管水人员根据九里圳水渠的水量和农作物的需水量来决定，并根据每个灌溉片区的灌溉面积的大小来调整干渠的 86 个出水口，从而使上游农田的优先灌溉权得到实现，同时也控制水量，防止上游浪费水量，以确保下游有水灌溉。①

下游统一分水制度在丰水和缺水季节分别采用两种不同的形式，在丰水季节，农户根据灌溉需要任意取水；在缺水季节，采用统一安排的轮灌制度，当地称为"跑马水"。当九里圳水量充足，管水员通过调整主渠道的 18 个支渠分水口来安排上游支渠的水量，以及 36 个直接灌溉干渠边上农田的小出水口，这些出水口的大小都是根据灌溉的农田面积设计的，灌溉面积比较大，分水口就比较大；灌溉面积比较小，分水口则较小。在土地分产到户之前，每个支渠的土地都是以村民小组或村为单位，面积比较成规模，分水比较简单；但在实行家庭联产承包责任制之后，土地分配到农户，农田既小又分散，分水就变得更为复杂，也更为困难。② 每天支渠水量先是由所灌溉的农田面积大小决定的，然后是农作物的生长阶段，比如在春耕播种时，插秧之前必须要翻一次地，就必须保证充足的水量，在这个时期，管水员就必须扩大九里圳大坝的进水口以及每个支渠的分水口，以供应充足的水量。

可以看出，在丰水时期，九里圳按灌溉面积分水，并按农田地理位置的先后顺序取水。以前九里圳是土渠时，水流速度比较慢，上下游的取水时间存在先后，但现在九里圳都采用标准硬化渠道，上游的水流到横排片的农田仅需要 40 分钟，因而，上下游几乎是同时取水。但在缺水干旱季节，或者在上游优先合理地灌溉而导致横排片水量稀缺时，就采用"跑马水"的轮灌制度。

---

① 访谈记录：九里圳 201002。
② 访谈记录：九里圳 201003。

当九里圳的水量不足，无法满足农户任意取水灌溉时，横排片的村民就自发组织采用"跑马水"灌溉，但是"跑马水"仅在横排片的区域实施，因为"跑马水"的轮灌需要紧密的合作行为。上游新坊村由于靠近水源，对水源具有优先占有权，管水员在统一分水时，首先满足上游农作物的基本需水量，之后，下游的横排片通力合作采用"跑马水"灌溉。实施"跑马水"之前，整个横排片的农田按方位分片，通常分为郭屋、官山、新厅、田心、埔背、温田，之后由各个小组组长抽签确定由哪一片开始，第一轮"跑马水"从抽签确定的位置开始，下一轮"跑马水"还是同样的顺序。"跑马水"时每个片区的灌溉由村民组长负责，田主不用自己灌溉，统一安排，整片灌溉，每个片区根据农田面积确定灌溉时间。比如，第一轮灌溉时小组长抽签后的灌溉顺序依次是田心、温田、埔背、官山、新厅、郭屋，这些农田的位置大致为东、南、西、北，假设每次"跑马水"一轮的时间约4天，到了第4天，北边的田地结束灌溉，进入第二轮"跑马水"。当第二轮"跑马水"开始时，最早灌溉的东边农田已经最为缺水，最后灌溉的北边农田最为湿润，所以第二轮的"跑马水"顺序同样采用第一轮的灌溉顺序，这符合农作物的需水要求。

"跑马水"轮灌的时间是根据各个小组农田的灌溉面积确定的。横排片在1991年时实行过一次轮灌，1991年4月，两个月未下雨，旱情严重，横排片从4月20日开始从各村民小组抽调劳力日夜加班轮流灌水，每人每天补贴12斤谷子，4月22日开始轮流灌水，并按规定时间灌溉（见表5－2）。灌溉时，小组组长和九里圳管委会（用水户协会）成员站立田头互相监督，任何人不得滞留偷水，违规者处罚谷子10～30斤。

表5－2　横排片"跑马水"时间

单位：小时

组　　别	时　　间	起止时间
埔　背	2.5	5：00—7：30
郭　屋	5	7：30—12：30
温　田	2	9：00—11：00
新　厅	6	11：00—17：00
田　心	6	12：30—18：00
官　山	5.5	16：00—21：30

资料来源："跑马水"时间表根据九里圳用水户协会名誉会长谢禄生记载的《九里圳大事记》整理。

分水规则是灌溉制度的重要原则之一，灌溉中的用水纠纷，大多源于分水问题，如果分水规则能适合当时的水量情况和当地实际情况，并有效执行，那么将降低取水的不确定性。九里圳的两种分水原则分别适应于不同的供水总量，水量充沛时，横排片的管水员统一分配干渠、支渠的水量，农户按需取水；水量稀缺时，采用"跑马水"的轮灌制度，并以村民小组为灌溉单位统一安排灌溉，这也证实了轮灌制度通常是在支渠之间实施的。

三　投入规则：下游管护

边界规则界定了灌溉系统的受益和成本分担范围，取水规则规定了灌溉者分享收益——取水灌溉的方法，投入原则要说明的是灌溉系统维护的成本分摊细则。在九里圳的投入中，政府的支持或拨款极为有限，即使在20世纪90年代县政府有小数额的水利拨款，如1995年县政府、乡政府拨放了6500元的救灾款，但仅仅1996年8月的大暴雨给九里圳带来的损失就高达7万元，这些拨款对九里圳的建设和维护非常有限，九里圳的投入基本上是由横排片的村民投工投劳集体负担，政府的投入非常有限。上文提及，九里圳的受益范围覆盖灌区内的六个村庄，但由于九里圳产权归属于横排片，所以水渠维护的投入成本全部由横排片承担。九里圳自1751年修建以来，200多年的时间内，管护责任一直由下游的横排片承担，管护任务沉重，仅以1991~1996年的水渠建设与维护的部分记载就足以说明。记载如下：

> 1991年12月6日，大陂到小陂的硬化工程，水圳开始动工硬化，直到1992年2月结束。
>
> 1992年11月，大陂到小陂工程修建完成，开始从学堂坎下修建，维修埔背段。
>
> 1993年11月，学堂坎下到迳陂渠道砌体工程，花费资金16089.44元。
>
> 1995年1月20日，管电及碾米厂渠道硬化。
>
> 1995年7月31日，夜遭连续暴雨袭击，造成塌方7处，管圹2处，学堂坎下1处，下迳塌里口上2处，周维芳屋2处，最严重的长

8 米，高 4 米，工程费用 1336.5 元。

1996 年 1 月，铺设微型槽 300 节，每组员负责铺设 60 节，计 300 米。

1996 年 3 月 31 日暴雨造成下迳、学堂、凤尾、伯公树下塌方。

1996 年 4 月 7 日晚 2 点至 8 日 9 点，两次暴雨造成的凹里、高檐石下、风圹尾塌方。

1996 年 8 月 8 日上午 6~8 点，大暴雨给九里圳造成严重损失，具体如下：冲毁陂头一座，长 12 米，高 2.3 米；冲毁渠道小陂一段；冲毁下迳水口 6 处，全长 230 米，塌方大小 36 处，总计损失 7 万元左右。[1]

从以上的大事记可以看出九里圳的投入主要是两个方面——建设和维护（日常维护和紧急维护），两个方面均采用公平和比例原则。九里圳修建时是简易的土渠，由当时"粮米行盖三省"的横排片村民谢姓十四祖谢端良倡建，组织横排片的村民投工投劳以石做堤建成。直到 20 世纪 90 年代，九里圳水渠才逐渐进行标准硬化工程。以 1996 年农历九月标准硬化渠道工程为例来说明九里圳是如何组织建设投入的，九里圳用水户协会组织六个村民小组组长对水渠的标准硬化工程进行工作量的估计，并将水渠分为长度大致相等，但投工量不同的六段，由各组组长抽签，决定每个小组的包干地段，当时的包干地段安排见表 5 - 3。

表 5 - 3　1996 年标准硬化水渠工程各组包干地段

组别	灌溉面积（亩）	地　　段	长度（米）	筹集资金（元）
田心	57.77	高博石下—上麦房顶上	159	847.5
新厅	58.70	上麦房顶上—黄竹坑	157.5	839.5
官山	49.83	黄竹坑—下迳枫里	143.3	793.8
郭屋	49.84	下迳枫里—石碑坑外口	169.1	1251.3
埔背 温田	44	下迳枫里—石碑坑口 石碑坑口—内段	146	778.8
小计	260.14	—	774.9	4510.9

资料来源：根据九里圳用水户协会名誉会长谢禄生记载的《九里圳大事记》整理。

---

[1]　根据九里圳用水户协会名誉会长谢禄生记载的《九里圳大事记》整理。

从表 5 - 3 可以看出，各组负责长度大致均等的六段，虽然每段的修建难度由于具体地形、地质的差异会有所差别，但由于采用抽签的分配方法，六个小组被分配到工程难度较大的可能性是同等的。地段分配之后，各个小组自己决定修建工作的组织方式。

九里圳每年定期维护两次，分别是春季和秋季，采用定洗圳、定地段、定工时、定时间、定报酬的组织方式。洗圳主要是清理水渠中的杂草、泥沙；定地段是指将水渠分为六个地段，由小组长抽签决定各个小组负责的水渠范围；定工时指对每个地段所需要的劳动量进行估计；定时间是确定洗圳的日期；定报酬指确定每个工①的报酬。横排片的集体洗圳范围从渠首的水坝到伯公树下的干渠，伯公树下的支渠清洗由各个小组自己负责。在春季播种前、秋季收割后，九里圳用水户协会和六个小组长集合检查水渠的情况，并将水渠分段，估计工作量，然后抽签决定各组的负责地段，确定统一的洗圳时间，九里圳洗圳每个工的报酬是 15 斤谷子。报酬并不是参与洗圳的工资，是指农户没有时间参与洗圳时，必须支付的谷子数量，比如 A 农户没有参加洗圳，没有完成 1 个工时的工作量，他必须支付 15 斤谷子；当 B 农户的投工量超出他应承担的工作量 1 个工时时，B 农户就可以获得 15 斤谷子，所以 15 斤谷子的报酬是平衡农户之间投工情况的基本单位。谷子是九里圳计算成本的单位，与货币的作用一样。具体的工作安排情况以 11 村民小组为例说明。

11 小组抽到 A 段水渠，九里圳用水户协会对 A 段水渠的洗圳工作量估计是 30 个工，每个工的报酬是 15 斤谷子，如果 11 组的农户都没有时间参与洗圳，那么他们要支付给九里圳 450（30 × 15 = 450）斤谷子。洗圳的当天，如果去了 20 个人，一天完成洗圳任务，那么每个人的投工量是 1.5（30 ÷ 20 = 1.5）个工，报酬是 22.5（1.5 × 15 = 22.5）斤谷子。但这些谷子并不会支付给农户，仅仅是记录在账上，到年底结算时用来抵销他们各自应该承担的谷子量。

每年的年底结算是在立冬后第 10 天，该日为结账日，由九里圳用

___

① 工：指成年人工作一天的工作量，是农业合作社时期工分的计算方法。

水户协会统一计算当年的投工总量，并以每个工 15 斤谷子的报酬换算成谷子总量，并加上支付给管水员工资的谷子，计算出九里圳全年的维护总成本（以谷子重量为计算单位）。下面以 2006 年的年度账务为例说明。

首先，计算出各组在 2006 年的投工总量（见表 5-4）。

表 5-4　九里圳 2006 年各组投工情况

单位：工

组　别	洗圳、维护工数
郭　屋	82.5
官　山	91.5
新　厅	75.5
田　心	57.5
埔　背	30.5
温　田	25
小　计	362.5

注：洗圳、维护的工数包括日常维护和紧急维护，日常维护就是每年两次的洗圳，紧急维护是水渠出现塌方的零工。如郭屋组的工数包括：2005 年十二月初一洗圳 25 个工，2006 年五月二十七日洗圳 25 个工，零工 17.5 个工，挑塌方水泥 15 个工，总计 82.5 个工。

资料来源：根据九里圳用水户协会会议记录整理。

其次，换算出应负担的谷子数：

①洗圳谷子数：362.5 × 15 = 5437.5 斤

②管水员工资（谷子）：1100 斤

③九里圳用水户协会负责人补贴：300 斤

④10% 的组长补贴：761 斤

合计：5437.5 + 1100 + 300 + 761 = 7598.5 斤

每亩负担数：7598 ÷ 260 = 29.2 斤

再次，计算出各组应负担谷子数（见表 5-5）。

最后，各组按照各户的农田面积，算出各户应该负担的谷子数，并根据每户的投工数，计算出实际应支付的谷子数。

比如，C 农户有 1 亩农地，按照 2006 年每亩应负担的谷子数，他应该负担 29.2（29.2 × 1 = 29.2）斤谷子。但在过去一年的洗圳维护中，C 农户参与 1 个工的洗圳，按照投工报酬，他应该获得 15 斤的谷子，应负担和应收

表 5－5　九里圳 2006 年各组应负担谷子数量

组别	灌溉面积（亩）	应负担谷子数¹（斤）	各组应收入情况						对抵⁶	
			投工数（工）	投工应收入谷子数²（斤）	10%的小组长补贴³（斤）	负责人补贴⁴（斤）	管水员工资（斤）	应收入合计⁵（斤）	实入（斤）	实付（斤）
郭屋	49.84	1455.33	82.50	1237.50	146.00	100.00	—	1483.50	28.17	—
官山	49.83	1455.04	91.50	1372.50	146.00	100.00	1100.00	2718.50	1263.46	—
新厅	58.70	1714.04	75.50	1132.50	171.00	—	—	1303.50	—	410.54
田心	57.77	1686.88	57.50	862.50	169.00	—	—	1031.50	—	655.38
埔背	25.00	730.00	30.50	457.50	73.00	100.00	—	630.50	—	99.50
温田	19.00	554.80	25.00	375.00	55.00	—	—	431.00	—	123.80
小计	260.14	7596.09	362.50	5437.50	760.00	300.00	1100.00	7598.50	1291.63	1289.22

注：

1. 应负担的谷子数＝灌溉面积×每亩负担数（2006 年每亩负担谷子数 29.2 斤）。
2. 投工应收入谷子数＝投工数×15（每个工报酬为 15 斤谷子）。
3. 小组长补贴＝每组应负担谷子数×10%（小组长补贴是误工补贴）。
4. 负责人补贴是指九里圳用水户协会的三位负责人，每人每年补贴 100 斤谷子。
5. 应收入合计＝投工应收入谷子数＋小组长补贴＋负责人补贴＋管水员工资。
6. 对抵＝应收入－应负担。

资料来源：根据九里圳用水户协会会议记录整理。

谷子数对抵就是 C 农户 2006 年实际要支付的谷子，15 - 29.2 = - 14.2（斤），即他应该支付 14.2 斤谷子给九里圳。但如果当年 C 农户的投工数是 2 个工，那么他应该收入的谷子数就是 30 斤，实际收支是 30 - 29.2 = 0.8（斤），这样 C 农户就不需要再支付谷子，反而可以收入 0.8 斤谷子。

从上面的成本分摊方法，可以看出九里圳是按照公平与比例原则分摊各小组应负担的成本，以及各农户应该承担的成本。公平原则要求横排片的所有农户都要分摊洗圳成本，亲自参与洗圳或用谷子代替，特别是当大雨造成水渠塌方，需要紧急维护时，农户的共同参与更为重要。比例原则要求每家农户所承担的谷子数是按灌溉面积来计算的，并且将农户投工量作为报酬来抵销负担的谷子数，多出工者收入多的谷子回报，少出工者则以谷子抵洗圳的义务。九里圳采用每年年底结算，每亩应负担的谷子量随着结算年度的总投工量的变化而变化，比如在 20 世纪 90 年代，最重的负担是 1997 年每亩 45 斤谷子，最轻的负担是 1993 年每亩 21 斤谷子。

四　惩罚规则：伯公会

在灌溉系统中，奖惩规则是对取水行为和投入行为监督的结果。九里圳采用下游集中管护的制度，当水量充分时，由专职管水员负责干渠的水量分配，农户自由取水灌溉；当水量稀缺时，由九里圳用水户协会组织"跑马水"轮灌，各组组长在田头监督，后面灌溉的小组长阻止前面灌溉者延长灌溉时间，前面的灌溉者也会制止后面的监督者提早灌溉，农户不得私自取水灌溉，对违规取水的农户处罚谷子。在九里圳采用"跑马水"制度之前，干旱时期的用水纠纷、偷水行为不断，村民在半夜的时候，到水渠偷水灌溉，最为严重的一次违规行为也是发生在干旱缺水时期，违规者是横排片的一位村民，该村民的农田位于渠尾，无水灌溉，他出于泄愤，将上游的水渠打开缺口，导致大片农田无水灌溉。九里圳用水户协会对他的恶意破坏行为进行了惩罚，罚他出资放一场电影给村民观看，并对其进行思想教育。在一个经济条件尚不发达、社会交往密集的村庄，这种有损名誉的惩罚方式足以对违规者和潜在的违规者形成威慑作用。

根据九里圳用水户协会 1990~2005 年的会议记录，15 年来违规行为少有发生，虽然上游的村庄曾发生过几例浪费水行为，但都在管水员的斥责下停止, 上游的农户较为自觉地服从管水员的水量分配, 因而, 管水员既是分水的操作者, 又是监督者。对管水员工作的奖惩是九里圳惩罚规则的另一内容, 在古代, 九里圳通过"伯公"对管水员的工作进行考评。"伯公"是当地的民俗信仰, 客家人认为万物都有灵性, 对承受过人们烧香膜拜的树木称为"伯公树"。每年农历正月二十横排片村民在伯公树下聚会, 称为"伯公会", 讨论未来一年的九里圳管理计划以及考评过去一年的管理绩效, 其中的重要内容就是对管水员的遴选与考评。① 对于管水员而言, 任何形式的惩罚对他都具有威慑力。在古代, 管水员的年薪是10 石谷子 (1500 斤谷子), 这份报酬足以解决四口之家一年的口粮问题, 在以农业为主要经济来源的年代, 管水员报酬算是十分丰厚, 因此, 如果管水员被发现失职, 解雇是对管水员最大的物质惩罚。然而, 对管水员的惩罚更大是来自精神上的, 被任命为九里圳的管水员是当地人对他的信任, 任命仪式在"伯公会"上隆重举行, 管水员一职是神圣和光荣的, 遭受惩罚将使管水员失去人们对他的信任。

简而言之, 九里圳中, 管水员监督上下游灌溉者的用水行为, 横排片的村民监督管水员的管水工作。如果在丰水季节, 并无大雨山崩, 水渠断水一天扣管水员 20 斤谷子, 两天扣 50 斤谷子, 三天扣 100 斤谷子, 五天取消管水资格, 并对以往的出勤不补贴。这套惩罚规则执行至今, 违规率并不高, 遵守规则的总体水平非常高, 这与当地水资源较为丰富、丰水季节较长不无关系。

九里圳的边界规则、分水规则、投入规则和惩罚规则建立了操作层级的规则构架, 明确规定允许和禁止的行为, 这些规则的变更、修改则是第二层级——集体选择规则讨论的范围。

五 集体选择规则: 用水户协会—村民小组双层决策

九里圳存在两个层级的集体选择: 九里圳用水户协会和各村民小组。前者制定灌溉者需承担的谷物标准和投劳、投资分摊决定, 研究工程管

---

① 访谈记录: 九里圳 201004。

理、承包、更新、改造、维修配套方案，并协调小组之间的用水矛盾，用水户协会会长定期召集代表开会，检查水利设施安全情况，监督管水员工作，实施灾后抢修方案，制定每年两次的洗圳方案，以及验收检查各小组的洗圳工作。后者决定小组农田所在渠道范围内的洗圳工作、组织村民参与集体洗圳或修建水渠、记录投工情况、核算组内村民应负担谷子、征收谷子，并协调组内村民之间的用水矛盾。①九里圳的工作制度是用水户协会对九里圳灌区的事情做出决策，小组长负责执行，并有权对小组内部的分水和投入事宜进行决策，以洗圳和征收谷子为例，就可以看出各个小组在具体执行方式上的差异。

在2005年农业税改革之前，国家对农民征收农业税，并以征购粮的方式征收。官山组组长在收征购粮时，把村民该负担的九里圳谷子一起征收。比如A农户应缴纳的征购粮是300斤，应负担的九里圳谷子是50斤，那么小组长在征收统购粮时，就直接征收350斤，之后再把50斤转交给九里圳。

郭屋组组长就不是采用这种方法，他们采用分开收谷子的方法，因为组长认为征购粮和九里圳负担粮是不同的两种负担，如果两个混在一起征收，农民将无法明白九里圳实际的负担与收益，长期按这种方式征收将挫伤农民对九里圳维护的积极性。②

对于小组范围内的洗圳工作，各小组决定任务的分摊方法。比如，郭屋组的农田靠近主干渠，他们同样按照九里圳洗圳的组织方式来维护郭屋组农田范围内的水渠，而其他小组农田所在的水渠地势较陡，障碍物或泥沙通常被水冲走，他们就不需要集体洗圳，各农户自己负责农田前面的水渠畅通就可以了。③

对于每年两次的洗圳，或水渠的标准硬化工程的修建，各小组以抽签的方式决定各自负责的地段，之后，小组长各自决定洗圳与修建工作的组织方式、任务分摊方法。比例，郭屋组在1996年的水渠标准硬化工程中，抽到的负责地段在半山腰，水泥、沙石无法直接运达，必须要用劳力挑到半山腰，他们就按照每户的农田面积来分摊每家应该完成的水泥、沙石分

① 九里圳用水户协会：《九里圳用水户协会章程》。
② 访谈记录：九里圳201005。
③ 访谈记录：九里圳201006。

量，从而完成修建工作。但是，抽到修建地段比较好的小组，则采用与集体洗圳一样的投工记录的方法完成。①

九里圳用水户协会与村民灌溉小组之间的关系体现了多层级的集体选择单位，每一个小组所在的支渠是一个子系统，他们根据小组支渠的地理位置、灌溉水量调整分水规则和投入规则，并根据该小组的村民实际情况，让农田较多的村民多参与水渠突发损坏的维护，获得较多的投工数，这样可以抵销农田多的村民应交的谷子数。小组长比用水户协会更了解每家农户、小组土地以及所在支渠的情况，他们所做出的任务分配方法、谷物收集方法更能与当地条件保持一致。

各个小组的组长是九里圳用水户协会的理事成员，在理事会中产生三名协会负责人，包括会长、副会长和财务，选举都是在没有外部权威干预的情况下进行的。而九里圳的管理工作得到了外部正式权威的认同，在1998年被评为龙岩市水利建设先进单位。横排片的村民设计灌溉规则、选举用水户协会负责人的权利不但没有受外部政府权威的挑战，而且得到了政府权威对九里圳管理权和组织权的认可，并纳入了上杭县农村水利管理体制，规定九里圳有资格接受水利专项拨款。

"伯公会"是九里圳的公共论坛，每年的管理计划、人员选任、冲突解决、绩效考核都在该会上进行。"伯公会"是指在九里圳尾端横排片的伯公树下举行的聚会，每年的农历正月二十，横排片的谢、郭两姓的望族长老和重要田主都要在这棵伯公树下举办"伯公会"，自带酒食或按份缴费聚餐。在"伯公会"上，横排片的灌溉冲突可以得到协调解决，操作规则得以解释，人员得到选任。"伯公会"在新中国成立之后停止举办，公共论坛的形式变换成为九里圳会议，每年立冬举行，进行财务结算与公布。当九里圳的灌溉冲突上升到村与村之间冲突时，冲突的解决论坛就转移到古代的县衙门或现今的乡政府。

清朝时期，九里圳并没有修建完成，水渠仅仅修到新坊村出水口附近，这个出水口距离横排片有三四百米距离。当时，新坊村村民发

---

① 访谈记录：九里圳201024。

现这段三四百米的距离突然间建好水渠，便认定是横排片村民在短期内修建的，并不是原本就存在的水渠，于是就不让水流到横排片去。横排片的村民用旧的草皮盖住新挖的水渠，执意说这段三四百米的水渠很早就存在，要求新坊村放水，于是两个村产生冲突，并诉讼到当时的衙门，由衙门来裁决，判决的结果是，横排片有权取水灌溉，但只能是从三个石臼大小的出水口放水。

20 世纪 60 年代，新坊村与横排片之间也发生过一场比较大的用水冲突。1963～1964 年，天气干旱，久未下雨，水源的水量原本就很少，上游的人一灌溉，横排片就无水灌溉。当时横排片的人找新坊村的人协商，要求他们节约用水，灌溉水量维持在庄稼不枯死的水平，然后放水给横排片灌溉，新坊村人不同意协商方案，于是两村发生冲突，并升级成械斗。这场纠纷由当时的公社协调解决，协调的结果是：双方各自负责自己的伤员，不追究对方责任；新坊村的灌溉用水要在横排片管水员的监督下合理使用、节水灌溉。[1]

九里圳的集体选择是多层级的选择，用水户协会、村民小组之间构成了两个层级的集体决策单位，更为重要的是，小组所制定的规则是嵌套在九里圳灌溉规则之内的，他们所做的决策不能违反九里圳的制度，同时，九里圳灌溉制度也得到政府权威的认可。九里圳用水户协会决定边界规则、分水规则、投入规则以及惩罚规则的制定与修改，因而，操作层次的四条规则都嵌套在集体选择层级中。

第四节　九里圳的行动舞台：横排片

九里圳灌溉制度是历经 200 多年自发性制度变迁而演化形成的自组织治理。在它的行动舞台中，最为主要的行动者是横排片村民，而基层正式组织——村委会并没有参与九里圳的管理。这意味着九里圳在制度变迁中受国家政权的影响很少，国家政权与九里圳之间的联系很弱，甚至不存在

---

[1]　访谈记录：九里圳 201007。

任何关联，而主要由非正式组织——横排片宗族组织灌溉活动。

九里圳自修建以来，一直由横排片单独管理，在新中国成立前，横排片灌溉者依托非正式的"伯公会"公共论坛，自发性对灌溉事务进行决策、讨论。国家政权只有在灌区发生激烈冲突的时候，才介入调节，例如，清末县衙门对横排片与新坊村用水冲突的处理，并以石臼作为他们的分水口标准；再如，20 世纪 60 年代乡人民公社对村庄用水械斗的协调，这些例子都说明只有当九里圳中的冲突升级，民间的非正式组织无法协调时，国家政权的正式组织才被动介入。

村委会或乡政府很少参与九里圳的管理，九里圳甚至排斥村委会的介入。在 2006 ~ 2007 年，九里圳归村委会管理，水利基金纳入村级财政，但这种介入或干预并没有改善九里圳的灌溉管理，反而影响了原有制度的正常运行。

村委会对九里圳的情况并不了解，最近的一个例子是，九里圳想要通过村委会申请烟草基地工程的拨款，希望村主任提交申请，村委会约了九里圳用水户协会现任会长一起去，因为村委会不了解九里圳的基本情况。①

当村委会介入九里圳时，横排片的村民不信任村委会对水利基金的使用，这与其所在村庄的特征有关。横排片所在的行政村包含谢氏的三个房支，每个房支各成系统，相对独立，整个村庄在行政划分、宗族、村庙等方面都较为分化，是个分裂化的村庄，灌溉事务也分化为各个子宗族的事务。所以，九里圳仅和村中横排片的村民利益有关，而村委会作为村级利益代表，其行为的成本和受益范围以村庄为界限，村干部对横排片的管理既缺乏经验，又缺乏权威。九里圳在纳入村委会管理一年之后，横排片的村民强烈要求将水利基金独立出来，独立管理。

在九里圳的行动舞台中，宗族、乡绅是重要的行动者。在九里圳管理初期，管水员由兄弟较多的家族担任，洗圳、投工投劳等灌溉事务由宗族中较有威望的人组织，他们的权威自发形成于横排片内部，并得到灌溉者的认可。乡绅是九里圳灌溉活动重要的组织者，如谢德钦深得群众的信

---

① 访谈记录：九里圳 201026。

任，自20世纪60年代至90年代一直连任九里圳负责人；谢禄生是一名退休乡干部，退休之后一直参与九里圳的管理工作，并热衷于九里圳，曾代表横排片的利益将九里圳的管理从村委会中独立出来，并多次向乡政府、县政府、县水利局争取资金拨款。

在自发性的制度变迁中，自组织制度的建立与运作是行动团体内部不断地试探、博弈、妥协所达成的自我实施合约，国家政权的干预非常有限，国家只要认同自发性自组织治理的合法性，就能够维持制度的均衡。九里圳的行动舞台正是说明，当村委会介入九里圳时，村委会利益与横排片的利益不一致，导致正式权威与非正式权威的冲突，影响了灌溉管理绩效。简而言之，在自发性的自组织治理中，行动舞台中的行动者以非正式的民间组织为主，如宗族、宗教。横排片灌溉者的同宗同族的血缘关系、紧密居住的地缘关系使得横排片演化成为一个同质性的灌溉共同体。

第五节　高效持久的九里圳灌溉制度

九里圳灌溉制度绩效体现在三个方面：规则的遵守率、洗圳的出工率、水稻的亩产量。在九里圳的大事记以及最近20年的会议记录中，冲突大多发生在上下游村庄之间，村民之间的用水冲突已经很少发生。在1963～1964年的那场冲突得到协调之后，新坊村和横排片在交界处的出水口建立了一座友谊碑，之后没有再发生大规模的村庄冲突。上游村民基本服从现任管水员的分水安排，现任管水员谢树通很受当地人的尊敬，他曾经在水渠边上捡到一枚金戒指，归还给失者，并曾经从水渠中救起一名落水的小孩，每天巡查水渠，风雨无阻，上游村民对他的管水工作极为认可。

洗圳是横排片每年的常规维护工作，所有村民都有义务参加，根据2006年洗圳工数记录，每组都完成了工作量，并都参加了水渠的紧急维护，年终的负担结算表也显示有些小组的投工量抵销了应负担谷子数，甚至有盈余。即使没有亲自参与洗圳的村民，也愿意出谷子代替。虽然现在农业收入在家庭总收入中的比例逐年降低，横排片曾出现过几例拒交谷子的情况，但是这种情况通常极少出现，拒交谷子的村民多数是由于与村民小组组长有矛盾，而刁难小组长的工作，并不是对九里圳灌溉制度的不满。总体而言，九里圳灌溉制度的遵守率比较高。

灌溉制度的设计、执行最终目的都是提高农作物的产量，九里圳修建完善之前，灌溉水量不足，农作物产量不高，修建之后，产量提高很多。

当时，在新坊村与横排片中间，有大约两公里的距离长了很多树，当地称为树山，必须砍掉树才能修建水渠，但是新坊村、下迳村不让砍树，横排片无法修水渠，并且由于是土渠，渗透性很大，横排片只能上季种植水稻，下季种植地瓜，生活困难。①

九里圳修建之后，灌区内水稻亩产量提高很多，特别是在 1996 年水渠标准硬化之后，水渠渗透问题得到控制，水稻亩产量能达到 800～1000 斤，这在整个湖洋乡产量都是比较高的，如果没有九里圳，这些农田根本就无法灌溉。② 现在九里圳这边的农田是最好的，阳光充足，灌溉也方便。

简单而言，流淌两百多年、灌溉千亩良田的九里圳，其核心规则是由下游（横排片）集中管护，横排片的村民围绕着九里圳的灌溉问题进行了紧密的集体合作，横排片与上游的其他村庄却从未出现过合作行为，但九里圳灌溉制度却持久有序运作。在九里圳灌溉制度中，水资源特点、地理特征等因素都影响到灌区中的集体合作与冲突，但最为关键的因素是九里圳中六个村庄的特征，即灌溉共同体特征，这点将在下文中详细论述。

第六节　共同体的自组织治理逻辑

农村的灌溉管理是一项由农民共同体承担的集体行动，但集体行动是耗费成本的，村民必须克服合作问题、分配困境，以及公共池塘资源的动机难题，③ 才有可能进行集体行动。但是往往村庄内各个成员利益关系不同，而使沟渠堤圩的日常维修和河道平时的疏浚困难。④ 村庄的特征，如

---

① 访谈记录：九里圳 201008。
② 访谈记录：九里圳 201021。
③ Amy R. Poteete, Elinor Ostrom, "Heterogeneity, Group Size and Collective Action: The Role of Institutions in Forest Management," *Development and Change* 35 (2004): 435–461.
④ 黄宗智：《长江三角洲小农家庭与乡村发展》，中华书局，1992，第 35 页。

村庄规模、同质性程度，影响村民之间的互动、信任等社会资本，进而影响集体行动，因而，灌溉集体行动与灌区村庄特征有关。九里圳位于中国南方农村，在这些村庄，宗族和村落明显地重叠在一起，宗族不仅是亲属组织，也是一种地方组织，[①] 能形成强有力的内部认同和行动能力，从而将村民组织动员起来开展大规模的集体行动，[②] 如新修农田水利设施。宗族组织的认同感强化了村庄内部的集体合作，与此同时，村庄之间的宗族差异则阻碍了村庄之间的合作，九里圳的横排片和上游五个村庄明显体现了这种合作和冲突。

一　大灌区的九里圳与小团体的横排片

（一）大灌区：六个村庄

灌溉管理是一项需要联合灌溉技术与制度、组织的集体行动，[③] 大型的、集中管理的灌溉系统相对少见，即使有也存在时间短暂，并局限在特殊的社会背景中。最普遍的、持续时间最长的灌溉系统是那些小型的、当地建立的、农民管理的、能适应于不同环境的灌溉系统。[④] 规模和灌溉管理结构之间存在着复杂的关系，大型的灌溉系统倾向于采用等级制的管理方式，正如亨特（R. C. Hunt）预言：灌溉面积大于 100 公顷的系统极有可能由统一的行政权威管理结构管理。[⑤] 在他看来，100 公顷是社区管理灌溉系统的上限。灌溉管理是需要合作的集体行动，灌溉规模越大，集体行动越困难，采用统一的行政机构管理的可能性越大；规模越小，集体行动成功的可能性越大，社区自治管理的可能性也就越大。

按照已有研究对灌溉规模的划分，九里圳灌溉面积在 100 公顷以下，属于小规模灌溉系统。九里圳灌溉六个村庄——上罗村、龙山村、濑溪

---

① 〔英〕莫里斯·弗里德曼：《中国东南的宗族组织》，刘晓春译，上海人民出版社，2000，第 1、2 页。

② 贺雪峰：《村治模式：若干案例研究》，山东人民出版社，2009，第 57 页、59 页。

③ E. Walter Coward, *Irrigation and Agricultural Development in Asia* (London: Cornell University Press, 1980), p. 13.

④ B. Mabry Jonathan, *Canals and Communities* (Arizona: University of Arizona Press, 1996), p. 5.

⑤ Robert C. Hunt, "Size and Structure of Authority in Canal Irrigation," *Journal of Anthropological Research* 44 (1988): 335 – 355.

村、五坊村、新坊村、横排片——的农田，多达几百公顷，涉及 300 多户灌溉农户，利益主体众多。在九里圳灌区中，六个村庄所组成的是一个规模较大的灌溉社区，相比之下，横排片的 194 户农户则是小规模的灌溉子团体。在覆盖六个村庄的九里圳大规模灌区内，灌溉者的多元利益偏好导致达成合作共识困难，集体行动难以组织。然而，在规模较小的横排片内部，灌溉者可以在面对面的沟通中达成一致意见，并在不同场景的共同劳动中强化合作意识，集体行动则能成功组织并持续发展。在认为"小即是美"的理念中，[①] 小社区虽然面临着资源筹集能力的挑战，但能以较低的交易成本来达成、实施自组织规则，而大规模社区虽然具有动员更多资源的潜力，但面临着达成一致意见的高昂交易成本，以及多元利益所产生的非合作博弈导致社区内部社会资本耗散，集体行动难以组织。

（二）小团体：横排片

相比较于九里圳六个村庄 300 多户的灌溉者团体，横排片则是规模较小的子团体。九里圳的村庄具有南方村庄的特点，山多、水少，农民大多依山傍水聚居，逐步定居并屡次开垦，形成一个向山向水要田的过程。[②]根据横排片的老人口述，横排片的谢氏最早在此定居，之后由于灌溉水源不便的缘故，村里的富人、地主曾多次沿着水源往上游购买土地或迁移，[③] 但是越靠近水源，越是在山里面，交通越是不便利，所以横排片并没有进行大规模的迁移，仍然密集地居住在交通便利、地势平坦的下游区域。而上游村庄土地的束缚性，获取水源的便利性，使村民并没有产生迁移的动机。在长时间的村庄变迁中，上下游村庄的聚居方位并没有发生多大变化，村落不仅高度核心化，并且错落有致，以致形成一种防御性的聚落，这种聚落虽然具有生态环境的因素，但更多的表现在社会意义上。[④]这种社会意义强化了村庄内部的交往互动，但割裂了不同村庄之间的联

---

① A. Agrawal, "Small is Beautiful, But is Larger Better? Forest–Management Institutions in the Kum-aon Himalaya, India," in C. Gibson, M. A. McKean, and E. Ostrom, eds., *People and Forest: Communities, Institutions, and Governance* (Cambridge, MA: MIT Press, 2000), p. 57.

② 贺雪峰：《村治模式：若干案例研究》，山东人民出版社，2009，第 59 页。

③ 访谈记录：九里圳 201025。

④ 〔英〕莫里斯·弗里德曼：《中国东南的宗族组织》，刘晓春译，上海人民出版社，2000，第 6 页。

系，弱化了六个村庄的交往。

横排片是一个由六个村民小组组成的自然村，总共有 194 户农户，每个村民小组平均户数为 30 多户，每个小组集中居住在横排片的各个方位，比如郭屋组，较为集中居住在地势较高的郭屋，官山、新厅、田心，埔背四组集中在中学、粮站左右侧区域，只有温田组较为偏远。横排片村民的房屋紧密相连，即使分家居住的同族兄弟，其房屋仍建造在横排片的范围之内，并维持着亲属关系、邻里关系以及朋友关系。在中国农村，家族的分家产生了新的独立经济单位，分家打破了原有的经济单位，分裂了原来的群体，但并不妨碍这些家庭以户的方式继续相互协作。[①] 横排片的家庭关系正是如此，虽然多个兄弟的家庭都会分家，但分家后的同族兄弟的关系仍最为亲近，日常交往最为频繁，互相信任基础稳定。

同族兄弟的交往是基于血缘，除此之外，基于地缘所形成的邻里关系也是农村社区重要的互动形式。费孝通把"邻里"定义为"一组户的组合，他们日常有很亲密的接触并且互相帮助。在这个村里习惯把他们住宅两边各五户作为邻里，他们互相承担着特别的社会义务"。[②] 村民在长期日常生活的邻里交往中形成信任、共识规范，形成社会资本。[③] 横排片的六个村民小组居住集中，民风淳朴，左邻右舍来往极为密切，经常互相串门，根据村民所描述的日常生活可以看出地缘增进了他们的互动。

> 我们（横排片村民）出门都很少锁门，村里治安良好，民风较为淳朴，大家常常串门，一起喝茶、聊天，有什么事情也会找邻居帮忙。[④]

中国农村是一个从熟悉中获得信任的乡土社会，[⑤] 每个村庄基本上都是封闭、内聚、紧密的社群，但在村庄之间，不仅清楚地划分居住界线，而且在某种程度上也划分出了其生产与消费的边界。九里圳中的六个村庄

① 〔英〕莫里斯·弗里德曼：《中国东南的宗族组织》，刘晓春译，上海人民出版社，2000，第 32~33 页。
② 费孝通：《江村经济——中国农民的生活》，商务印书馆，1998，第 89 页。
③ 郑传贵：《社会资本与农村社区发展》，学林出版社，2007，第 89 页。
④ 访谈记录：九里圳 201020。
⑤ 费孝通：《生育制度》，北京大学出版社，1998，第 10 页。

的生产与消费边界、社会资本仅局限于村庄内部，村落之间缺乏村民互动交往的血缘和地缘基础，因而没有产生合作的基础——信任。横排片则是一个规模较小的灌溉子团体，村民之间容易了解各自的偏好，血缘和地缘关系更是增进了村民的日常互动频率，从而形成了互相信任和共同规范，培育了合作型的社会资本，促进了集体行动的顺利实施。

二　异质性的九里圳和同质性的横排片

九里圳是一个冲突与合作同时存在的灌溉系统，一方面，新坊村、五坊村作为上游村庄的利益团体，与下游横排片在经济收入、利益、村庄文化、宗族认同等方面存在差异，这些异质性阻碍了上下游村庄的合作；另一方面，横排片的村民在家庭经济收入模式、利益和宗族认同的同质性程度很高，这些同质性促进了横排片的紧密合作，承担起九里圳灌溉系统的管护责任。简单而言，九里圳上下游的六个村庄构成了一个大规模且异质性的团体，而横排片自身却是一个小规模而同质性的共同体。

（一）经济特征

九里圳灌区从海拔 690 米的龙山村渐变到海拔 270 米的横排片，各个村庄的农田沿着九里圳由高到低延伸分布。当地山林资源丰富，山林大约占全乡总面积的 62%，上游上罗村的人均山林面积约 17 亩，而最下游的横排片的人均山林面积仅有 4 亩。[①] 九里圳上游多是种植松树，在靠山吃山的年代（改革开放前），松树生产的松脂是村民重要的经济收入来源。在山林资源丰富的龙山村、新坊村，林业收入是家庭经济收入的重要来源之一。但在人均山林面积有限的横排片，山林所能带来的收益极为有限。然而，在乡镇企业快速发展的 20 世纪 80 年代，山林收益并不能使村民致富，反而带来经济发展的不便，例如，上游上罗村、新坊村位于上游山区，地势较高，交通不便，村集体企业难以发展；相反，横排片紧邻县道，地势平坦，靠近乡政府，乡工业区与乡集市均坐落在横排片村庄区域，横排片村民的经济收入逐渐多元化，并较为富裕。

横排片村民的经济收入主要由水稻、烤烟、打工、小生意构成。横排

---

① 上杭县湖洋乡人民政府：《湖洋乡统计年鉴（2008 年）》。

片的农田日照充足，如果水源充足，那么该区域水稻亩产量能达到 1000
斤，一年两季水稻的产量基本能够满足家庭的粮食需求，但是粮食生产的
经济收入并不大。烤烟是当地重要的经济作物，烤烟需水量较少，通常在
下半年雨水较少季节种植。烤烟需要一定的培育技巧、烘烤技术和设施，
需要大面积种植才能有经济收益，横排片的 12 户烤烟种植大户都通过租
赁农田大面积种植，种植面积达 231 亩。外出打工是横排片主要的经济来
源之一，大多年轻夫妇到县城或沿海城市打工，60 岁以上的老人通常在
家种田，同时照看小孩。横排片的村民多数从事建筑类的泥木匠工，在
20 世纪 70 年代时，村里成立建筑工程队，专门在本地或外地承建工程。
改革开放之后，各种乡办、村办、个体私营的从业形式并举，给村民带来
了可观的经济收入。现在，普通的零工是 40～50 元一天，技术工工资
（比如建筑）可以达到一天 100 元左右，① 打工成为很多家庭的主要经济
收入来源。横排片靠近集市以及县道，有的村民在公路两侧经营杂货店、
饮食店，摆摊卖水果、猪肉、蔬菜等，有些经营小生意的村民已经不耕种
土地，转让给他人。

可见，下游横排片位于乡政治经济中心，村民经济收入较为多样化，
总体经济实力较强。上游的新坊村、五坊村靠近山里面，交通不便，经济
来源单一，家庭的经济水平较低，并且，村中较为富裕的村民通常从上游
山里迁移到乡里面的商品房居住，形成富人退出机制，这种退出机制更是
弱化了村庄的集体行动能力。因而，九里圳上下游的村庄存在经济财富的
异质性，下游的横排片是灌区中经济实力较强的团体，上游的新坊村、五
坊村的经济能力较弱。然而，财富异质性并不是线性地阻碍集体行动，两
者是 U 型关系，这意味着在财富分布与收益分布一致的情况下，财富异
质性能够为集体行动提供较为充足的经济资源，从而促进集体行动。横排
片承担起灌溉水渠的建设与管护责任正是验证了在财富分布与收益分布一
致的情况下，财富异质性为集体行动提供了经济资源，促进了集体行动。

（二）利益特征

利益异质性是上下游灌溉者从集体行动中获益的差别，具体指九里圳

---

① 访谈记录：九里圳 201031。

上下游村庄由于距离水源的远近而造成获益的区别。上游新坊村、五坊村临近水源，村民不需要修建水渠、维护水渠等集体行动就有水灌溉，所以，他们没有动机与下游横排片合作。横排片农田完全依赖于九里圳水源，如果没有修葺完好的水渠、定期洗圳，以及合理的分水规则，那么距离水源九里长的水将难以流到横排片。在 20 世纪 50 年代，横排片曾遇到缺水的年份，水稻无法获得充足水源，产量低下，横排片的村民无法解决温饱，只能以番薯充饥。即使在水量充分的年代，也由于土渠渗透性大，从上游流下来的水常常无法满足种植水稻的需水量，于是横排片只能上季种水稻，下季种地瓜。① 由此可见，新坊村和横排片对九里圳的依赖程度不同，从灌溉集体行动中所获收益不同，从而造成利益的异质性。

　　利益异质性影响了上下游灌溉者参与集体行动的积极性。在笔者访谈中，了解到上游村民对集体行动的态度。

　　　　九里圳的水原本就是我们村的，我们当然能随意灌溉。横排片开渠引水，不仅使用了我们的水源，在有些地方还占用了我们的田埂，我们让他们取水已经很不错了，当然不需要投工投劳参与水渠的建设和维护。②

　　由于上游的农田靠近水源，村民没有积极性参与集体行动。但是，横排片的 260 亩农田全部依赖于九里圳水源，村民从灌溉的集体行动中获益很大。对横排片的村民而言，只有合作修建水圳、维护水渠才能获得充足的水源，才能保证水稻的产量。所以，从九里圳开渠至今的 200 多年里，横排片的村民都能积极地参与九里圳的管护活动。这就说明了利益异质性造成了不同的集体行动积极性。在九里圳灌区，经济财富的异质性使横排片成为灌区中较为富裕的子团体，利益异质性为他们进行集体行动提供了积极性，从而促使集体行动的出现。这就验证了当利益差异分布与经济财富分布一致时，从集体物品中收益很大，并有经济财富能力的小团体才有可能提供集体物品。

---

　　① 访谈记录：九里圳 201030。
　　② 访谈记录：九里圳 201010。

（三）社会文化特征

福建省的村庄是以宗族组织活跃著称的村庄，虽然现今的农村不是"一个或多或少的同质社会"，但是它产生了大规模的共同宗族，[1] 共同宗族为村民建立了强烈的身份认同感，在那些存在强烈身份认同的村庄，就可以使村庄层面的公共物品维持在一个合理的均衡供给水平。[2] 但问题是，中国的农村多是一个封闭而内生性的社会单位，自然村多被视作只包含庶民的一个闭塞而又有内生政治结构的单位，[3] 因此，跨村的集体物品的供给要比单个村庄的集体物品供给困难很多。九里圳灌区没有跨越村庄界限的强大宗族组织，而是出现六个限于村庄界限之内的闭塞的、内生性的宗族组织，要跨越六个村庄进行灌溉管理的难度极大。

九里圳的六个村庄具有不同姓氏、宗族、民族和风俗。上游的新坊村主要姓赖和钟，钟姓是畲族，五坊村、龙山村主要姓赖和林，上罗村和濑溪村主要姓林，即使存在两个姓氏的村庄，也以其中一个姓氏为主，比如五坊村多数人姓赖。不同的姓氏说明不同的宗族和身份认同，不同宗族和身份认同在村庄之间筑起了一道共识的藩篱。六个村庄都是封闭性的团体，具有各自的宗族组织、信仰系统，正如日本学者平野芳所认为的，"中国的村庄，是一个具有内在权力结构，宗族组织和信仰合一的共同体"。[4]

以村里供奉的神像为例，每个村子都有自己的庙宇，供奉神像，这六个村庄大多信奉菩萨，但每个村所供奉的菩萨都不一样，每年菩萨庆典的时间和风俗也不同，因而村民对神灵的信仰、崇拜是多元化的。在新坊村的一座廊桥中，中间的庙宇是仙师殿，供奉三座神像；右边的小庙宇是菩萨庙，供奉菩萨；左边的小庙是妈祖庙，供奉妈祖。[5]

九里圳的六个村庄都是以村庄为边界的共同体，村民的社交活动主要限于同族或邻里，村庄与村庄之间并没有产生超宗族的、跨村庄的宗族联

---

① 〔英〕莫里斯·弗里德曼：《中国东南的宗族组织》，刘晓春译，上海人民出版社，2000，第 177 页。
② 贺雪峰：《村治模式：若干案例研究》，山东人民出版社，2009，第 42 页。
③ 黄宗智：《华北的小农经济与社会变迁》，中华书局，1986，第 229 页。
④ 黄宗智：《华北的小农经济与社会变迁》，中华书局，1986，第 26 页。
⑤ 访谈记录：九里圳 201013。

合体，宗族与宗族之间是竞争关系。械斗是福建省宗族冲突常出现的形式，① 也是最激烈冲突形式，横排片与新坊村之间在历史上曾多次出现因灌溉问题而产生的械斗，双方伤亡惨重，最后都由当时的政府调解处理。除了械斗，六个村庄的宗族仍存在其他的冲突、竞争形式，这可以从各个村庄的廊桥和风水口看出。

廊桥（见图 5 - 8）是这六个村庄的典型特征，大多建在村庄村口，或出水口，或类似能把守的关卡。当地人认为在这种狭窄的地方建造廊桥可以守住村子的财富、运气和风水。廊桥的建筑风格大体是桥状，通常是横跨出水口建造，连接马路和对面的山，桥上面有庙宇，供奉村里面的神明。这些廊桥的有两个作用：第一个作用是便利交通，行人可以通过廊桥到对面的山上。但是，对面的山里面通常没有人居住，并有其他的小路可以到达。廊桥的第二个作用，也是最为重要的作用就是守住村里面的财富、好风水，不让下游村庄的人占有或破坏他们村的运气。②

图 5 - 8   廊桥

由此可见，九里圳灌区中的六个村庄在社会文化方面存在异质性，六

---

① 〔英〕莫里斯·弗里德曼：《中国东南的宗族组织》，刘晓春译，上海人民出版社，2000，第 136 页。

② 访谈记录：九里圳 201014。

个村庄具有不同的宗族与信仰，这种异质性随着上下游村庄之间的冲突、竞争而扩大化，从而使各个村庄成为具有各自身份认同、利益诉求的共同体，弱化了村庄之间的联系，难以在九里圳中形成超宗族或跨村庄的行动共同体，导致难以在六个村庄中组织灌溉集体行动。与此同时，强烈的身份认同、相同的利益诉求将横排片塑造成紧密的共同体。

横排片的祖先是谢氏第三房得寿公房，是谢氏第三房支。① 在身份认同上，横排片的村民对外村宣称自己是所在行政村湖洋村人，但当谈论到九里圳的各种事务时，他们则称自己为横排片人，这是一种多层级的身份认同。确切而言，横排片是一个血缘关系亲近的"同族集团"，是区别于行政村其他片区的独立共同体，他们的身份认同明显地体现在社会生活习俗中，并且村民的社会交往也限于横排片范围之内，以抬菩萨和八仙会为例。

抬菩萨是当地村民庆祝丰收的传统节日，行政村几个自然村都有抬菩萨的传统，但是各自然村抬菩萨的时间不同，横排片在农历十月二十四抬菩萨，其他几个自然村的时间不同，赤岭是十月二十二、培下是十月二十三、坑里与桥头是十月二十五、赤岸塘是十月二十六，并且以维下溪为界划定整个行政村上下区域抬菩萨的活动范围。

八仙会是村民办理丧事的互助组织。如果家里有人去世，该家农户所在的八仙会就负责操办丧事，八仙会的会员家庭都会派一个代表去帮忙。会员需要交纳会费，这些会费用于添置办理丧事的一些东西。八仙会的组成并不是按照宗亲关系，而是在关系比较紧密、交往比较密切的村民中自愿组合。横排片中存在多个八仙会，成员大多是横排片的村民。虽然八仙会可以跨越宗亲关系灵活组织，但多数是同一房支内村民的自愿组合。②

可见，横排片是一个强有力的同族集团，是谢氏宗族的第三房支系。横排片的村民首先认同第三房支的宗族身份，然后再接受行政村层级的谢氏宗族身份，这种多层级的身份认同使村庄成为一个由多个强有力的同族集团构成的宗族大团体，但不同子宗族之间的联系是微弱的。在九里圳的

---

① 谢氏宗祠：《谢氏族谱》。
② 访谈记录：九里圳 201011。

管护中，横排片的村民认为九里圳是他们的，他们对水渠负有管护责任，其他自然村如赤岭坊、培下坊和坑里坊则认为"九里圳是横排片的事情，和我们没有关系"。① 简而言之，横排片是存在强烈身份认同的独立的集体行动单位，它由于共同的宗族系统、生活习俗而逐渐演变成为同质性的团体。

三　共同体——横排片的自组织治理逻辑

九里圳灌溉社群是由六个村庄构成的异质性的团体，灌区中从未形成跨村庄的集体行动。下游横排片是一个具有相同利益诉求、经济收入模式以及共同身份认同的同质性共同体，团体内部紧密合作、长期管护九里圳。在九里圳管理中，不同的团体特征造就了团体之间的冲突与合作行为，但团体特征并非直接影响集体行动，而是通过影响团体中的社会资本以及行动的交易成本来影响合作。

集体行动形成需要合作基础，同时也需要耗费成本执行规则，团体规模和团体特征同时影响这两个方面。在一个同质性团体中，成员之间共享的社会、文化或经济特征增加了行动的可预测性，② 这种可预测性提供了互相信任的基础。在横排片中，村民具有共同的宗族血统、身份认同以及相同的经济、利益特征，这些特征促使他们在日常交往中遵守共同规范，避免陷入"囚徒博弈"的困境中，从而产生互惠性的互动。同质性越高，团体成员社会互动的频率和参与率越高，社会资本越大，成员形成信任、共识、互惠行动的可能性也越大，互惠行动又进一步积累社会资本。相反，在异质性团体中，个体具有不同的身份认同，从集体行动中获益不同，参与的积极性不同，这些因素使个体对集体行动产生分歧意见，同时又由于村社认同差异、居住分散而很少沟通，难以形成信任、共同规范，从而缺乏集体合作的社会资本。

团体规模和团体特征除了影响集体合作的基础之外，也影响集体行动的交易成本。集体行动通常产生三种交易成本：信息成本、合作成本和策

---

① 访谈记录：九里圳 201012。

② J. D. Fearon, D. D. Laitin, "Explaining Interethnic Cooperation," *American Political Science Review* 90 (1996): 347 – 383.

略成本。在灌溉管理中，灌溉者需要获得有关水量、水流和灌溉设施，以及各个灌溉者利益的相关信息，这些信息的充分程度将影响着灌溉者制定灌溉规则的能力。[①] 灌区越大，涉及的灌溉者越多，获得充分信息的难度将越大，信息不对称程度也将越大；灌区异质性越大，了解灌溉者真实利益偏好的难度将越大，因而，团体规模越大或者异质性越大，信息成本将越大。要进行集体行动，灌溉者需要协商，达成一致意见，并将灌溉规则付诸实施，并监督每个灌溉者遵守规则，这些投资于协商、监督和执行协议的成本称为合作成本。[②] 在灌溉管理中，协商的过程是灌溉者形成共享的行为规范和共同接受的规则的社会过程，[③] 当不同的灌溉者具有不同的利益诉求和身份认同，共识、规范将难于达成，合作成本将越发高昂。灌溉制度需要执行规则来实现合作，不同团体对规则的解释和理解方式差异将导致违规行为频发以及监督难题。九里圳六个村庄所形成的大灌区以及村庄之间的异质性特点，导致村庄之间集体行动的信息成本和合作成本高昂，难以实施。然而，横排片是一个小规模的同质性团体，信息对称以及容易达成合作共识，集体行动的信息成本和合作成本较低，较容易组织合作管护活动。

策略成本是机会主义行为所产生的成本，比如，"搭便车"、寻租、怠工和腐败。"搭便车"、怠工在陌生人的团体中经常发生，因为陌生人团体没有形成舆论压力，对策略投机行为无法进行惩罚。九里圳的六个村庄，横排片对上游新坊村"搭便车"行为的舆论声讨无法约束他们的行为，因为新坊村村民与横排片村民的交往多数是一次性博弈，甚至不会交往，他们之间没有存在互惠的博弈规则。相反，横排片是一个熟人社会，是交往紧密、认同一致的共同体，村民之间重复进行多次博弈，声誉或名声是村民的无形资产，从而能约束村民的机会主义行为。

---

① Tang Shui Yan, Institutions and Collective Action in Irrigation Systems (Ph. D., diss., Indiana University, 1989), p. 21.

② Elinor Ostrom, Larry Schroeder, Suasn Wynne, *Institutional Incentives and Sustainable Development: Infrastructure Policy in Perspective* (Boulder: Westview Press, 1993), p. 120.

③ Tracy Yandlc, Market - Based Natural Resource Management: An Institutional Analysis of Individual Tradable Quotas in New Zealand's Commercial Fisheries (Ph. D., diss., Indiana University, 2001), p. 51.

　　简而言之，团体规模和团体特征通过影响社会资本和交易成本对集体行动产生影响。在横排片的共同体中，小规模以及同质性特征使团体内部形成良好的社会资本，这些社会资本促进合作性共享规范的形成，促使合作行为发生，而重复的合作行为又会增强团体的社会资本存量。与此同时，小团体及同质性降低了集体行动的交易成本，使团体中较容易达成一致意见，形成共识规范。在相同的共识规范下，团体成员可以预期彼此行为，从而互相信任，做出互惠合作行为。重复性的互惠合作为成员赢得了道德声誉，道德声誉既可以约束各自的行为，又可以增进彼此的信任，从而形成自愿性合作逻辑（见图 5-9）。然而，上下游村庄所形成的大规模灌区以及村庄之间的异质性使九里圳灌区无法形成合作的社会资本，并产生高昂的交易成本，使灌区无法形成跨村庄的合作行为。

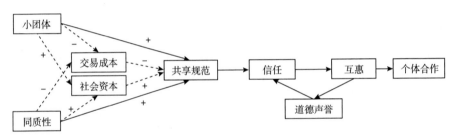

图 5-9　共同体的自组织治理逻辑

资料来源：作者自制。

　　九里圳灌溉系统是自发性的制度变迁，灌溉规则体系是灌溉者达成的自我执行性合约，是灌溉社群内部自发产生的规则系统。九里圳灌区内部既有持久紧密的合作，也有不可调和的冲突。下游的横排片担负灌溉系统的管护责任，进行高效、持久的灌溉合作，以下游集中管护的方式管理九里圳，但是在上游村庄新坊村和下游的横排片之间从未产生合作，并出现多次冲突，而上下游村庄之间的这些非合作行为本质上归因于村庄之间的异质性。横排片的自组织合作有赖于其小团体及同质性特征，并在重复的合作中演变为具有较强内聚力的灌溉共同体。

第六章　关联性团体及其灌溉自治：黄家村

在行政引导性的灌溉自组织治理中，灌溉社区中同时存在正式组织与非正式组织，关联性用于描述自组织治理中正式组织与非正式组织的关系。当村委会干部是用水户协会中的关键性人物，他们作为协会领导者或普通灌溉者会嵌套在灌溉团体的宗族组织中，同时，所有灌溉者都是用水户协会成员，也是宗族组织成员，那么此种灌溉社群就具有很好的嵌套性和包含性，称为关联性灌溉团体。关联性灌溉团体与灌溉共同体具有相同的团体特征，两者都具有强有力的宗族组织，是同质性团体，但关联性的含义更广，它不仅具有包含全部灌溉者的宗族组织，而且村委会或用水户协会的领导者会嵌套在宗族组织中，认同或维护宗族组织的权威和声望。共同体多数出现在自发性的自组织治理中，因为自发性自治没有受到国家基层政权的干预；关联性团体用于解释行政引导性自治中的团体特征，在其中，国家基层自治组织与宗族组织休戚相关。

黄家村的灌溉制度与九里圳的自发性自治不同，它是行政力量引导建立的自治制度，黄家村灌溉制度的变迁和中国成千上万个农村水利治理一样，受到自上而下的国家政策和行政力量的引导，从公社时期的集体治水、农村税费改革前的村委会治水、水利提留款、"两工"制度，到现在的用水户协会，体现了国家不同时期的农田水利管理政策。在行政力量引导的自组织治理中，自上而下的行政力量通过基层的正式组织——村委会，介入农村灌溉自治中，与村庄中的非正式组织——宗族、宗教共同影响灌溉制度，两种权威在灌溉管理中形成一种张力。当正式组织的领导者嵌套在非正式组织中，如果他们认同或维护非正式权威，那么灌溉团体就具有很好的关联性，正式组织和非正式组织共同促进灌溉集体行动；相反，当村委会或用水户协会干部抵制、排挤宗族的作用，灌溉团体没有关联性，体制性权威与非正式权威互不相容，这样就阻碍了村庄的集体行动。黄家村具有很好的包含性和嵌套性，村委会、用水户协会与宗族组织休戚相关，是典型的关联性灌溉团体。

第一节　黄家村的自然物理特征

黄家村位于上杭县的西北部，属亚热带季风气候，雨量充沛，气候温和，年平均气温20℃左右。黄家村水资源较为丰富，属于次丰水区，年平均降水量为1743毫米，年均降水总量为12.82亿立方米，年均径流深959毫米，年均径流总量7.03亿立方米，人均占有水资源5493立方米，耕地每公顷占有水资源114万立方米。

黄家村有农民1684人，耕地面积625亩，村里主要有7处水利工程，其中小（二）型水库1座，陂坝6座，分别为：庵下陂、大圳陂、下坑陂、红坑陂、中心坝陂、下排陂，有3条主渠道，渠道总长25公里，灌溉面积580亩。黄家村从溪流引水，流经上村灌区，并在上村灌区与黄家村灌区中部位置修建水库，该水库是一个总库容为17万立方米的小（二）型水库，引水渠长3公里，灌溉主渠长6.8公里，有效灌溉面积1100亩。黄家村灌区在水库下方，从水库引水灌溉农田。除了从水库引水直接灌溉之外，黄家村另外有两个直接从溪流引水的陂圳，庵下陂和大圳陂。大圳陂的引水渠流经村庄内部，从村中穿过，该水渠除了用于农田灌溉，也供应村民日常生活用水。庵下陂的引水渠在黄家村灌区的下片，用于农田灌溉（见图6-1）。

在黄家村灌溉系统中，村庄水库的存在使该灌溉系统具有水资源储藏能力。储藏能力能够帮助有变动流量的公共池塘资源使用者克服他们某些占用和供应问题，灌溉者会更好地理解目前占有和将来流量之间的关系，并可以进行控制。[①]村庄水库位于渠首，与水渠连接，安装水闸控制水

---

① 〔美〕埃德勒·施拉格、威廉·布洛姆奎斯特、邓穗恩：《流量变化、储藏与公共池塘资源的自组织制度》，载迈克尔·麦金尼斯主编《多中心治道与发展》，王文章、毛寿龙等译，上海三联书店，2000，第155页。

量，在某种程度上平衡了水渠供水的高峰和低谷，增强了农民对水的控制能力。在具有储藏能力的灌溉系统中，灌溉者更有可能在水资源分配和维护活动方面进行合作。村庄水库的供水对黄家村特别重要，特别是在干旱季节，溪流流到水渠的水量下降，但农民依靠水库中的水仍能灌溉一段时间，这些水量在水稻成长期特别重要。

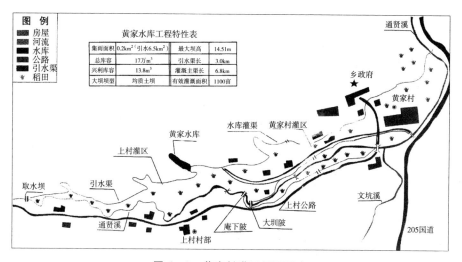

图6-1 黄家村灌区平面示意

资料来源：黄家村用水户协会。

储藏设施为水渠系统提供了蓄水池的作用，村庄水库为黄家村的灌溉水源起到缓冲作用，使水量较为稳定。但即使是水资源较为丰富和稳定的黄家村仍需要系统、有序的灌溉管理，干旱、洪水、渠尾和渠首位置的不对称、"搭便车"行为等都是自组织治理的潜在威胁。

简而言之，黄家村灌溉系统有较稳定的水源，并且具有蓄水的水库，水源稳定，虽然渠首和渠尾农田的水源获得性仍存在差异，但是全村的农田有三处取水口，溪流沿村庄流淌，因而，水量丰富，且较为稳定。然而，黄家村仍会出现争水冲突，争水现象通常发生在农忙或干旱季节。在黄家村用水户协会成立之前，每年农忙季节，水渠多处被挖，千疮百孔，每晚都有两三百农民各自放水灌溉，即使在20世纪八九十年代村里有管水员，但因为管理制度不健全，管水员管理不当，也常出现村民争水现象。在1988年时，曾发生过一村民半夜摸黑放水灌溉，不慎摔伤至死的悲剧。[①]

第二节　黄家村的同质性

黄家村灌溉系统是以行政村为边界进行管理的，有9个村民小组，耕地面积625亩，这些农田分布在三条渠道周围，村里把这三条水渠的农田位置分别称为：对门山、机耕圳、水渠圳。具体的小组耕地面积如表6-1所示。

表6-1　黄家村各组耕地面积

组　别	户数（户）	耕地面积（亩）	平均每户耕地面积（亩/户）
文步组	32	62	1.94
新田组	38	60	1.58
新寨组	38	70	1.84
新屋组	35	73	2.09
金桥组	44	76	1.73
紫威组	53	95	1.79
街上组	53	106	2.00
圩上组	30	59	1.97
楼下组	19	24	1.26
合　计	342	625	1.80

资料来源：黄家村用水户协会。

黄家村9个村民小组的户平均耕地面积变动不大，多数在1.5亩至2亩的范围之内，这说明每个灌溉者的受益面积大致均等，没有出现灌溉面积极大的农户，或灌溉面积极小的农户，农户分摊的成本差异不大。所以在黄家村灌溉系统中，每位灌溉者的耕种情况同质性很高，不存在灌溉服务需求差异很大的现象。村民种植春季和秋季两季水稻，除了少数村民种菜，需要整年灌溉外，大多数种植水稻的村民用水集中在每年的4~6月。

---

① 上杭县水利电力局编《上杭县水利电力志》，福建科学技术出版社，1993，第117页。

　　黄家村基本上是单一姓氏的村落，以黄姓为主，村中 342 户中仅有 45 户不姓黄，在这 45 户中，有 31 户姓阙，在用水户协会的 16 位理事成员中，姓阙的有一位会员，其余多数是姓黄的村民。黄家村是一个山区村庄，单一姓氏有助于利用宗族的影响力来促进合作，一脉宗亲对于黄家村政治而言，表现在村庄日常管理中的差序格局，[①] 正式制度和非正式制度在村民的社会交往中同时发挥作用。宗族组织作为村庄治理的非正式组织，在正式组织功能缺失的情况下，是村民对于公共物品需求的一个替代性组织选择，宗族与民主在公共物品供给方面，并没有本质的差异。[②]

　　黄家村位于乡政府附近，很多乡政府工作都是由该村来执行，或作为试点。2004 年，上杭县水利局决定将村级水务列入村务民主听证范围，并在各乡试点实施，黄家村作为该乡的试点村庄，因为黄家村村级民主自治管理较为规范与成熟，较早对水利管理进行改革。水利管理是村庄治理的内容之一，在黄家村村部办公室，挂满了各种荣誉奖状，黄家村村委会曾被评选为优秀村委会，可以看出，黄家村是一个村级自治较为成功的村庄。

　　在黄家村成立用水户协会过程中，耗时 3 个月讨论协会章程和各项规章制度，当时召开了七八次村民代表大会，每次都有很多人参加，并且每次会议县水利局都派人来参加，乡水利站站长、各个村民小组代表也都有参加。村民对水利的事情很关心，开听证会时，也有很多村民参加。

　　村民介绍说："当时县水利局就是考虑我们村在各方面管理基础比较好，'一事一议'、听证会制度做得比较成功，才和我们商量成立用水户协会的。"[③]

　　黄家村多数家庭的经济收入来自外出打工，对于仅有 2.1 万人口的农业乡，就有 6000 多人在外常年从事建筑行业，多数人到广东、厦门等沿海省市打工，人均年收入 5000 元，村庄总体经济水平不高，种植农业并

---

① 差序格局：村委会的干部虽然是村庄的领导人，但是仍要遵守村庄内部的伦理辈分关系，很多村民是村委会主任、村党支部书记的长辈，差序格局是农村治理存在的普遍现象，正式的领导与被领导的关系受到伦理辈分关系的影响。
② 孙秀林：《华南的村治与宗族——一个功能主义的分析路径》，《社会学研究》2011 年第 1 期。
③ 访谈记录：黄家村 201002。

不能很好地改善村民的生活，农业收入在家庭收入中的比重在逐渐降低。

> 一个成年男子外出打工的工资大约是 100 元/天，每亩水稻的年产量大约为 1200 斤，也就 1500 块左右，单纯地依靠种田根本无法维持生活，现在的年轻人都外出打工，留在村里面的基本上是 40 岁以上的人。但基本每家都还种水稻，谷子都是自家用，除了少数几户把田让给别人种以外，绝大多数都有种田。[①]

作为一个山区农村，农业对他们的重要性已经在逐渐降低，经济来源逐渐多元化，但荒废农田的情况少有发生，种田为村民提供自给自足的粮食，因而，灌溉仍是村民关心的问题。

简而言之，黄家村村民耕地面积较为平均，村民在灌溉中的成本－收益趋于一致，虽然农业收入占家庭收入比重降低，但村民仍保持种田的生产方式，灌溉对他们而言仍很重要。黄家村是以黄姓为主的宗族体系，宗族关系较为简单，单一姓氏的宗族有利于集体合作，按血缘亲疏形成的差序格局影响着村民的日常交往，从而间接地促进合作。最为关键的是，黄家村有效地实施了村民自治，"一事一议"、听证会制度运作有效。可以看出，黄家村是一个同质性的灌溉村庄，村委会主动、积极地管理灌溉事务，村干部是灌溉管理的领导者，这些条件都促使黄家村成为关联性的灌溉团体，可以有效地执行行政引导性的灌溉自治。

第三节　黄家村的灌溉制度安排

从制度演变的路径来看，黄家村历次灌溉制度的变化都具有明显的人为设计的痕迹，比如，乡政府的试点工作、上级部门的业务指导，都体现出了基层政府部门对灌溉规则的行政引导。但是，黄家村的灌溉制度仍然保持有分散试验的特点，这种特征明显地体现在政府正式推广用水户协会制度之前，该村就不断尝试能持久有效地管理灌溉的规则，比如"一把锄头管水"规则、"可累积的投工投劳"规则。黄家村的灌溉规则在某种

---

① 访谈记录：黄家村 201003。

程度上经历了分散试验和人为设计①的不同阶段，在其制度演化中，外生力量和内生力量之间的博弈达到均衡，所产生的制度既能够嵌套在外界的政治制度中，又能适应内在的团体特征和社群环境，从而能够顺利实施。

一　边界规则："有义务"的水权

黄家村灌溉系统是以行政村为单位的灌溉系统，边界范围清晰简单，村中 342 户用水户协会会员有权使用灌溉服务，并有选举权、被选举权和表决权，以及对用水户协会工作的批评建议权和监督权。② 在产权规定上，黄家村小型用水户设施的所有权、经营权、使用权归属于用水户协会，③ 因而，用水户协会是村灌溉系统的产权所有者。在村灌溉水渠范围内的田主、村民有权取水灌溉或使用，并有权参与有关灌溉问题的讨论和决策，但同时灌溉者要履行用水户协会会员的义务，交纳水费、参加投工投劳。如果灌溉者多次违规，没有履行会员义务，那么他将可能被剥夺灌溉权。

对黄家村村民而言，取水灌溉权是由土地所有权决定的，342 个用水户协会会员都是黄家村村民，拥有土地，并根据农田位置来分摊成本，当水渠坏掉，需要维修时，位于渠首的田主承担较多的成本，位于渠尾的田主则负担较少。黄家村与上村灌区都是从溪流取水，从溪流取水坝到水库的引水渠流经上村灌区和黄家村，因而两村共同承担引水渠的维护成本，平均分摊管水员工资。由于黄家村有庵下陂和大圳陂两个独立取水点，并有村庄水库，有多个水源，水量较为充足，因此黄家村与上村从未发生过用水冲突，两村灌溉边界清晰。

二　分水规则："一把锄头管水"

在农业灌溉中，农民通过合法途径，遵守适当原则获得了灌溉水资源的使用权，并履行了规定的义务，使其能够维系灌溉权。④ 确定灌溉权之

---

① 蔡晶晶：《农田水利制度的分散实验与人为设计：一个博弈均衡分析》，《农业经济问题》2013 年第 8 期。

② 黄家村用水户协会：《黄家村用水户协会章程》，第十条。

③ 黄家村村委会：《黄家村关于小型水利设施产权归属的决定》，2003。

④ 萧正洪：《历史时期关中地区农田灌溉中的水权问题》，《中国经济史研究》1999 年第 1 期。

后就是如何分水灌溉。黄家村灌溉系统是拥有储藏能力的公共池塘资源系统，村庄水库提高了灌溉者对水资源的控制能力，因而，水量调度管理按计划供水、用水申报、合理调配、分段计算的方法实施，每年 3 月由用水户填写年度用水申请表，小组汇总，再报用水户协会汇总，用水户协会再根据供求量确定年度用水计划。① 这种水量分配方式是古代"申帖制"②思想的体现，性质上是用水许可证制度。在这种制度下，用水定额会根据水资源的年际变化和农作物种类而变动，③ 整个灌溉系统中，各个支渠的水量根据年度调度计划分配。

在整个灌区中执行"申帖制"或用水许可证制度是需要成本的，因而通常在支渠层次上进行，而支渠层次之上，"申贴制"的执行成本过于高昂而不具有可行性。支渠内的农田一般是同一村民小组的，农田有渠首和渠尾的位置差异，支渠内的灌溉者按固定顺序取水灌溉，农田位于水渠前段的农户比水渠尾端的农户可获得更多的水。即使在缺水季节，黄家村灌溉系统仍然按固定顺序规则分水，所以，渠首农田从灌溉系统中受益要多于渠尾农田。

支渠分水由管水员通过调整分水口大小来执行支渠的水量分配，放水灌溉期间，各用水小组派人巡堤守水，分段把关。支渠内农户取水灌溉时，按顺序取水，并在管水员的监督下取水，避免浪费水资源。分水规则自动实施，执行简单。在采用干渠用水申报、渠内按顺序灌溉之前，黄家村不存在分水规则，任意取水，造成水资源分配效率低下。

> 当时的村民都在晚上取水灌溉，偷水行为经常发生。比如 A 村民晚上 10 点去偷水，那 B 村民就更晚去偷水，这样就造成渠尾的人通常要跑到渠首去偷水，灌溉系统中下游的支渠跑到上游的支渠去偷水，水渠都是任意凿开的缺口，水流失严重。④

---

① 黄家村用水户协会：《黄家村灌溉管理制度》，第三条、第四条。
② "申贴制"最早记载于《长安志图·用水则例》，"旧例：仰上下斗门子，预先具状，开写斗下村分利户种到苗稼，赴渠司告给水限申帖，方许开斗"。
③ 萧正洪：《历史时期关中地区农田灌溉中的水权问题》，《中国经济史研究》1999 年第 1 期。
④ 访谈记录：黄家村 201019。

现在采用干渠用水申报、支渠按顺序取水的规则，如果在水量充沛的季节，每个灌溉者都能获得充足的水量；如果是水量有限的情况下，管水员、用水组长监督用水，渠首的农田优先取水灌溉，渠尾的农田则无法确保获得充足的水量，渠首与渠尾存在收益的不对称，但这种不对称被成本分摊的不对称均衡化了。当水渠被水冲垮，需要小组筹资维修，渠首农户比渠尾农户要支付更大的成本，从而协调渠首与渠尾的收益不对称性。

三　投入规则：可累积的投工投劳

任何的灌溉系统都需要维护，不管是土渠还是标准化渠道，这些维护需要灌溉者投入相应的资源或劳动。水渠的维护分为日常维护和紧急维护，这两种维护分别采用不同的成本分摊规则。在灌溉设施的日常维护上，黄家村采用常规水费和日常维护的投工投劳的分摊办法，每亩农田每年交纳水费 12 元，沿渠居住的村民每年交纳生活用水费 1 元，用于支付管水员工资、行政管理费。根据协会的介绍，日常水费的收支情况如下。

> 黄家村三条主渠总长 4360 米，受益面积 266 亩，每亩收取 12 元，可收 3192 元；沿渠村民 1643 人，每人收取生活用水费 1 元，可收取 1643 元，合计 4835 元。这些水费用于支付三个管水员的工资，对门山水渠管水员 600，机耕路水渠管水员 600 元，水库水渠管水员 1500 元，总共 2700 元。如果当年的水费能完全收齐，还剩 2135 元，这些钱设立专户，专款专用，作为渠道维修基金。①

水费的征收根据受益农田面积计算，水费多少与灌溉面积相符，按比例原则分摊日常维护成本。灌溉者在每年的水利春、冬岁修中，根据灌溉面积大小来确定投工投劳量，男的每天投工工资 80 元，女的每天投工工资 40 元，但是这种工资只是换算投工量的方法，并不是真正能获得的报酬。比如新屋组黄某受益面积是 2.47 亩，按规定他应该投工 4 天，实际他投工 5 天，换算成金额是 400 元，多出应承担的投工量，但是这些投工报酬并不会真正支付给灌溉者，用水户协会记录下他们的投工量，将多余

① 黄家村用水户协会：《用水户协会 2004 年收支平衡表》。

的投工量累积在下年，抵销下次的投工任务。可以看出黄家村在日常维护方面采用比例原则，按灌溉面积计算每个灌溉者应该负担的投工量，使收益与成本相符。在这套制度下，黄家村灌区水费收缴比例较高，从2008年各组水费收缴汇总表可以看出，平均各组水费收缴率达97.7%。

在黄家村灌区中，紧急维修在干渠和支渠采用不同的成本分摊方法，干渠的维修或更新成本按用水小组受益面积分摊，用水小组同样按照每家农户的农田面积分摊；支渠的工程管理和维护采用小组负责制，支渠的维修、改造由用水小组制定方案，成本由支渠范围内的农户按受益面积分摊。在灌溉中，日常维护更多体现比例原则，在紧急维护中，公平原则更为重要。虽然支渠的崩塌、冲垮由用水小组自己负责，但是如果损坏的范围过大、维修成本超出小组承受的范围，用水户协会就会动用水利基金给予资助。值得一提的是，小组分摊支渠紧急维护成本时，渠首和渠尾的农田负担有所差异，渠首的农田对灌溉水源的获得性要优于渠尾农田，受益要大于渠尾农户，因而渠首农户在分摊紧急维护成本时，往往承担的比较多，渠尾农户则承担的相对较少。

灌溉设施的投入都是耗资巨大的，即使是村庄范围内的小规模灌溉，同样需要持续的投入，这些投入除了灌溉者自筹资金、投工投劳之外，政府拨款也是重要的投入来源。黄家村灌溉系统投入的另外渠道就是上级拨款，在2003～2010年，黄家村用水户协会每年都接受上级拨款，最大的一次拨款数额是2008年1～3季度的13万元，用于水利修复工程、渠道工程建设。在这些拨款中，除了每亩农田补贴5元管护费是固定拨款之外，其他拨款都需要用水户协会自己向上争取。在每年用水户协会的收支平衡表中，出差支出都占有一定的比重，在2008年的13万元拨款的统计中，出差支出高达10363元（见表6-2）；在2007年福建省水利厅到黄家村检查用水户协会工作时，黄家村用水户协会的招待费、会议支出为28245元。从黄家村用水户协会历年来的收支平衡表中，可以看到出差支出是每个季度的固定支出项目，正如用水户协会会长说的：

我们和省水利厅保持很好的关系，厅长很关心我们的水利工作，除了5块钱的良田补贴是固定的，其他的拨款都是我们向上面争取，反映我们的实际困难，要不光靠村民筹资太难了。①

表6-2　黄家村用水户协会2008年1~3季度收支平衡明细

单位：元

收　入	金　额	支　出	金　额
上级拨款	130000	水利工程款	120000
上年结转	4625	管水员工资	1600
本期累计	134625	水坝清洗工资	950
		出差支出	10363
		水利其他支出	2052
		本期累计	134965

资料来源：黄家村用水户协会：《用水户协会2008年收支平衡表》。

在黄家村的灌溉管理中，政府和当地资源使用者分享权力和责任，水利局通过拨款，资助村庄水利设施建设；通过参与用水户协会决策、业务指导，引导灌溉管理。但政府拨款或参与并不是常态化的制度安排，很大程度上依赖于灌溉系统的领导人与政府机构的非正式关系，这也暗示着村级灌溉制度的脆弱性。当用水户协会领导人变更或者水利管理制度发生变化时，新的领导人需要重新获取政府部门的资助，双方需要建立新的非正式关系，但这种非常态的关系意味着外部资助的不确定性。

四　惩罚规则：人人都是监督者

任何一项制度都会出现违规行为的可能性，对违规行为的处罚或者依靠外部权威强制执行，这些外部权威通常是政府机构，或者依靠社区的内部规范进行处罚。世界各地的灌溉系统案例证实，在那些长期持久的系统中，监督和制裁都不是由外部威权而是由参与者自身来进行的。② 在中国的政治结构中，村级自治是村级公共物品供给的基本思路，村庄社区内部规范的约束要大于外部威权机构的惩罚。在黄家村灌溉系统中，灌溉制度规定了详细的惩罚规则，规定村民如果1年不交纳水费或不按理事会决议

---

① 访谈记录：黄家村201018。

② 〔美〕埃莉诺·奥斯特罗姆：《长期持久灌溉制度的设计原则》，载迈克尔·麦金尼斯主编《多中心治道与发展》，王文章、毛寿龙等译，上海三联书店，2000，第96页。

投工投劳投资新修水利工程的，则张榜通报批评，如果严重违反章程，多次不履行义务的，将停止向其提供灌溉服务。①

　　但实际上，黄家村并没有出现过恶意违规的灌溉者，水费的收集通常在 11 月，如果超过 11 月，村民还没有将水费交给村民小组，那么用水户协会的领导就到村民家中了解情况，理事会会根据实际情况决定对该村民的处理。②

　　分水是较为容易产生违规行为的环节，偷水、抢水、破坏建筑物放水、私自截流放水等都是违规行为，这些现象在用水户协会成立之前常常发生，但在用水户协会成立之后少有发生，因为管水员成为一个专职的监督者，他们对分水进行监视观测。③ 如果管水员被发现有懈怠，发现水渠被大水冲垮而没有及时汇报用水户协会，或者没有完成规定的工作量，他们同样会受到惩罚。管水员在灌溉系统中扮演守卫者的角色，但同时受到所有灌溉者的监督。在农村社区中，在许多情况下，灌溉者能自我克制，如果他们确信其他人也会自我克制，或者他们确信他们有资格得到应得的水，他们将更有可能抑制欺骗。人们受"如果你克制，我将克制"的激励，使他们相信这些期待是正当的制度，可以促进规则遵守。④

　　罚款是规章制度中所列出的惩罚方式，但这种方式在紧密的共同体社区并不是最为有效制止违规行为的方法。在一个 300 多户的农村内部，声誉对灌溉者而言更为重要，被村民孤立、声誉受损、名声不好都是对违规行为的非正式惩罚，但这种惩罚对村民能起到很好的约束作用。正如当地农民所讲：

　　　　大家一般不会去偷水，或者浪费水，灌溉一般够用就好了，很少有人故意破坏水渠，如果真有人这么做，那他在村里还怎么做人呀。⑤

---

① 黄家村用水户协会：《黄家村用水户协会章程》，第十二条。
② 访谈记录：黄家村 201001。
③ 黄家村用水户协会：《管护人员岗位职责》，2004。
④ R. Wade, *Managing Water Manages: Deterring Expropriation or Equity as a Control Mechanism*, in *Water and Water Policy in World Food Supplies* (Tex: Texas A&M University Press, College Station, 1987), pp. 117 – 183.
⑤ 访谈记录：黄家村 201004。

五 集体选择规则：村民小组—用水户协会两层决策

在制度分析与发展框架中，制度是由不同层次的规则所组成的规则架构。边界规则、分水规则、投入规则、惩罚规则用来规范灌溉者在田头的操作行动，这些规则在更高层次中被讨论、选择和决策，这个层次被称为集体选择层级。黄家村灌溉制度有两个不同层级的集体决策：支渠内村民小组和村级用水户协会。对于支渠的管理、维护、改造等事宜由支渠所在村民小组讨论决策，同时报用水户协会备案，在支渠范围内，村民小组是集体决策单位。但如果支渠维护的平均成本太高，村民小组可以向村级用水户协会提出申请，用村级水利基金给予补助。

> 2006 年，有会员（小组长）向用水户协会提出建议，下坑渠道工程造价需 5690 元，受益面积仅有 71 亩，每亩负担要 80 元，村民负担太重，建议用水户协会给予补助。[①]

有关支渠范围内管理与维护的决策通常由村民小组做出，涉及所有灌溉者利益的整个灌溉系统决策则由用水户协会会员代表大会做出。在用水户协会的章程中，规定会员代表大会有权制定和修改章程，选举和罢免理事，审改理事会的工作报告和财务报告，决定终止事宜，决定水费收缴标准和投资投劳分摊标准，审议水利工程管理承包、租赁事项，审议水利工程更新改造、续建配套、新建等方案。[②] 可以看出，会员代表大会是黄家村灌溉系统的决策论坛，更为重要的是，在黄家村用水户协会的重大集体决策过程中，乡政府都参与其中。以 2004 年水费收缴的决策过程为例来说明用水户协会的集体决策过程（见表 6-3）。

> 我们村成立用水户协会的最初方案是县水利局的领导提出来的，罗处长专门指导我们工作，我们和水利局开会讨论，制定用水户协会章程初稿，然后把这个初稿拿到民主听证会上讨论。当时水利局提供

---

① 黄家村用水户协会：用水户协会内部档案。
② 黄家村用水户协会：《黄家村用水户协会章程》，第十四条。

了很多支持，财政、政策和技术上都给以支持，我们在制定协会章程的 3 个月中，多次召开会员代表大会、村民主听证会，总共开了十几次会议，这些会务费用也是水利局拨款给我们的。[①]

表 6 - 3　黄家村民主听证会记录

答辩人	村委会主任、乡水利工作站站长、乡经管站干部
听证内容	村水费收缴与管理
参与听证会代表	代表总共 38 人：有党员、非党员；妇女、各类致富能手；60 周岁及以上和 60 周岁以下人员；初中文化程度人员、高中及以上文化程度人员
主要讨论的问题	征收水费（灌溉用水和生活用水）的合理性、征收标准、水费的管理与使用
听证结果	投票决定：30 人同意每亩收 12 元水费，3 人同意每亩收 15 元水费

资料来源：黄家村村委会，《黄家村民主听证会记录》，2004 年 5 月 16 日。

　　在征收水费一事上，基层政府参与到水务决策中。黄家村在成立用水户协会之前，灌溉设施管理是村委会职权范围，水利局从没有参与过，直到 2004 年，用水户协会的成立、章程的制定、水费收缴标准等事宜都得到了水利局的指导。在组织关系上，用水户协会与水利局是业务指导关系，用水户协会是村级灌溉系统的管理主体，这种管理模式变化说明村级灌溉资源从村级自治向以用水户协会为主导，水利局与协会分担责任、协商、咨询的协作管理模式转变。协作管理是公共池塘资源管理的一种新模式，在该模式下公共资源的治理依赖于灌溉者和地方政府的合作，森（S. Sen）将"协作管理"定义为"政府和使用者团体分享资源管理责任的制度安排"，包括广泛的行为变化范围，从政府咨询使用者团体，到使用者在政府的协助下管理资源。[②] 黄家村的用水户协会体现了协作管理的特征，用水户协会规章制度的设计、重大水务问题的决策、资金的投入是灌溉者与水利局合作的主要领域。虽然在现有的法律框架下，国家对农村灌溉设施的投入仍极为有限，政府的拨款补助只起到引导作用，灌溉者集资投劳仍发挥主要作用，但农村用水户协会是嵌套在

---

① 访谈记录：黄家村 201012。
② Sevaly Sen, Jesper Nielson, "Fisheries Co - Management: A Comparative Analysis," *Marine Policy* 20 (1996): 405 - 418.

更宏观的政策背景中，用水户协会是国家取消农业税之后采取的农村小型水利管理办法，从中央政府到县政府建立各种配套政策来支持农村用水户协会的发展。在福建，省水利局、财政部、民政局以及市县的相关机构都出台了政策支持用水户协会的发展，这些政策规定用水户协会的组建程序、章程的基本内容以及运作的基本原则。

在小规模灌溉系统的协作管理中，灌溉者比政府机构更了解水渠中水量的变化情况、水稻的需水情况，以及灌溉社区的实际情况，他们自然而然成为灌溉制度的主导者。黄家村用水户协会在性质上是一种自组织治理的形式，这种治理以村庄社区自治为主导，但同时得到政府机构的支持。在黄家村的灌溉制度中，可以看出操作规则——边界规则、用水规则、投入规则和惩罚规则——由村民听证会、用水户协会会员代表大会集体决定，这些决策属于集体选择。这些集体选择受到集体决策规则的影响，水利局所设立的协会组建程序、基本的规章制度规定村级水务的集体决策规则，而农村用水户协会是水利局小型水利设施管理体制改革的一部分，是国家在农田水利建设上的具体政策。一言以蔽之，黄家村用水户协会是中国农田水利建设的一个缩影，生动地描述出小规模灌溉系统在操作层级、集体选择层级、宪法层级的各种规则框架。

第四节　黄家村的行动舞台

黄家村灌溉系统是行政引导性的自组织治理，其行动舞台上活动着正式组织和非正式组织两类行动者。正式组织制定明文规则，并且由行为人所在的组织进行监督和用强制力保证实施，如各种成文的法律、法规、政策等，形成正式制度；非正式组织通过人们在长期交往中自发形成的被人们无意识接受的行为规范，包括道德规范、风俗文化习惯等，产生非正式制度。① 在黄家村的灌溉管理中，村委会或用水户协会是灌溉管理的正式组织，村委会是法律上规定的村民自我管理、自我教育、自我服务的群众

---

① 〔美〕道格拉斯·C. 诺斯：《新制度经济学及其发展》，路平、何玮译，载《经济社会体制比较》2002 年第 5 期。

性自治组织，并具有相应的选举法、管理条例。① 用水户协会是以某一灌溉、供水区域为范围，由农民自愿组织起来的自我管理、自我服务的农村生活供水、农业灌溉组织，属于具有法人资格，实行自主经营、独立核算、非营利性的群众性社团组织。②

乡村社区是一个特殊的熟人社会，正式规则也只是形塑选择约束的很小一部分……非正式约束普遍存在，③ 乡村灌区中的宗族组织、村庙组织提供了非正式的规范，这些规范并非"形式上的规则"，而是"使用中的规则"，在一个非正式规范有效运行的农村灌区中，社区中的新成员一旦出现，就会被社会化到现有规则的行为体系中。④ 非正式约束本身就是重要的，村庄中的宗教信仰、相互感情、亲戚纽带以及众人所承认并受其约束的是非标准等在村庄中形成"权力的文化网络"，并具有象征和规范作用，权力文化网络产生一种受人尊敬的权威，反过来又激发人们的社会责任、荣誉感。⑤ 而在村庄之上，也存在五花八门的非正式约束，如村际间结构严密的宗族、看青会、政教合一的会社等，不同的守护神及寺庙亦有自己的辖界。

在黄家村的行政引导性灌溉自治中，村庄存在正式组织和非正式组织，正式组织以村委会和用水户协会为代表，非正式组织以宗族、寺庙组织为代表，这两种组织所提供的正式和非正式规范同时对灌溉中的集体行动产生影响，这种影响可能是促进，也可能是阻碍，这取决于灌溉团体是否存在关联性。在黄家村灌溉系统中，村级用水户协会包括所有的村民，村主任担任协会会长，并且是黄姓宗族的一员，体制性的正式规范认同宗族组织内部的非正式规范，灌溉团体具有包含性和嵌套性，是一个关联性的灌溉团体。在关联性的灌溉团体中，村干部嵌套在用水户协会和宗族组

---

① 《中华人民共和国村民委员会组织法》，第十一届全国人民代表大会常务委员会第十七次会议修订，2010 年 10 月 28 日。
② 刘子维：《在全省农民用水户协会建设会场的讲话》，福建省水利局内部资料，2008 年 10 月 24 日。
③ 〔美〕道格拉斯·C. 诺斯：《制度、制度变迁与经济绩效》，杭行译，格致出版社、上海三联书店、上海人民出版社，2008，第 50 页。
④ 〔美〕埃莉诺·奥斯特罗姆：《制度性的理性选择：对制度分析和发展框架的评估》，载保罗·A. 萨巴蒂尔《政策过程理论》，彭宗超译，生活·读书·新知三联书店，2004，第 49 页。
⑤ 杜赞奇：《文化、权力与国家：1900—1942 年的华北农村》，江苏人民出版社，第 2 页。

织中，村级组织包含所有的灌溉者，宗族、寺庙组织的共享的道义责任和伦理标准与村委会的正式规范是相容的，从而促进集体行动。

一　灌溉管理中的村委会

在人民公社时期，黄家村全村成立一个生产大队作为村级管理组织，大队下面设生产小组，该时期村里修建了三条灌溉主渠。20 世纪 80 年代之后集体公社解体，成立村党支部和村委会作为正式的村级管理单位，保留生产小组，但是生产小组已经不具有人民公社时期组织生产的功能，它们主要是辅助村委会开展工作，比如粮食统购、征收农业税等。1989 年初，经村"两委"推荐，由村委会干部担任，配备管水员，成立村水利管理服务组，履行村集体对水利设施的管理职责，业务上接受乡水利电力工作站的指导，管理本村范围内的水资源，水利工程的建设、维护，并组织集资投劳，征收水费。[1] 但管理服务组的作用极为有限，"虽然规定每人每年投工 15 天，解决劳动力问题，但水利设施的维护需要资金的投入，有的渠道是 20 世纪 50 年代修建的，需要水泥、基石等物资修葺，这些工程如果都要进行，那村民们的负担太重了，大家基本没有经济能力承担"。[2] 管理服务组是"大集体"解散之后，黄家村所采用的"一把锄头管水"的组织机构，这种组织方式在 20 世纪 90 年代发挥了一定的作用，但仍然受到产权不清晰、集体所有与农田分户经营关系不顺的影响，因此，"一把锄头管水"只能管水，不能治水，水利设施老化严重，这项管理方式在 2001 年被用水户协会所取代。

2003 年农村税费改革之前，水利工程设施的管护岁修经费主要靠乡政府统一征收水利粮的形式筹集。根据当时的村主任和小组长回忆，每年征收水利粮和其他农业税时，是他们最难开展工作的时候，"大家都是乡里乡亲的，即使不是同族兄弟，也都有亲戚关系，有的家庭确实很困难，三番五次地催促人家交税，好像我们村干部从中捞很多，乡政府催得紧，我们又不能和村民们闹僵，我们的工作是两头压"。[3] 对黄家村的村干部

① 上杭县水利电力局：《上杭县水利电力志》，福建科学技术出版社，1993，第 117 页。
② 访谈记录：黄家村 201017。
③ 访谈记录：黄家村 201006。

而言，征收税费是他们最不愿意做的工作，干群关系经常在征税过程中恶化，这种恶化影响到村干部在村里的生活。因为即使是村干部，红白事情也要依赖于同宗族的帮忙、街坊邻居的互助才能解决燃眉之急，所以村干部多数会维护村民的利益，帮助困难的村民筹钱或垫付。征税的困难不仅体现在征收过程中，更体现在征收的结果上，由于水利粮食和其他税粮同时征收，每个税种的征收完成率不同，不同税种互相抵付，水利粮有时用来抵付国家统购粮，今年的税粮有时用来抵付去年的任务，在这种寅吃卯粮的循环中，村级提留的水利基金或水利粮极为有限，用村干部的话讲"能完成乡里面的任务就不错了，更别提提留了"。

税改之后，乡政府水利粮的筹资方式被取消，2001 年黄家村在县水利局和乡政府的指导下，成立上杭县首个用水户协会，作为村民自我管理、自我组织的灌溉合作组织，并以民主听证会、村民代表大会的形式对协会领导人选、灌溉水费、分水规则等重要问题进行民主决策。用水户协会成立之后，每亩农田每年收取 12 元灌溉水费，沿渠居住的村民附加交纳 1 元生活用水费，用于支付管水员工资，并且每年组织村民们投劳进行春、冬岁修，定期维护水渠。用水户协会成立之后，水利基金主要有四种来源：第一种资金是每年水利局每亩 5 元的水利补贴和每年村民们交纳的水费；第二种资金是向上级部门争取的资金，这种资金并不是固定的拨款，要用水户协会通过各种关系才能申请得到；第三种资金是村民们自筹的水利款，按受益户分摊费用；第四种资金是村财政的资助。这就是所谓的"四个一点"筹资方式，其中，政府的水利基金极为有限，上级的水利拨款有很大的不确定性，虽然黄家村用水户协会是全县知名协会，是福建省农村水利管理的典型案例，但是上级拨款的申请过程仍极为艰难，村民自筹显然成为水利基金的主要来源。

黄家村水利管理方式的变化反映了国家对小型农田水利的政策变化，从公社集体治水、村委会管水，到现今的用水户协会作为水利设施的产权所有者，这些管理制度的变化说明水利管理责任从国家逐渐转移到灌溉者手中，其中，乡政府作为农村公共物品的官方供给主体作用极为有限，"三提五统"的预算外收入并没有为水利粮提供专门的收支渠道。自筹资金和投工投劳是农村税费改革之前水利设施维护的主要制度，税改之后，中央政府加大了对农田水利的专项资金的补助，但对这些资金的申请对于信息不对称、政治资源有限的村干部而言，要成功获得并不容易。黄家村的水利管理制度的变化说明了自上而下的科层制在农田水利供给中收效甚微，可以将其概括为正式制度在小型农田水利管理中作用极为有限。

二 黄氏宗族和村庙

正式制度在中国乡村灌溉遇到的困难仅仅说明科层体系的失效，而科层体系仅仅是村庄治理的模式之一，中国乡村是由正式制度和各种非正式的宗族、宗教、民间组织所构成的权力文化网络，国家权力若要成功地在乡村进行强制性的制度变迁，必须考虑村中的非正式团体——宗族和宗教。严格来讲，用水户协会是水利局、地方政府引导黄家村的强制性制度变迁。协会的成立、运作虽然都是在村民民主参与下进行的，但地方政府作为制度的发起者，发挥了极为重要的作用，这种强制性的制度变迁在黄家村是成功的，究其原因：村中的宗族纽带、宗教活动加强了村民的集体认同感，形成较为一致的村庄行为、道德规范，并对村民和村干部进行约束，使正式规范与非正式规范相容，推动集体行动。

黄家村以黄氏宗族为主，自20世纪80年代宗族恢复之后，重新修葺宗祠、族谱，并成立宗亲会（敦睦堂）来保持与其他黄姓村庄的联系。虽然新中国成立之后的宗族没有族田或族产作为公共资产，但黄家村的宗族仍积极地组织活动。每年清明和春节，由村里辈分较高、德高望重的长者（通常为60岁以上的老人）代表村民祭拜祖先，各家各户分别祭拜自己的祖辈，同族兄弟多的家族通常集体祭拜祖辈，一脉单传的家庭则单独祭拜，如果遇到大的宗族庆典，家家户户都会到宗祠或祖坟祭拜。黄家村会邀请其他村的黄氏宗族参与村里的节日庆典，同时也参加其他村的庆典。宗族的祭祀活动、庆典虽然是村里面的民俗活动，但村委会通常也会帮忙组织，按村干部的说法"我们自己也是宗族一员，尽点责是应该的"。[①]

---

① 访谈记录：黄家村201010。

　　黄姓在人口增长过程中逐渐分化为两个房支（子宗族），但在居住上并没有明显分界，两个房支的村民混杂居住，在祠堂中供奉各个房支先祖的灵牌。两个房支并未以房支的名义单独祭祀，每次的集体祭祖都是以全村的名义进行的，虽然村中有 40 户左右的其他姓氏村民（阚姓、张姓），这些非黄姓的小姓宗族不参加黄家村的集体祭祖，但也选在同一天祭祖。尽管阚姓、张姓是小姓宗族，但每次民主听证会也都有代表参加。

　　黄家村修缮宗祠和族谱时，成立了专门的委员会——敦睦堂。修宗祠时由村民推选村里值得信任的村民组成黄氏宗祠修建委员会，据当时的委员会成员介绍，"被选入宗祠委员会是一件光荣的、义不容辞的事情"，① 委员会成员多数是村中较有威望的、热心村务的人，当时的村主任也入选了宗祠委员会，但并不是委员会主席。宗祠委员会负责筹集捐款、监督工程进度、管理账务，宗祠修建完毕之后，在墙上刻有功德碑，记录着黄氏宗祠捐款人的姓名。宗祠修建之后，剩余捐款成立了一个助学基金，专门奖励考上大学的黄氏子孙，在村民看来"考上大学是为祖先争光"。②

　　在祭祀、修祠堂、修族谱等一系列事件中，黄氏宗族不断地加强村民共同血缘的集体认同感，并在宗族内部形成道德规范，以此规范和奖惩村民的行为。用水户协会的成立是一项集体决策，灌溉管理也是全村的集体行动，这些集体行动的组织都有赖于宗族的凝聚力。2001 年成立用水户协会时，村"两委"曾向宗族中的一些长者和精英求援，要他们向各直系的同胞兄弟"做做工作"。同时，村民小组长也很关键，小组长通常比较热心村务，愿意为村民办事，并且多数是宗族内辈分比较高、较有威望的人，年纪都在五六十岁，他们动员各自小组的村民很有效果。③ 在黄家村，小组长的体制性身份与宗族权威的合法性基本上是一致的，他们在组织集体行动中，获得的并非物质回报，而是"好人"的道德评价。普通的村民同样受到宗族道德规范的约束，宗族提供了约束"搭便车"与维持合作信任的舆论压力，偷水、少交水费或投工懒散的"搭便车"行为

---

① 访谈记录：黄家村 201007。
② 访谈记录：黄家村 201008。
③ 访谈记录：黄家村 201021。

被认为是不光彩的事情。

　　村干部在村庄治理和宗族活动中是特别的角色，村干部的权威是体制性权威，但体制性的权威并不必然能带来合法性权威，村民是从村干部"为村集体办实事、提高村集体福利"① 上来判断村干部的政绩的。在黄家村，村主任黄主任是用水户协会会长，负责很多水利灌溉管理工作，黄会长每年重要的任务是向上级申请拨款，他说："村里面虽然可以自筹资金，但自筹只能用在小范围的紧急抢修，不能总向村民筹款。我们必须要从省水利厅、市里面、上级政府申请资金，刚开始时我们通过在省里面工作的老乡申请一些农业专项补助、水利补助，现在，我们村的用水户协会在全省是典型，省水利厅曾到我们村召开现场会议，我们也多次参加省里面的会议，刘厅长他们也关心我们，所以现在申请拨款比以前容易些"。② 村民们对他们的水利工作成为省里面的学习模范感到自豪，申请的资金也有助于村干部开展工作，村民们普遍认为争取到资金项目就为村集体带来了好处，多数人相信这些资金用到了水利工程中去，③ 有些拨款是拨款部门验收之后才支付的，用水户协会每年会公开账务。

　　黄家村是宗族纽带关系紧密的村庄，基于血缘的亲属关系以及邻里间的准亲属关系构建了覆盖全村灌溉者的社会关系网，宗族的祭祀、庆典强化了村民的身份认同，形成较为一致的行为规范。宗族所形成的集体感和舆论压力有助于克服集体行动的困难，并动员村民们参与到集体决策中来。更为重要的是，宗族规范和约束对村干部也具有约束力，在每次筹集水利资金时，村干部通常带头交纳水费，每年的冬、春岁修村"两委"干部、村小组组长都会轮班到现场组织工作。

　　村庙是黄家村的另外一项公共生活。村庄每年的节日是庆祝村庙神仙的诞辰日，寺庙的神仙是佛祖，村里没有其他的庙宇，只有一座寺庙。节

---

① 访谈记录：黄家村 201009。
② 访谈记录：黄家村 201011。在笔者调研结束后，黄会长就连同村支书、乡长要一起去福州拜访水利厅厅长，协商下半年的村水利工作。
③ 在用水户协会的匿名意见中，多数是有关于改善水渠管理的意见，对村财公款的质疑比较少。

日当天村里举行戏剧表演（由村委会组织，费用由村民分摊），家家户户都会到村庙中拜神，并宴请外村的亲戚、朋友。村中并没有专门的寺庙委员会，较为重要的寺庙事务通常由宗祠委员会的成员和村"两委"开会讨论，寺庙和宗族是联系在一起的，宗族活动和村庙活动并没有很大差异，都是由村中较有威望的人组织，唯一不同的是，宗族有分裂为不同的房支，但村庙则没有这种裂化，不管是黄姓村民，还是阙姓、张姓村民，都信奉庙里的佛祖，接受佛祖的庇护。相比较宗族事务，村干部较少公开介入村庙事务，但是在 2000 年寺庙重修时，他们也都捐了款，并添了香油钱，这种做法是可以理解的，"封建迷信与党性是相违背的，村民们封建迷信的行为已经很少，村里的节日和国家法定的五一、国庆的节日一样，都是村民们开展些娱乐性公共活动的日子"。①

三　黄家村的关联性

"关联性"这一概念具有两个面向：包含性和嵌套性，其用来描述行政辖区中正式组织与非正式组织的关系，包含性指的是行政辖区范围内的居民隶属于某一非正式团体，嵌套性指的是行政官员是该非正式团体的一员，嵌入团体之中。在中国农村，典型的关联性团体是宗族，当所有村民同属于一个宗族组织时，则包含性很强；当村主任、村支书认同宗族组织，并且是其中一员时，则具有嵌套性，这样的非正式团体——宗族则具有很强的关联性。② 在灌溉管理中，关联性能将灌溉社群的体制性干部嵌入非正式组织中，并使其认同非正式的道德义务，如宗族、村庙，在国家政权对村委会供给灌溉公共服务激励不足的背景下，非正式的道德义务能激励用水户协会会长或村委会积极改善灌溉管理。

黄家村的灌溉行动舞台有三个组织——村委会、用水户协会、黄氏宗族委员会敦睦堂，村委会和用水户协会均以行政村为组织边界，包含全村村民，黄氏宗族委员会敦睦堂也包含除少数阙姓、张姓村民之外的所有黄氏村民，三个组织都具有较好的包含性。良好的包含性意味着所有

---

① 访谈记录：黄家村 201013。
② Lily L. Tsai, *Accountability without Democracy* (New York: Cambridge University Press, 2007), p.96.

村民隶属同一组织，认同相同的规范和道德标准，并按此规范行动和监督他人。包含性也意味着组织边界和地理边界吻合，用水户协会或宗族组织所提供的公共物品惠及所有村民，受益范围和成本分摊范围一致，这更容易促进村民统一意见。

包含性解释了团体对个体的包容性程度，同时，黄家村则以职务嵌套的方式使团体精英嵌套在多个组织中，使组织形成连带关系。黄家村村委会换届选举之后，村主任自动兼任敦睦堂副会长，秘书和会计由村"两委"人员兼任，村民小组长兼任理事会成员，任期一样，同步换届。职务兼任使敦睦堂能协助村委会开展活动，行动一致。用水户协会会长由村民选举产生，由村主任兼任，任期相同，同步换届，从而弥合了用水户协会和村委会的灌溉管理分歧。村委会、用水户协会、敦睦堂以职务兼任的方式使团体精英嵌套在多个组织中，形成一套班子多个牌子的连带关系，使组织互相关联，消解了组织的分歧和冲突。职务嵌套使团体精英——村干部、用水户协会会长、敦睦堂会长——不仅接受村庄与灌溉管理的规则，也认同宗族内部非正式的道德义务，使他们即使在体制性激励不足的情况下，仍有足够的动机组织灌溉集体行动，灌溉管理不仅能给他们带来政绩，也使他们获得宗族内部的道德声誉与威望。

包含性使个体接受相同的共识规范，嵌套性使团体精英接受不同组织的内部规范，包含性和嵌套性使团体基于共享的道德义务和伦理标准建立成员关系，蔡晓莉将此类团体称为关联性团体。① 并非所有的灌溉团体都能成为关联性团体，异质性团体难以产生能包含所有成员的组织，团体精英即使嵌套在宗族或用水户协会，也是作为自身所在的子团体的利益代表，而无法考虑整体利益。正如多宗族的村庄，用水户协会的领导者更倾向于管理自己所在自然村或子宗族的灌溉系统，而缺少为全村灌溉系统服务的激励动机，其团体的关联性、连带性程度很低。同质性团体则不同，团体成员具有相同的经济利益、宗族身份，宗族组织或用水户协会能够包含所有成员，团体精英如果嵌套在不同组织中，相同的宗族身份所培育的

---

① Lily L. Tsai, *Accountability without Democracy: Solidary Groups and Public Goods Provision in Rural China* (New York: Cambridge University Press, 2007), p. 94.

共享道德规范能激励他们为团体整体利益做出努力，成为具有很好包含性、嵌套性的关联性团体。

本质上，黄家村在宗族、信仰上具有同质性，正是这种同质性使宗族/寺庙具有较强的包含性和嵌套性，强化了灌溉团体的关联性。正是由于宗族或宗教覆盖全村的包含性，并且村干部认同宗族权威，所以源于宗族或宗教的身份认同和共识规范对村民们和具有体制性身份的村干部都具有约束性，从而约束村民们可能出现的违规行为和"搭便车"行为。关联性不仅为灌溉团体提供了非正式的共同规范，而且为村委会干部和用水户协会会长提供了道德激励，因为作为宗族成员的村干部们认同宗族中的非正式规范，他们在村务管理中的声望与宗族中的地位是休戚相关的，宗族意识促使他们为村庄做出贡献，改善集体福利，有效地管理灌溉事务。在关联性灌溉团体中，正式组织和非正式组织的利益是休戚相关的，灌溉者和村干部的行为受到灌溉团体舆论褒贬，影响道德或声誉的获得和失去，这些道德声誉的增失能有效地影响到灌溉者的行为，从而对他们进行有效的激励、问责。

第五节　高效的黄家村灌溉制度

黄家村用水户协会在 2001 年成立，先后制定了五项规章制度，公开招聘专职管水员，每年清淤岁修渠道 5300 米，仅 2007 年就完成标准化渠道 2010 米，平均每年维修洪涝灾害所毁坏的渠道 20～30 处，灌区内水稻年产量增加，这些说明了黄家村灌溉制度的有效性。黄家村灌溉制度的绩效可以从规则的遵从情况、灌溉设施的维护情况以及农作物的收成来评价。

在用水户协会成立之前，每逢农忙季节用水高峰期，常有村民在晚上偷水，渠道破坏严重。2001 年用水户协会成立之后，没有再出现偷水行为，干渠、支渠灌溉有序。协会成立之前，黄家村灌溉水渠都是土渠，水渗透性很大，在干旱时期，水难以流到灌区中的烂泥田、水尾田。2004年用水户协会召开村民民主听证会，陆续进行土渠标准化工程，标准化渠道的渗水性则很小，输水畅通，至今，灌区的干渠道全部修建成标准化水渠，输水能力进一步改善。

在黄家村灌区中，偷水行为少有发生，水费收集率在 97% ~ 100%，每年工程岁修的投工率达 100%，村民们普遍遵守现有的分水规则和投入规则。

> 我们现在基本上不会有村民偷水。

> 村民对投工投劳比较积极，筹集资金也比较顺利，水利工程耗资很大，我们难以全部依靠村民自筹资金的办法来解决，通常都是村民自筹一点、协会出一点、向上面申请一点。

> 2006 年夏季的洪涝灾害导致渠道毁坏 37 处，长达 813 米，我们召集会员代表"一事一议"筹集资金 8.1 万元抢修，确保晚季农业用水的需要。[①]

黄家村灌溉系统是以行政村为边界的灌溉系统，灌溉制度的建立、运作按照基层民主自治的思想建立。用水户协会是独立于村委会的社会团体，采用自组织治理的方式管理灌溉系统，但灌溉制度的建立、运作，都得到县水利部门和乡政府的指导和支持。严格来讲，黄家村灌溉系统的治理模式是协作管理的简单形式，行政机构与公共资源使用者分享治理责任，是成功运行的行政引导性灌溉自治。许多的相关研究评估行政引导性自治制度的绩效及设计原则，认为在威权政体下，在政府"无形的手"的干预下，基层社会的自治制度通常嵌套在已有的政治背景中。行政引导性的制度可能会提高社会福利，但也有可能因为实际环境的复杂性而产生负效应，黄家村灌溉制度则是提高社会福利的典型个案。

第六节 关联性团体的自组织治理逻辑

黄家村是一个同质性团体，相同的经济特质、宗族认同、宗教信仰使个体能以较低的交易成本形成共享规范，并在重复的行动情境中被内化为

---

① 访谈记录：黄家村 201005。

价值约束，甚至成为道德义务。当村民遵从共享规范而采取可预期性的行动时，能预期彼此的行动，信任就产生了。信任是个体做出互惠策略的前提，互惠策略的运用很大程度依赖于行动者相信对方能做出回报。当行动者使用互惠策略，他们将遵守承诺，维护共同的长远利益，并有机会获得不顾个人眼前得失的良好声誉，这些良好的声誉又增加了他人对个体的信任程度，信任、互惠、声誉三者构成一个三角形的循环模型。自组织治理在村民的"信任—互惠—合作—道德声誉—信任加强"的行动逻辑中得到持续运行。

同质性解释了村民自愿合作的行为逻辑，关联性则解释了村庄精英（村干部、用水户协会会长、敦睦堂会长）行为的激励动机与问责来源。黄家村的各类组织均包括全村村民，村干部兼任用水户协会和宗族组织的领导，避免了组织间的管理冲突。职务嵌套使村干部认同宗族组织的道德规范，宗族意识激励他们为村庄做出贡献，改善灌溉管理。良好的灌溉管理不仅为村干部积累了政绩，也使他们获得道德权威，道德权威又有助于他们执行国家政策，引导村民服从，组织集体行动。道德权威为村干部提供了执行国家政策、组织集体行动的武器，但同时，道德也成为普通村民监督、问责村干部的软权力。当村干部或用水户协会会长腐败、贪污公款或违反共享规范时，道德攻击、舆论压力将剥夺乡村精英的道德地位，从而对他们的行为进行道德问责。

基于同质性与关联性，黄家村形成了"信任—互惠—道德声誉"的个体合作逻辑和以道德问责为核心的精英激励机制，共同促进了自组织治理的成功运行（见图6-2）。非正式的道德问责需要两个基本条件：第一，村庄中存在普通村民和精英所接受的共享规范，因为村民们必须基于共同的准则和行为预期才能对个体行为做出一致性评判，从而实施道德奖励或问责；第二，村中的正式权威要认同道德权威的约束作用，如果村干部、用水户协会会长不认同村庄的道德标准，那么道德地位的获得或丧失将无法对他们进行激励与问责。同质性和关联性使黄家村拥有以上条件，产生道德问责。

黄家村的灌溉治理是行政引导性的自组织治理，典型的特征是村委会和用水户协会关系密切，两者在组织关系上虽然独立运行，但是村干部通

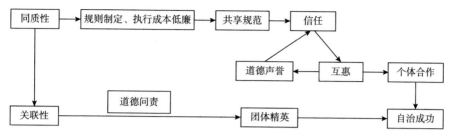

图 6 - 2　关联性团体的自组织治理逻辑

资料来源：作者自制。

常兼任用水户协会领导。用水户协会的成立、运作在水利局或基层政府的指导下进行，同时，乡村灌溉事务的自治又受到宗族、宗教等非正式组织的影响，在国家对乡村灌溉服务供给不足的背景下，宗族组织或乡村的非正式灌溉管理组织发挥了很好的作用。因而，在同时存在正式组织与非正式组织的乡村灌溉管理中，灌溉自治绩效取决于正式规范与非正式规范是否相容。当灌溉团体中存在关联性，村委会干部或用水户协会干部嵌套在宗族组织中，村级用水户协会包括所有的灌溉者时，村庄中的非正式规范能够约束灌溉者遵守规则，并对村干部或协会干部起到很好的道德激励作用。在关联性灌溉团体中，团体中的道德义务对乡村精英们起到很好的激励作用，这种激励作用在自上而下的行政问责失效的情况下，仍能有效地促进乡村干部或精英们提高灌溉管理水平。

第七章　分裂化团体及其灌溉自治：
谢家村和六里圳

　　"共同体"不足于形容所有的中国乡村，因为除了社会文化同质性很高的村落以外，大量的乡村在社会、经济发展中宗族和共同组织开始衰弱，高度分化，缺乏强有力的氏族组织或宗教组织，黄宗智将这类村庄称为"分裂了的村庄"。①"分裂了的村庄"适合用来解释异质性灌溉村庄，这些村庄的社会文化认同明显较低，宗族组织分化，并导致正式灌溉制度的分裂，六里圳的灌溉团体就是分裂化的灌溉团体。在分裂化的灌溉团体中，村级的非正式组织（如宗族）或者不存在，或者分化为独立的利益小团体，团体中不存在行动有力的宗族组织或宗教团体。分裂化灌溉团体与灌溉共同体、关联性灌溉团体本质区别在于它是一个在宗族和宗教方面存有异质性的团体。分裂化灌溉团体或者由于宗族的裂化而出现多个具有不同利益诉求的房支，或者存在不同姓氏的宗族，这些房支或宗族均是村庄层级之下的宗族组织，这种分化无法使灌溉团体成为同质性的灌溉共同体，也无法成为具有包含性和嵌套性的关联性灌溉团体，而成为分裂化的灌溉团体。

　　谢家村灌溉制度与黄家村灌溉制度是同一种类型的自组织治理，都是在自上而下的行政力量引导下建立的灌溉制度，但谢家村灌溉制度的运作是低效的，灌溉水费无法收集、水渠岁修难以组织、灌区末端灌溉不足等，这些制度结果表明谢家村灌溉制度是失败的。谢家村和黄家村的灌溉制度都是行政力量引导的制度变迁，却产生了失败和成功两种不同的制度

---

① 黄宗智：《华北小农经济与社会变迁》，中华书局，1986，第 279~283 页。

绩效，本质原因在于：黄家村灌溉团体和谢家村灌溉团体是两种不同的团体类型，前者是具有强烈集体共同感、共同身份认同、共识规范的同质性团体，团体中正式规范与非正式规范相容，是关联性灌溉团体；后者却是一个高度分化、宗族裂化、缺乏集体意识的异质性团体，宗族组织的裂化导致用水户协会的灌溉规则执行困难，宗族组织的非正式规范与用水户协会的正式规范相冲突，是分裂化灌溉团体。

第一节　六里圳的自然物理特征

六里圳是谢家村的灌溉系统，灌区属于亚热带气候，温暖湿润，降雨量充沛，夏长不酷热，冬短不严寒，降雨相对平衡，干湿季节分明。夏季气温在22℃左右，长达5~6个月。冬季低于10℃的时间不到两个月，年平均气温在16℃~20℃，无霜期年平均为300天左右。年平均降雨量为1500~2100毫米，属于一般丰水区。

六里圳从南北走向的文峰山下小溪中取水灌溉，灌溉谢家村赤岭和培下两片农田，面积大概500多亩。谢家村四周环山，形成一个小盆地，赤岭和培下地势低洼，渠道自南往北流经赤岭、培下，主渠道长3公里，其中1/3的水渠流经生活区，沿渠居住500多户的村民。在生活区的水渠都是依傍着村道，村中的地势高低不平，村民的房子依靠地势建造，高高低低错落分布，水渠从生活区穿梭而过，将赤岭和培下的生活区分为水渠上面和水渠下面两个部分，弯弯曲曲流至邻近205国道的培下坊。

六里圳灌区中有三个陂圳：赤岭陂、大陂圳和维下陂。第一个陂圳是赤岭陂，是1968年修建的灌溉陂圳，引水长度2.5公里，受益农田面积201亩。第二个陂圳是大陂圳，源于黄坑竹子排下，渠道流经赤岭，该陂圳流经居民住房区，最后抵达培下的鸡子腰农田，全长约2公里，灌溉100多亩农田。新中国成立前村里设有专人负责渠道常年疏浚，凡受益农田都得纳谷，供水渠管理使用，近年来因少数沿圳居民整地建房、管理欠周，渠道常被泥沙杂物淤塞，致使水渠流水不畅。第三个陂圳是维下陂，从郭屋山下的维下溪拦腰截断石砌陂头，引水开渠，灌溉赤岭和培下大片农田，早年也有专人管理水渠，受益农户分担交纳管理费用，但由于 20 世纪 90 年代以来多次暴雨洪水猛涨，陂圳时毁时修，管水员也被取消，水渠破坏严重。谢家村的三个陂圳在 2001 年之后，陆续通过农田标准化建设、烟草基地工程进行水渠硬化工程建设，原来的土渠已经全部修建成为水泥硬化的渠道。

谢家村灌区属于丰水区，灌溉水源较为充足，赤岭陂、大陂圳和维下陂是三个主要的取水陂圳，分别灌溉不同区段的农田，赤岭陂主要灌溉赤岭区域的农田，大陂圳流经生活区和培下，维下陂灌溉赤岭和培下上下两段的农田。虽然六里圳水流的总体流向是自南向北，赤岭位于上段，培下位于下段，但不同区段的农田从不同的取水点引水灌溉，并不存在共同的取水点。赤岭和培下的灌溉者分别依赖不同的灌溉水源，他们对共同水源的依赖性比较弱，从而降低了他们的共同利益需求。谢家村虽然四周环山，但这些山都属于丘陵地带，赤岭和培下的地势虽然有上下段之分，但是地势较为低洼的培下可以从黄坑竹子排下修建大陂圳引水直接到培下，造成整个六里圳水源取水点较为分散。

谢家村还有另外一个区域的农田——坑里。坑里在村庄的最北面，靠近文光村，地势较为平坦，坑里的农田不用六里圳的水灌溉。坑里的水渠利用烟草基地工程和农田保护区标准化渠道工程实施了水渠硬化工程，现在已经基本完成了标准化渠道工程建设。坑里由于地势较为平坦，水在渠道中的流速较慢，能存储较长的时间。从自然物理特征而言，坑里具有独立封闭的灌溉系统，对六里圳的灌溉事务参与动机最为薄弱。当谢家村成立以行政单位为边界的用水户协会时，赤岭、培下、坑里的灌溉自然边界却无法与用水户协会的行政边界吻合，这就容易造成灌溉成本分担、集体任务分配的不平衡。

简而言之，六里圳灌溉水源充足，可以灌溉村中赤岭和培下两个区域的农田，但是灌区中不同区域的灌溉者从不同的取水点引水灌溉，存在分散的多个水源。分散的水源减弱了灌溉者对水源的依赖性，造成六里圳中难以形成共同的灌溉需求。同时，谢家村的另外一个片区农田——坑里没有使用六里圳的水源，不同片区不同的灌溉水源使谢家村对同一灌溉水源的依赖程度很弱，分散的灌溉水源很大程度上弱化了灌溉者参与集体行动的动机。在公社化的集体社会时代，强制性的劳动要求和集体性的收益暂时地模糊了六里圳内部的地理差异，但集体时代解体之后，六里圳内部独立封闭的小灌溉系统逐渐凸显，自然地理特征弱化了个体参与集体行动的动机。分散的水源造成集体行动互惠效应的散失，任何一处水源和渠道的管护无法让另一处水源地的农田受益；另外，互惠效应的缺失进一步弱化了共同劳动的激励，集体行动难以实施。因此，自然物理特征是自组织治理的前提条件，更是影响集体行动成败的首要因素。

第二节　谢家村的分裂化

赤岭坊和培下坊是位于谢家村西北部的两个自然村，赤岭坊位于村子西部，培下坊位于西北方向，两个自然村彼此连接，并没有存在明显的分界线，房屋建筑密集。随着村民的搬迁，赤岭坊和培下坊的居住已经较为混杂，有些赤岭坊的居民居住在靠近市场的培下坊，形成混合居住的情况，那些居住在培下坊的赤岭人多数是在集市或市场上开店铺的，但这只是少数情况，大多数的赤岭坊和培下坊村民仍居住在各自的区域。

赤岭坊和培下坊的农田也大多种植水稻，分上下两季，中青年人多外出打工，或经营小生意。培下坊本身就是湖洋乡的集市地，并有一个固定的市场，叫新市场，因此培下坊和赤岭坊的很多村民在市场中经营各种生活日用品店、农资用品店、饮食店等。虽然种田已经不能使村民们致富，但多数村民并没有抛荒，家里的老人（60岁左右）、妇女仍在种植水稻，作为自家的粮食，所以灌溉仍是他们关心的事情。多数家庭的经济收入来源于外出打工和农业种植，收入模式较为相同，经济收入差异不大。

谢家村的人均耕地面积是0.8亩，耕地面积较小，并没有出现耕地面积较大的农户，在20世纪80年代的土地家庭承包责任制改革时，按家庭人口平均分土地，即便是大家族，也会在后来的分家过程中将家庭耕地进一步分化，总体而言，赤岭坊和培下坊的农户耕地面积差异不大。但是，谢家村最大的特点并不在于经济特征，而是村中的社会文化，谢家村是一个在行政区划、宗族、宗教分化明显的村庄，是一个分裂化的灌溉团体。

一　行政区划的分裂

谢家村是一个行政村，建村时以血缘关系聚居，在国家政权渗透乡村之前，宗族组织是村庄治理的权威机构，随着国家政权渐渐地干预乡村管理，特别是清末之后，国家试图在乡村建立正式的控制机构作为乡村管理和征税的基层单位，谢家村由血缘性聚落转变为征收赋税的实体，而后发展成为具有明确村界的管理区域，成为一个行政村（见图 7-1）。在有些单一宗族组织的村庄，血缘组织和行政组织是重合的，但谢家村在转变为行政村的进程中，划分成了不同的行政区域。谢家村首次的行政划分发生在民国 24 年（1935 年），民国政府推行保甲制度，谢家村划分为横排①、坑里为一保，赤岭、培下为二保，② 此种保甲划分方式符合当时的习惯做法，是按宗族中的"房"或"门"来成立"保"的，从而将血缘组织和地缘组织重合起来，此后慢慢分化成为横排、坑里、赤岭三个区域。将谢家村划分为三个子区域的做法强化了村级之下的房支组织与地缘边界的重合，但严重削弱了村级层面上的联合，从而在行政区域中将完整的谢家村分为三个独立片区。谢家村内部非正式的行政区划碎片化，而正式的行政区划却以行政村来管理村级公共事务，在其制度设计和执行中，最为核心的难题是成本 – 收益问题。每一个独立水源灌溉的区域都具有独自的成本 – 收益，当村级用水户协会以行政村边界来分担全村的成本与收益时，对每个独立、封闭的小灌溉系统而言，成本 – 收益方案是不均衡的，这也造成了各小灌区难以达成集体行动的一致意见，更是弱化了灌溉者参与集体行动的积极性。

将谢家村划分为横排、坑里、赤岭、培下的做法一直保留着，新中国成立之后基本延续这种划分，1951 年谢家村成立村农民协会（农会），下设培坑分会、赤岭分会、横排分会，1954 年成立农业生产初级社，全村

---

① 横排，即横排片，是隶属行政村谢家村的一个自然村，但是，横排片的农田灌溉系统是九里圳，横排片之外的谢家村农田灌溉系统是六里圳，两个灌溉系统互相独立，互不干涉灌溉事务。

② 谢家村村委会：《谢家村村志》，第 17 页。

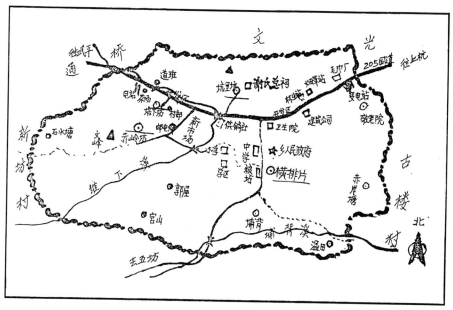

图 7 - 1　谢家村平面示意

分为培坑、赤岭、横排三个社。① 20 世纪 80 年代之后，原谢家村生产大队改为谢家村行政村，下辖八个自然村，② 这种划分传统是符合该村中的居住形式和房支/子宗族体系的，谢氏宗族的三个房支/子宗族以及郭氏、赖氏居民都有意识地根据同族聚居的原则居住，例如横排片主要是谢氏第三房的后代，郭屋山主要是郭氏的后代，赤岭和培下也分别聚集着谢氏不同房支的后代。各房支/子宗族聚集而居，强化了房支内部的宗族势力，但弱化了谢氏总宗族的凝聚力。

　　20 世纪后的乡村政权演变是血缘组织和行政区划的重合，这对于单一宗族且人口规模较小的村庄而言，有利于增强宗族的势力，并有利于宗族的"官方化"，但对于存在宗族裂化的、村庄规模庞大的乡村而言，按宗族房支划分行政区域加速了村级宗族的裂化，谢家村的情况正是后者。谢家村具有上千年的村庄历史，人口繁衍自谢氏一世至 2000 年已达十八世，并从第五世之后形成较为稳定的三个房支/子宗族，③ 现

① 谢家村村委会：《谢家村村志》，第 19 页。
② 谢家村村委会：《谢家村村志》，第 39 页。
③ 谢氏宗祠：《谢氏族谱》，第 41～50 页。

在村庄规模是 543 户、2055 人,[①] 是该乡第二大的村庄。因而,在行政区划中,将谢家村按房支/子宗族划分为不同的区域是具有合理性的,使子宗族边界与行政边界一致,促使子宗族作为集体行动单位,但加速了村级宗族组织的分裂,使谢氏宗族逐渐分化为各个内聚性较大的房支/子宗族,房支/子宗族之间的联系则减弱,总宗族的凝聚力降低,村级集体行动困难。

二　宗族的裂化

谢家村建于宋末,最早居民是何氏家族,宋末元初郭氏家族从上杭县郭坊村迁来,后定居于现在郭屋山,到元末又有刘氏家族、何氏家族、蔡氏家族迁入。元末明初,谢氏家族六四郎公在此定居,并逐渐繁衍成谢家村最大的姓氏宗族。现在村中主要有谢、郭、赖姓居民,全村 543 户,郭姓和赖姓居民仅有 40 户左右,绝大部分是谢氏居民,准确而言,谢家村是多宗族村庄,但谢氏宗族的势力占绝对优势,赖氏或郭氏宗族在村庄政治中难以和大宗族相抗衡。情况确实如此,自 1949 年到 2009 年的 33 名村干部中,只有一名姓郭的和一名姓赖的村干部,其余全部是谢姓村民,[②] 谢氏一族是谢家村真正的领导宗族。

谢家村是以谢氏宗族为主导的多宗族村庄,村庄权力结构由谢氏一族控制,但是谢氏自第五世之后分化为三大房支,三大房支各自同族聚居,同族的土地连为一块,生活和生产都在房支的范围之内。三大房支各自集中居住在村中的不同方位:第一房支居住在村中的北面坑里、培下,农田在 205 国道北面;第二房支居住在村中的西面赤岭,农田在文峰山下;第三房支居住在村中南面的横排片,农田在横排片往南去五坊村的区域。各房支集中居住与劳作,甚至公共生活也以各房支为范围展开,如教育、宗族活动、灌溉等公共物品的供给都以各自房支为受益单位。民国初年,培坑、赤岭、横排都设有私塾,[③] 教育各房支同族小孩;赤岭坊、培下坊、

---

① 谢家村村委会:《谢家村村志》,第 55 页。
② 谢家村村委会:《谢家村村志》,第 78 ~ 79 页。
③ 谢家村村委会:《谢家村村志》,第 28 页。

坑里坊、郭屋山、横排片都有自己的祖产山林，用于同族的祭祀或公共活动，[①] 新中国成立后，宗族祖产收归公有。村中紧急性公共事务的处理仍分片区进行，在灌溉抗旱等紧急活动中，村中各个区域负责各自农田，以1961年九月大旱为例，横排片组织村民从埔背溪的上游取水抗旱，而坑里和赤岭从维下溪水取水抗旱。[②]

血缘团体和公务范围的重合有利于执行村务，因为同族之间的血缘关系、亲属关系均比族外的村民要亲近很多，身份认同一致，并且在日常的社会交往和共同劳动中增强了信任，产生了共同规范，因此，与其说私塾、祖产、灌溉事务是谢家村的村务，还不如说它们是各子宗族的族内事务更为准确。

谢氏三大房支各自居住集中、农田连片、族内集体活动活跃，但如果从谢家村村级层面上看，谢氏宗族是裂化的氏族，谢家村村民首先认同小宗族的身份，之后才是谢家村村民身份，即多层级的身份认同。村民的身份认同首先表现为对祖先共同记忆的保留，宗祠是最为明显的体现。在谢家村分别建有谢氏总祠以及谢氏分祠，谢氏总祠建于明朝崇祯年间，位于坑里倒插金簪山下，经过多次修建，1991年由旅居台湾的宗亲谢其富等人，连同村中六位梓叔捐款修建。除了总宗祠之外，村中还建有三个房支的谢氏分祠，其中得惠公后代建景升公祠，位于坑里；景清公祠，位于培下。得寿公后代建景能公祠，位于横排。得安公后代建景文公祠和茂华公祠。分祠堂都位于房支后裔居住区域，横排片是第三房支得寿公的后裔，他们为第九世祖先景能建立祠堂；坑里和培下居住着第一房支得惠公的后代，景升祠堂、景清祠堂分别位于各自子孙集中居住的区域。从村中宗祠的分布位置可以看出，谢氏具有多层级的宗族组织，在谢家村内部，村民们首先认同自己的房支祖先，在其他村面前，村民才认同自己是谢氏后裔。每年村民在春分前的祭祀也体现了这种多层级的宗族认同，三个房支宗族中德高望重的长者一起到谢氏总祠祭祀先祖，之后，各房支到各自分祠祭拜。多层级的宗族认同强化了子宗族的宗族

---

① 谢家村村委会：《谢家村村志》，第35页。
② 谢家村村委会：《谢家村村志》，第20页。

凝聚力，有助于子宗族的集体行动，但弱化了村级的共同身份认同，使村级集体行动困难。

一言概之，谢家村是以分裂了的谢氏宗族占主导地位的多宗族村庄。

三 村庙的多元化

封建社会时期，宗教组织是乡村精英进入乡村政权的途径之一，因为多数以村庄为单位的宗教圈构成了村庄公务范围，乡村精英们处理宗教事务的权力能够扩展到对村级事务的控制。新中国成立至今，宗教对村庄政权的影响明显减弱，宗教组织行动多数以村为单位，当宗教组织的活动和村务范围是一致的，宗教事务处理权就扩展到村务管理中。但如果乡村的宗教是分散且多元的，那么就难以形成村级的宗教组织，也就无法对涉及全村的村务管理造成影响，谢家村的村庙系统就是分散且多元的。

旧中国时期，谢家村的寺庙很多，有广福庵、广福桥佛殿、下段妈祖庙、滩子下妈祖庙、郭屋佛堂等。除寺庙之外，由于谢氏是客家人，他们对树神或神坛也有供奉，将树神称为伯公，村中有多处伯公、水口伯公、寮洞树伯公、赤岭伯公，神坛有庵子前观音娘娘、水口厉坛。这些寺庙多数被拆除或改为其他用途，佛像、菩萨在"文革"期间被毁，20世纪80年代之后，村中陆续重建村庙，但多数村庙破败不堪，直到1996年村民集资建立了菩萨庙。

谢家村的村庙是多元、复杂的，佛教、道教、树神都有供奉。在1996年村庙重建之前，宗教活动很少以村级为单位组织，而是以各个自然村，或自然村的组合为单位举行。比如谢家村每年隆重的村庙活动是抬菩萨，每年两次，农历四月和十月，四月十四日由赤岭、培下抬菩萨，四月十五日轮到横排、坑里、桥头，十月份的抬菩萨安排与四月份略有不同，十月二十二日至二十六日，赤岭、培下、横排、坑里与桥头、赤岸塘按时间顺序各抬一天，各区有各自的抬菩萨活动区域。若二十四日由横排片抬菩萨，横排片的村民就会在当天到菩萨庙祭拜，并将菩萨抬到村里面进行游行，游行范围主要在横排片。抬菩萨主要为庆祝丰收和求雨，如果当年风调雨顺，抬菩萨就主要为了庆祝丰收，如果干旱歉收，村民们会将菩萨放在太阳底下暴晒，作为求雨的方式。

如上所述，谢家村的村庙小而且多，以村为单位的宗族团体意识薄弱，尽管在 1996 年的菩萨庙重建中，全村人都有捐款，村庙建成之后，全村在同一天抬菩萨，举行庆典活动。村庙的建设由村民组成的筹建委员会负责，横排、赤岭、培下、坑里都有代表参加，这些人本身是村民小组组长，或者是较有威望的人，但是村主任并没有参加村庙筹建委员会，甚至反对重建。村主任认为"村民们修庙的积极性那么高，但是一遇到要大家捐款修路、筹集水利基金，反而都没人响应"，[1] 虽然村主任也有捐款，但捐款数额与普通村民一样。村庙建成后，竖了一块公德碑，捐款者姓名按捐款数额从多到少排列，并在捐款人姓名后标注捐款金额。

乡村社会的村庙是以象征意义来维护村庄团结的，特别是在那些血缘团体逐渐解体、多姓多族的村庄以及外来村民进入的村落，村民们无法依靠血缘关系来增强团结并保护共同利益，寺庙的象征性功能，如关羽的忠义，则可替代宗族维持村民的团结。[2] 在谢家村，以自然村或房支独自进行的村庙活动并没有维持村庄团结的功能，反而成为各房支/子宗族攀比竞争的活动。在全村统一抬菩萨之前，各个房支/子宗族轮流抬菩萨，各房支之间在抬菩萨、演民间戏曲、宴请规模（抬菩萨当天各家各户要宴请外村的亲戚、朋友）上都互相竞争，他们在抬菩萨的规模大小、戏曲的表演天数等方面互相攀比。

村庄的整体性体现为共同的身份认同、集体感，宗族是维系村庄整体性的重要组织，除此之外，还可见于许多全村性组织，[3] 村庙就是这种组织。但是，谢家村的村庙是多元且分散的，并不存在庇佑全村村民的村庙。对横排片村民而言，寮凋树伯公是专门保护横排片人的，新中国成立前，横排片每年农历正月二十日庆祝伯公诞辰，设坛聚会；对赤岭村民而言，赤岭伯公是他们的保护神，他们在正月二十一日设坛敬香。村中很多的伯公都设在出水口、田埂上、大陂边，保佑该片农田禾苗茁壮、风调雨顺，村民们祈雨也是按各自房支为单位举行。可见，谢家村这些小而多的

---

① 访谈记录：六里圳 201004。
② 杜赞奇：《文化、权力与国家：1900—1942 年的华北农村》，江苏人民出版社，第 113 页。
③ 黄宗智：《华北小农经济与社会变迁》，中华书局，1986，第 271 页。

村庙、神坛、伯公的神力是有区域性的，并不是保护全村的，换句话说，这些村庙是特定房支或子宗族的保护神。谢家村是一个"分裂了的村庄"，因为它的宗族已经裂化为以房支/子宗族小集团利益优先的系统，各自供奉保佑他们房支/子宗族后裔的神明是符合他们的利益的。

从村庄的经济特征来看，谢家村村民的经济水平并没有存在巨大的差距，家庭的灌溉受益面积差别也并不明显，这就说明六里圳的灌溉社群——谢家村的经济异质程度并不高，但是谢家村在内部行政地理区划、宗族组织体系和宗教信仰上高度分裂，是一个分裂了的灌溉团体。灌溉团体的内部分裂对制度创新将会产生很大的阻碍，一方面，团体内部无法自发产生创新性的规则，因为个体缺乏合作的共有信念，并难以改变现有冲突的局面，新规则难以制定；另一方面，外部强加的规则又无法适应分裂化的团体特征，无法匹配社群环境，即使制定文本上的规则，也无法付诸实践。这样的矛盾现象在六里圳的灌溉区内不断上演，灌溉者内部既无法提出改善管理水平的方案，政府部门推广的用水户协会制度也无法有效实施，灌溉管理长久处于无序状态。

第三节　名存实亡的六里圳灌溉规则

按照奥斯特罗姆对灌溉制度基本要素的归纳，六里圳的灌溉制度涵盖了边界规则、分水规则、投入规则、惩罚规则、集体决策规则等方面，但这一套规则仅仅是文本上的规则，或者是"挂在墙上"的规则，灌溉制度名存实亡。对政府机构而言，谢家村用水户协会是一个申报项目、承接资助经费的合法机构，协会建立的初衷是为了回应政府部门的要求，获得灌溉管理的合法身份，因此，制度设计由村"两委"讨论决定，并没有将广大的灌溉者纳入决策环节，这也就造成了灌溉制度无法获得灌溉者的认同与遵从。

一　边界规则：管理边界和地理边界不一致

六里圳是以行政村为边界的灌溉系统，灌溉谢家村赤岭和培下两个区域，是一个行政引导性的灌溉自组织治理系统。六里圳以谢家村的名义成立了用水户协会，协会会员是除横排片之外的所有村民，因为横排片的农田在九里圳灌溉系统范围，隶属九里圳的用水户协会。谢家村用水户协会是在村委会支持下的村级农田管理组织，于是谢家村中的灌溉设施所有权就从村委会转移到了用水户协会。谢家村的灌溉系统比较分散，分为六里圳、坑里、横排片三个灌溉区域，横排片的灌溉管理早已脱离村委会，六里圳和坑里一直由村委会管理。可见，谢家村灌溉系统在地理上分化为多个小的灌溉区域，而用水户协会却是统筹管理全村灌溉系统的村级组织，地理边界范围与协会管理范围的不吻合造成了灌溉者偏好的差异，每个小灌区的灌溉者都偏好投资、维护各自灌区范围内的水渠，难以形成一致的灌溉管理意见。

六里圳的灌溉范围是赤岭和培下，其受益范围和成本分担集中在这两个片区的灌溉者，坑里的灌溉范围是坑里，受益农户是坑里村民。作为谢家村用水户协会的两个主要灌溉系统，六里圳和坑里有各自较为封闭性的边界范围，该边界范围与谢家村用水户协会的成本分担范围不符合。谢家村用水户协会是一个村级的灌溉组织，赤岭、培下、坑里都是协会会员，协会的水利基金受益范围是这三个自然村的村民，但由于赤岭、培下是一个边界范围清晰的小灌溉系统，坑里也是一个独立的灌溉系统，而协会是以村庄边界为组织边界的，这导致灌溉组织范围与地理边界范围的不一致，造成公共意见难以统一，集体行动困难。

在六里圳中，取水灌溉权是由土地权决定的，土地权决定水权。在谢家村用水户协会中，使用水利基金的权力由村民身份决定，凡是谢家村的村民就有资格获得水利款，协会会员资格是由村民资格决定的。灌溉取水权由土地权决定，但缺乏管护义务的约束，从而无法约束违规者和"搭便车者"。水利基金使用权由村民身份自动决定，但容易混淆水利基金和村财的界限，而无法发挥水利基金的定向投资功能。

简单而言，用水户协会的边界范围与灌溉系统的边界范围不符所造成的后果是受益范围和成本分摊的冲突，谢家村用水户协会是以村级为单位成立的协会，其中包含两个具有不同边界范围的灌溉系统，灌溉者仅仅考虑自己所在灌区内的利益，而较少考虑村级利益，从而造成在水利基金分配、水渠修建的不同意见，进而影响到用水户协会的集体行动。与此同时，六里圳的取水资格是由土地权决定，而无管护义务要求，这就进一步恶化了行政边界与自然地理边界不吻合所造成的非合作行为，甚至无法惩罚违规行为。

二　分水规则：上下游轮流管水

六里圳主要的分水规则是轮流管水制度。六里圳灌溉赤岭和培下两个区域的农田，这两个区域是谢家村的两个自然村，各自的农田分布较为集中，连片分布，赤岭位于六里圳上游，培下位于下游，灌区内采用轮流管水制度。轮流管水制度的具体方法是：由赤岭和培下的村民小组组长轮流组织管水工作，第一季度由赤岭人负责管水，整个灌区内的干渠、支渠分水由赤岭人管理，第一季度结束之后，轮到培下人负责分水，同样对干渠、支渠的分水进行决策和实施，依此方法在赤岭和培下之间轮流分水权力，灌区中并没有选任或聘任专职管水员。

六里圳灌溉500多亩的农田，牵涉300多户灌溉者的利益，分水问题涉及赤岭和培下之间的水量分配，以及赤岭内部和培下内部的灌溉者之间的灌溉顺序。轮到管水的小组必须检查赤岭陂、大陂圳和维下陂三个取水陂圳，确保干渠水流通畅，若发生大的损毁要汇报用水户协会，组织村民进行维护。但是由于赤岭和培下各自主要的取水陂圳不同，赤岭主要依靠赤岭陂和维下陂水源，培下主要依赖大陂圳和维下陂，并且赤岭和培下农田有明显的上下游之分，所以当赤岭人管水时，他们偏向于关注赤岭陂、维下陂的水流状况以及上游灌溉渠道干渠的畅通；但对于下游渠道以及大陂圳的管护较少，造成下游培下水量有限。而当轮到培下人管水时，他们则有意控制上游干渠的出水口，以确保下游培下有充足的水量。

轮流管水仅仅负责主要干、支渠的分水，对于支渠以下的灌溉则根据农田位置自由取水，即使在缺水干旱季节，六里圳的分水仍然采用干渠轮流管水、支渠内按顺序自由取水的规则，没有设计新的管水规则。六里圳中没有专职的管水员负责监督灌溉者适量地取水灌溉，在水量充沛的季节，自由取水不会影响下游农田的用水量，但在干旱季节，水量不足时，如果灌溉者自由取水灌溉农田，那么下游培下的农田就无水灌溉，因而常常造成赤岭和培下的用水纠纷。据村民们反映，赤岭人执行灌溉分水时，只为他们自己考虑，而培下人管理时，也只顾他们自己，谁都不相信谁。[1]

轮流管水操作简便，但减弱了赤岭和培下间的合作，扩大了上下游之间的用水冲突。六里圳的赤岭和培下分属于谢氏的两个不同房支，同族内的交往要比同族之间的交往更为密切，轮流分水将管水的决策权和执行权在两个片区之间轮换，虽然是平等地参与灌溉管理，但造就了两个不同的子利益团体，赤岭和培下都优先考虑各自利益，导致用水冲突不断，并升级为房支之间的冲突。简单而言，轮流管水制强化了赤岭和培下各自的决策权和执行权，却没有建立有效的责任监督制度，从而造成他们以各自的利益为主，弱化了灌溉者之间的合作。

三　投入规则：货币化水费和市场化维护

灌溉系统的投入分为两种形式：资金投入和劳务投入。多数的灌溉系统都有特定规则来筹资筹劳，古代中国以徭役的形式修建水利工程，集体化时代的生产大队组织村民进行了大量的共同劳动，村委会管水时期，以"两工"制度来确保农田水利的劳动力投入，用水户协会采用灌溉水费和共同劳动的方式来维护灌溉设施。谢家村用水户协会采用货币化水费和市场化维护的形式对六里圳中的陂圳和灌溉水渠进行维护。

在六里圳灌溉管理中，水利基金主要有两种来源：专项拨款和水费。县水利局对成立用水户协会的村庄补贴每年每亩5元的水利拨款，农业部门给予专项粮食补助款，水利拨款和粮食补助是每年的固定拨款。同时，六里圳通过村委会、用水户协会向上级部门申请烟草基地工程资金、农田标准化资金。谢家村用水户协会规定每一块农田每年收取5元水费，由于每块农田的面积都小于一亩，按农田份数征收水费便于计算，水费和拨款均用于六里圳水渠的日常维护和紧急维护。虽然六里圳规定每块农田每年灌溉水费是5元，但水费从未征收成功过。

六里圳和其他灌溉系统一样，需要定期的清淤、洗圳，每逢暴雨，水渠容易塌方、毁坏。谢家村用水户协会采用市场化方式对六里圳进行管护，每年的冬、春岁修，用水户协会用水利基金出钱请人清理水渠中的泥

---

[1]　访谈记录：六里圳 201017。

沙、杂草，遇到紧急性的水渠崩塌、冲垮，就雇用村民进行抢修。六里圳
自 2001 年开始进行渠道硬化工程，村委会将水渠硬化工程承包给专门的
工程队，以合同外包的形式实施水渠硬化。在六里圳，每一次的劳务投入
都采用市场方式，集体的共同劳动自从农村税费改革取消"两工"制度
之后就无法组织。

> 每年的水渠清理投工没办法组织起来，现在的工价都很高，没有
> 人愿意参加水渠的清理工作。如果是小范围的清淤，用水户协会组织
> 安排；如果是大面积的，就要村委会出钱清理，比如割完稻子就要大
> 面积去清理，由村委会出钱。①

六里圳的投入以村委会申请的拨款为主，2009 年谢家村申请到一笔
专项拨款，但这些资金的使用并不顺利，因为水渠硬化工程需要村民们的
配合。

> 去年（2009 年）争取到烟基工程款有 200 多万元，用于修农耕
> 路、水渠建设。基本的农耕路都比较集中，但是烟草局要求村里面要
> 先平整路基，之后，拨款才能下来。平整工作需要很多资金，我们的
> 农田面积不大，都是小面积的农田，几分地大小的土地很多，土地平
> 整非常困难，需要村民的配合，比如需要某家村民的几分土地用来做
> 平整，村民不肯，村委多次做工作，都没办法协调。②

六里圳的成本投入主要来自上级拨款，灌溉者集资分担成本的情况很
少。谢家村用水户协会也没有制定明确的成本分摊方法，每块农田每年 5
元水费便于计算，但并不是一种公平的成本分摊方式，农田面积小而且块
数多的家庭要比面积大而块数少的家庭承担更多的成本。六里圳的很多拨
款是由村委会申请获得，原则上村委会是代表全村利益，专项拨款的受益
者是谢家村的全部村民，但当这些烟基工程款投入六里圳的水渠标准化建
设时，受益者是赤岭和培下村民，而不是所有村民，从而造成了专项拨款

---

① 访谈记录：六里圳 201012。
② 访谈记录：六里圳 201022。

分配的不公平。简而言之，在六里圳，灌溉者之间的成本分摊、村级拨款的分配没有遵守公平与比例原则。

货币化水费和市场化维护是六里圳的投入规则，但六里圳投入规则最大的不足是缺乏共同劳动。在灌溉自组织治理中，灌溉者能在共同劳动中增加了解和信任，促进集体行动。六里圳的共同劳动难以组织，用合同承包的市场化方式维护水渠降低了灌溉者建立信任的机会。共同劳动的缺乏也使谢家村难以形成合作的集体记忆，灌溉者无法直接从共同劳动中建立信任、互惠规范，灌溉者之间重复非合作博弈，而无法进入互惠博弈的初始状态。

四　惩罚规则：水务纠纷和村务纠纷交叠

一套完整的、行之有效的灌溉制度需要惩罚规则来惩戒灌溉者的违规行为和"搭便车"行为。六里圳的灌溉制度中并没有明确的、执行有力的惩罚规则，村委会或用水户协会通过说服、做思想工作来规劝灌溉者遵从规则，但成效有限。

六里圳中的违规行为是由两种用水纠纷引起的，第一种纠纷是水量问题。水圳流经生活区，上游的出水口如果开得太大，生活区水渠中的水就会溢出来，而由于生活区的房子高高低低，溢出来的水会淹到地势比较低的房子；如果把上游的出水口缩小，下游培下渠尾的农田就无水灌溉。生活区居民以管水工作做得不好为由，培下村民以无水灌溉为由，拒绝交纳水费和参加集体洗圳活动。在六里圳的自组织治理中，规则的遵守是一种"准自愿遵守"，但只有存在强有力的内部惩罚机制时，灌溉者才能自愿遵守规则。村民们采用"如果你遵守承诺，我也遵守承诺"的权变式博弈，没有人想成为"受骗者"，所以当有人没有交纳水费、违反规则，而又没有受到惩罚时，就没有人去遵守其他人都在违背的承诺。

六里圳的第二种纠纷是村务纠纷，村民将村务纠纷带到六里圳的管理中。六里圳虽然是由用水户协会管理，但真正的领导者是村委会，村民们对村委会的不满常常影响到灌溉规则的执行，村民们认为村委会有足够的专项资金雇人洗圳、维护，不愿参与集体洗圳。村民不信任村委会能公正地使用水利资金，村委会也没有对村务的财务状况、用水户协会的财务状况进行结算、审核与公开，村民们以此为由拒绝交纳水费、参与洗圳。正如一位灌溉者所言：

> 村委会申请到的很多拨款应该公开审核，我们才能知道每一分钱都用到哪里去了，我们知道水利工程费用很高，但是没有透明的财务制度，我们不放心将水费交给村委会管理。村委会对很多的任意取水行为、破坏出水口的行为没有进行制止，也无法解决上下游的用水纠纷，协会制度的那些规则都是应付水利局的，根本无法实施。①

惩罚规则的缺失使得六里圳的灌溉规则成为挂在墙上的"形式上的规则"，而无法成为"使用中的规则"，从而造成整个灌溉制度的失效。

五　集体选择规则：集体决策单位功能失调

在乡村的水利管理中，存在两级的集体决策单位：村民小组和村级用水户协会。在六里圳，村民小组的作用已经弱化，成为决策体系中断裂的一环。虽然在轮流管水中，小组长负责灌区的分水事务，但由于六里圳的灌溉冲突频繁出现，并恶化为赤岭和培下之间的子宗族矛盾，小组长很容易成为纠纷中的责任者，于是他们很少主动地干预灌溉事务，而是将灌溉职责推卸给村委会。

> 现在的小组长和村民都是对自己有利的他们会讲，对他们不利的他们都不参与。比如盖房子占道，村民组长就反映给村委会，要我们过去处理，村委会过去以后，小组长反而不出面，要由我们处理，完全依赖于村委会。小组长也不协调灌溉纠纷，全都推到我们村委会身上。小组长都不干事情，现在的工作补贴基本没有，很难调动他们的工作积极性，比如烟基工程要平整土地，要占用一些村民的部分农田或菜地，村委会就要求小组长去做工作，小组长就说他们没办法去做，最后还是由村委会去做工作。②

---

① 访谈记录：六里圳 201023。
② 访谈记录：六里圳 201001。

在六里圳管理中，村委会是重要的决策主体，虽然谢家村成立用水户协会，但协会的领导成员基本由谢家村"两委"组成，协会名义上独立运作，但协会财务由村委会的一名副主任管理。对灌溉者而言，用水户协会是一个虚设的组织，六里圳的水渠维护、修建等相关事务都是由村委会决定，赤岭与培下间的灌溉纠纷、小组与小组间的用水冲突、灌溉者之间的纠纷都由村委会协调，村民小组作为决策单位的作用已经弱化。

六里圳并没有制定集体决策规则，灌溉事务的讨论完全依赖于村委会。村委会对灌溉事务的决策方法依照民主治理的方法，以村民代表大会作为灌溉者参与决策的公共论坛。根据县水利局的规定，村用水户协会的成立、规则订立都要以民主参与的程序进行，但六里圳很多的灌溉者并不了解用水户协会的相关规则和运作方式，据一个村民回忆：

> 六里圳协会成立至今，并没有召集我们讨论水渠的事情，也不清楚协会中有哪些领导人，我们很少参与水利决策，村里决定先从哪里修建水渠就从哪里修建，都是村"两委"决定的，但村委会的干部矛盾很大，村委的五个人对做事情的看法不一样，都是各干各的。①

六里圳的集体决策系统运转是失效的，在一个有效的灌溉决策体系中，应该从村民到村民小组，再到用水户协会或村委会，但在六里圳，村民小组是断裂的一环，从而造成多层级的决策系统的崩溃。

第四节 六里圳的行动舞台

一 谢家村的正式灌溉制度变迁

谢家村的农田水利制度变迁与国家在农田水利管理的政策变化一致，新中国成立之后，1951年成立农民协会，即农会，设培坑分会、赤岭分会、横排分会，作为农民互助合作组，1954年由互助合作组合并为农业

---

① 访谈记录：六里圳201019。

生产初级社，全村分为培坑、赤岭、横排三个社。① 1958 年成立谢家村人民公社，之后成立谢家村大队。20 世纪 80 年代之前，互助合作组、生产大队是农田水利管理能依赖的集体单位。1984 年实行政社分开，家庭联产承包责任制开始推行，集体生产单位解体，谢家村大队又改称为谢家村，成立村委会及村民小组，村委会作为农村自治的正式组织，管理农田水利。② 2005 年，成立谢家村用水户协会，作为村民们自主管理灌溉水利的合作组织，将六里圳的所有权、管理权从村委会转移到用水户协会。

谢家村的农田水利管理状况和多数的中国农村一样，都遇到乡镇政府供给不足和村民自治的困境。农村税费改革前，乡政府的预算外收入并没有显著改善村灌溉设施的投资状况，乡政府财政不足，并年年负债，乡里的水利站基本丧失组织水利活动的功能，成为通报旱情、水情的上传下达机构。税改之后，"三提五统""两工"取消，农田水利失去了资金和劳力的投入，陷入困境。2005 年成立用水户协会，作为组织村民参与水利管理的组织，但在谢家村，用水户协会并没有成为水利管理的有力组织，灌溉规则没有实施、水费无法收集、水渠岁修无人参加、灌溉者对协会工作的参与率和支持度都很低，总体而言，谢家村用水户协会是失败的。

二　分裂化灌溉团体：无包含性、无嵌套性

谢家村行政区划明显、宗族高度分化、村庙多而且狭隘，缺乏强有力的村级宗族组织和宗教组织，是一个分裂化的村庄。在分裂了的村庄中，宗族身份认同是多层级的，村民们在村中强调房支/子宗族的身份，在外村人面前才强调谢氏身份；村庙多而散，各个村庙或伯公都是小区域的保护神，村庙祭拜、庆典以各小区域或房支单独进行，从而未能产生全村性的宗族组织；村务的行政区划按照宗族血缘范围划分，将全村划分为若干个公务范围，这些公务范围与房支/子宗族组织的范围吻合，虽强化了子宗族的势力，却弱化了村级宗族组织的凝聚力。村民的社会交往集中在子团体内部，虽加强了子团体内部凝聚力，但弱化了子团体之间的社会交

---

① 谢家村村委会：《谢家村村志》，第 19 页。
② 谢家村村委会：《谢家村村志》，第 13 页。

往，难以产生能够包含所有村民的强有力的非正式组织，村民们和村干部多数包含与嵌套在各自的房支子团体中。简而言之，谢家村的行动舞台分化为各个子宗族团体，行动者代表各自子团体利益，而没有产生包括全村村民的村级宗族或宗教性非正式组织，是一个分裂化的行动舞台。

在分裂化的村庄中，不存在包含全村村民的非正式组织，没有形成约束全村的共识规范，进而导致村级的集体行动困难。在谢家村，每个房支各自集中居住在村中不同方位，同房支土地连在一起，并与其他房支土地相隔很远，在日常生活交往和共同劳动中，同房支或同族人形成信任与共识，遵守共同规范。但同房支内的社会资本并没有扩展到全村，因为每个房支/子宗族都是具有内向凝聚力的子团体，每个子团体的非正式规范仅对房支内村民有约束力，房支内舆论能惩罚"搭便车"行为，赋予为房支做出贡献的人道德权。但这些非正式规范对其他房支村民却是失效的，因为他们嵌套在另外一个房支的非正式社会文化网络中，接受另外一套非正式规范的约束，所以，谢家村内部存在对子宗族团体有约束力的非正式规范，这些规范有利于房支/子宗族内部的集体行动，却没有形成对全村村民具有约束力的非正式规范，村级集体行动困难。

灌溉是一项需要灌溉者合作的集体行动，灌溉团体中的非正式规范对个体行为做出奖惩，进而导致个体道德、声誉的增减，但团体的非正式规范或道德地位仅仅对认同规范约束力的团体内个体有效，而对不认同非正式规范的合法性团体外成员则无效。因此在分裂化的谢家村中，"六里圳是赤岭和培下的灌溉系统，和坑里无关"，而对赤岭、培下的村民而言"上段赤岭人只顾他们自己有水灌溉，我们下段培下水量不足"，在这种"我们"和"他们"的话语逻辑中，灌溉中的集体行动分化为按各个子宗族团体进行的小团体行为，换句话说，灌溉是各个房支的事情，而不是全村的事情。

在分裂化的灌溉团体中，道德、声望的激励与约束作用是微弱的，因为灌溉社群中并不存在将所有灌溉者包含在内的非正式组织——宗族组织或宗教团体，分化的、各自独立的房支仅仅提供对房支内部成员有效的道德激励，但无法对全村或整个灌溉社群的灌溉者进行非正式的道德约束。子宗族或灌溉子团体的共同规范无法对村级组织——用水户协会或村委会干部进行约束，也无法对他们进行非正式的道德问责。

三　村委会和宗族的冲突：道德问责的失效

六里圳是一个行政引导性的灌溉自治系统，村委会在其中发挥着关键性作用，虽然用水户协会是六里圳的正式管理组织，但协会的领导班子是村委会的骨干，许多水利拨款都由村委会申请，各种灌溉事务皆由村委会处理，用水户协会是一个虚设的管理组织，真正的领导班子是村委会成员。谢家村村委会是村庄治理的正式组织，代表全村利益，用水户协会所订立的灌溉规则是正式规则，对全部灌溉者都有约束性。但谢家村是一个宗族房支分化严重、村庙多元的村庄，村民们在社会文化认同上存在异质性，不同的灌溉者隶属于不同的房支，供奉不同的村庙，遵守不同的非正式规范，房支与房支之间互相争夺村委会的领导权、村中事务的控制权，是互相竞争的子团体。各个房支的非正式规范互不相容、互不认可。六里圳存在着包含全村的正式组织与正式规范，同时，灌溉者却隶属不同的非正式组织，并认同不同的非正式规范，村庄中存在多种不同的子宗族和房支规范，导致正式规范与非正式规范不相容，产生村委会与宗族的冲突。

六里圳灌溉的赤岭和培下是两个不同房支/子宗族的小团体，各自包括了所有的同族村民，族中精英也嵌套其中，按照蔡晓莉的关联性团体理论，赤岭、培下的宗族房支组织具有包含性和嵌套性，关联性很强。但如果从村级层面来看，虽然谢氏总宗族包括所有的村民，但子宗族的身份认同优先于总宗族，各子宗族精英分别嵌套在各自的子宗族中，但并不一定嵌套在总宗族中，他们更多地代表子宗族的团体利益。因此，谢家村中的子宗族关联性很强，凝聚力很大，但谢氏总宗族的包含性和嵌套性很弱，关联性很低。

在子宗族团体关联性很强，而总宗族团体关联性却很弱的村庄中，村民们将优先遵守各自所在子宗族的行为规范，从而造成宗族的非正式规范与村委会、用水户协会的正式规范相互冲突。在六里圳，赤岭和培下的村民遵守各自的非正式规范，但难以认同对方的非正式权威的合法性，赤岭人相信他们的宗族精英会为赤岭的集体利益做出贡献，却不信任来自其他房支的村干部或用水户协会会长，培下人同样如此，认为村干部是为各自房支小团体谋利益的。现任村主任是坑里的，赤岭和培下的村民则认为"村主任的田并不在六里圳灌溉范围内，他当然可以不负责任"，[①] 有的村民甚至认为"村委会成员、村支书是代表各房的利益，并没有存在所谓的村集体利益"。[②] 谢家村出现这种情况是有一定必然性的，长期的村务范围的划分、宗族分裂、村庙多元，使村庄的政权成为各房支/子宗族精英的竞技场，村委会或用水户协会成为各房势力分割、子宗族竞争的地方，并没有统一全村的集体利益。

村委会或用水户协会是六里圳的正式管理组织，但他们制定的灌溉规则仅仅是"挂在墙壁上的规则"，而不是"使用中的规则"，因为村委会并没有消除村中宗族、村庙的分裂，正式规范与小团体的非正式规范不相容。赤岭和培下是彼此互相竞争、隔开居住并各成系统的两个子宗族团体，他们各自认同自己的子宗族规范，没有存在共同的道德约束与行为规范，彼此互不信任，无法制止灌溉中的"搭便车"、违规行为，灌溉管理陷入集体行动困境，导致灌溉管理的失败。

第五节　失灵的六里圳灌溉自治

六里圳核心的灌溉规则是：轮流管水、货币化水费以及市场化维护，这三条规则规定了六里圳的分水方法和投入方式。轮流管水节省了管水员工资，在赤岭和培下之间轮换管水的决策权和执行权，却导致赤岭和培下以各自利益为重，推卸维护责任。货币化的水费虽便于计算，却无法收集。市场化维护通过工程承包完成日常维护和水渠修建，但无法组织集体共同劳动，赤岭和培下原本就是两个较为独立的灌溉子团体，共同劳动的缺失更是降低了他们之间的联系，难以形成互相信任、产生自愿性的集体行动。六里圳灌溉制度缺乏行之有效的惩罚规则和多层级的集体选择系统。惩罚规则的缺失导致管水员或用水户协会、村委会无法制止、纠正违

---

① 访谈记录：六里圳 201024。
② 访谈记录：六里圳 201025。

规行为，从而降低了灌溉者的规则遵从率。集体决策链条的断裂，村民小组作用的弱化，导致村委会直接介入灌溉管理中，从而将灌溉中的问题延伸为村务管理矛盾。

六里圳灌溉规则的遵从率极低，只有轮流管水规则执行较为顺利，其他规则都执行困难，灌溉水费从未成功收取过，集体洗圳也难以组织。灌区中频繁出现任意调整出水口的行为，生活区居民任意往水渠中倒生活垃圾，堵塞水渠。灌区中培下末端的农田在缺水季节经常无水灌溉，没有充足的水量灌溉，水稻的亩产量要稍差于赤岭灌溉便利的农田。培下的农田灌溉较为不足，而培下村民又临近乡集市，有些培下村民则放弃种田，转而经营集市上的生意，从而退出灌溉集体活动。对于那些抛荒农田的培下村民而言，灌溉事务的重要性降低，用水户协会难以动员他们参加洗圳或交纳水费。

简单而言，六里圳的灌溉制度是失败的。六里圳灌溉制度失败所带来的影响并不限于灌溉管理，而是扩散影响到村庄治理的其他事务。灌溉集体行动的失败导致村民缺少共同劳动，从而丧失了形成共同"社会习惯记忆"的基础，久而久之，六里圳的灌溉者则难以做出集体合作行为。在乡村社会，社会习惯是符合社群社会规范，并被这一社会中的成员不断重复的身体实践或社会实践。比如，共同修葺水渠，如果这样的共同实践长期被人们重复实践并形成习惯的社会行为，那么只要社会环境结构不发生重大变化，人们便会习惯性地不断重复这样的身体实践，而不会理性地考量这一身体实践的利与弊。[1] 在有些村庄，灌溉合作行为不断重复，从而给社群带来了"彼此合作"的社会习惯；在六里圳，重复的用水冲突和合作失败产生了负面的社会习惯记忆，从而导致灌溉者以"不合作"作为习惯行为选择。

第六节　分裂化团体的自组织治理逻辑

谢家村是由八个自然村合并而成的行政村，自然村边界明显，逐渐分

---

① 温莹莹：《非正式制度与村庄公共物品供给——T村个案研究》，《社会学研究》2013年第1期。

化为以自然村为单位的次团体。村民收入渠道的逐渐多样化促使村民的财富差距慢慢扩大，上下游灌溉水量不均等也导致灌溉收益的不对称，这两种变化共同降低了谢家村的经济同质性。谢氏宗族分化为相对独立的三个房支，房支内部聚集居住，身份认同优于谢氏总宗族，导致了子宗族内部凝聚力要强于村级总宗族的凝聚力，进而分裂村级层面的身份认同的同质性。在村庄信仰方面，村庙小而多，信仰多元且复杂，缺乏全村村民都认同的民俗信仰。由此可见，谢家村中泾渭分明的自然村、多层级的宗族体系以及多元化的村庙信仰，强化了子宗族的身份认同和自然村的凝聚力，却削弱了村级层面的凝聚力，难以形成强有力的村级宗族和宗教组织，导致社会文化特征异质化，并使村庄分化为以自然村或以子宗族为利益单位的分裂化团体。

在分裂化团体中，谢家村用水户协会以村级名义成立，但实际仅灌溉三个自然村农田，没有包含全村公共利益。谢氏宗族分化为三个房支，村级宗族组织弱化，村庙多元并且狭隘，缺少能统一全村的宗教信仰。虽然，谢氏总宗祠包含全村村民，但子宗族的身份认同、利益诉求优先于总宗族，包含性也流于形式。可见，无论是用水户协会，还是宗族、村庙，都无法包含全村村民，无法形成良好的包含性。然而，谢氏三个房支各自包含同族村民，族中精英嵌套其中，具有充分的包含性和紧密的嵌套性，形成很好的子宗族关联性。虽然村干部、用水户协会会长等乡村精英嵌套在谢氏宗族中，但他们也同时嵌套在房支中，他们更多代表各自房支的利益诉求，而非村级利益。对各子宗族及其精英而言，村委会、用水户协会、谢氏总宗祠是各房支争夺控制权的竞技场，是房支利益冲突的聚集地，正如村民所认为的"村委会成员、用水户协会成员是各房的利益代表，并没有什么村集体利益"。[①]

在分裂化的谢家村，村级层面无包含性、无嵌套性，没有产生关联性。无包含性，意味着缺乏全村共享规范，村民无法对他人行为进行预期，无信任，无互惠策略，合作也就不会产生。无嵌套性，意味着团体精英无法认同非正式的行为规范和道德权威，缺乏为村庄集体利益做出贡献

---

① 访谈资料：六里圳 201022。

的激励，道德问责机制失灵。但是，子团体（自然村、子宗族）内部具有充分的包含性和精密的嵌套性，成员接受子团体的共享规范，遵循"信任—互惠—合作—道德声誉—信任强化"的行动逻辑，使子团体合作得到强化。同时，村干部嵌套在其所属房支，认同房支内部的共享规范，并受其约束，而渴望在房支内部获得道德地位的动机激励他们为房支做出贡献，使道德问责得以生效。谢氏总宗族的弱化、子宗族的强势，使嵌套在房支中的村干部成为各个房支的利益代表，村委会或用水户协会也就成为房支势力分割、权力竞争的舞台，这加剧了谢家村的分裂化，使村集体行动困难，自组织治理失灵（见图7-2）。

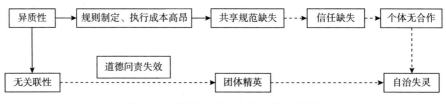

图7-2 谢家村自组织治理失灵逻辑

行文至此，我们可以看到六里圳灌溉制度的全幅图景，六里圳的灌溉社群是一个分裂化的灌溉团体，灌溉者分属于不同的行政区域、房支组织，供奉不同的村庙，是一个在社会文化身份上存在异质性的灌溉团体。在分裂化的灌溉团体中，每个谢氏子房支是一个具有内部凝聚力的灌溉子团体，子团体中存在对成员具有约束力的非正式规范，但团体与团体之间的非正式规范并不相容，因而在分裂化的灌溉团体内部存在多种竞争性的非正式规范，这些非正式规范和灌溉管理的正式规范相冲突。分裂化的村庄将村级灌溉分化为以子宗族团体利益为主的小团体集体行动，用水户协会的灌溉规则无法为分裂了的灌溉团体提供集体行动的共同规范，从而造成村级集体行动困难。

六里圳是一个自治失败的灌溉系统，其失败的根本原因是它灌溉团体的异质性，灌溉者在水源的依赖性、宗族身份、宗教信仰上存在差异性，并演化为一个分裂化的灌溉团体。在分裂化的灌溉团体中，由于缺乏认可的共同规范，各灌溉子团体之间相互竞争、相互冲突。虽然用水户协会制定各项灌溉规则，但非正式的公共规范的缺失使这些正式规则无法有效执行，规则遵从率低下，导致灌溉管理的失败。六里圳灌溉管理的失败加大了赤岭和培下之间的矛盾，并加剧了灌溉团体的分裂。一言以蔽之，分裂化的六里圳灌溉团体导致灌溉自治的失败，灌溉制度的失效反过来加剧了团体的裂化。

第七节　分裂化团体如何走出自治困境

谢家村的灌溉故事在中国无数个乡村社会频繁上演，并成为基层农田水利自治的困境。学术界和实务界也在探讨困境现象及其背后的原因，多数研究集中在从制度层面、组织层面和社会层面来探讨。在制度方面，通常认为农田水利设施的供给不足、管理混乱是由于缺乏一套有效的制度，良好治理的关键在于设计一套能让资源使用者自己达成有约束力的合约，并能自我承诺实施的自组织治理的民主制度，[①] 各种研究也证实了村庄民主制度能显著增加农村公共物品的治理。[②] 因而，在对策思路上，注重从决策机制、筹资机制和生产管理机制等方面建立新规则来改善灌溉管理。[③] 比如，国家在不断出台新的改革制度，"一事一议"制度、农村用水户制度等，但这些制度在实践中也面临重重困难。从组织层面，有的研究指出国家的缺位导致了基础投资不足，乡村基层三级组织的弱化导致了村庄组织统筹能力下降，[④] 进而导致了小型农田的无序状况。在乡村的行动舞台中，村委会、用水户协会、宗族组织是最常见的行动组织，但每种行动组织遵循不同的路径来影响灌溉管理绩效，每一种作用路径对灌溉者而言都会产生不同的激励动机。因此，组织建设的同时应该考虑每种组织

---

① 〔美〕埃莉诺·奥斯特罗姆：《公共事物的治理之道——集体行动制度的演进》，余逊达、陈旭东译，上海三联书店，2000，第32页。

② 张晓波等：《中国农村基层治理与公共物品提供》，《经济学》（季刊）2003年第4期；〔美〕蔡晓莉：《中国乡村公共品的供给：连带团体的作用》，刘丽译，《经济社会体制比较》2006年第2期；孙秀林：《华南的村治与宗族——一个功能主义的分析路径》，《社会学研究》2011年第1期。

③ 高鉴国、高功敬：《农村公共产品的社区供给：制度变迁与结构互动》，《社会科学》2008年第3期。

④ 罗兴佐：《一事一议难题与农田水利供给困境》，《调研世界》2006年第4期；罗兴佐、刘书文：《市场失灵与政府缺位——农田水利的双重困境》，《中国农村水利水电》2004年第12期；刘岳、刘燕舞：《当前农田水利的制度困境与组织困境》，《探索与争鸣》2010年第5期。

相应的行为路径，并以此设计相应的改革细节。在社会层面上，多数研究认为乡村农田水利管理困境在于社会资本、社会关系网络的不合作，本质上是当下农民"经济人"理性的非合作选择，因而，改革的思路应该是培育公民精神，建立良性的农村社会关系网络，增强村庄内部的社会资本。

六里圳的灌溉困境在中国极为普遍，村庄内部的分裂化致使无法内在演化出灌溉规则，而外部行政力量引导建立的用水户制度无法被内化吸收使用，无法达成稳定的成本－收益均衡，从而陷入了长期的无合作状况。那么，谢家村这样一个地理行政边界区划明显、宗族分裂化、信仰多元化的分裂化团体如何才能走出灌溉困境呢？可以尝试着从以下几个方面探究解决路径。

首先，培育村级社会资本，强化村庄内部的凝聚力。分裂化团体的特征在于经济与社会特征的异质性，从而导致村庄分裂为多个子团体，因此，村庄的正式管理组织，如村委会，可以通过举行共同的民俗活动来增强村民对共同规范的认同，建立由信誉、共识、道德等非正式规范所构成的社会网络。社会资本的培育依赖于非正式规范的建立，非正式规范形成于道德约束下的相互交往。对于分裂化的团体，子团体内部具有相互约束的非正式规范，但子团体之间缺乏相互认同的非正式规范。针对此状况，村庄应该在村级层面举行共同活动，促进子团体之间的相互交往与了解，从而建立子团体之间的相互信任。在灌溉问题上，灌溉管理成本应该按照各个子团体的农田地理位置、收益情况来进行分摊，并要求在制度上设计出更加符合子团体需求的成本－收益方案，并在逐渐培育的社会网络下，促进规则被社会网络内化。

其次，制定契合自然条件与团体特征的灌溉制度。奥斯特罗姆曾经指出，自组织治理要想成功需要考虑几个条件：第一，大多数资源使用者是否认为应该采用新的替代规则；第二，新规则的变更对大多数资源使用者会产生类似的影响；第三，大多数资源使用者对公共池塘资源的贴现率较低；第四，资源使用者所面临的交易成本较低；第五，资源使用者具有互惠的共识；第六，资源使用者群体规模稳定。[1] 这六个条件的关键含义是

① Elinor Ostrom, "Collective Action and the Evolution of Social Norms," *Journal of Economics Perspective* 3 (2000): 137－158.

要求自治制度既要符合自然资源的物理特征，更要符合资源使用者的社群特征。在灌溉管理上，灌溉规则的设计应该要考虑灌溉流域环境、取水点的生态分布特点、水域边界与行政边界等因素，同时，也要考虑灌溉社区在经济方面、社会文化方面的特征。对谢家村而言，灌溉规则的设计应该要考虑到多个水源、上下游水量差异的自然地理特征，更要考虑子团体的社会边界，在子团体之间设计更加合理的成本分摊方案。

最后，制定开放、参与式的决策程序。从六里圳用水户协会的成立过程可以窥见村庄的内部决策过程缺乏广泛的民主参与，从而为后续的规则执行埋下了隐患。决策制定的过程应该包含议程设立、讨价还价、达成一致、权威公布等环节，其中应体现开放、民主、参与的核心理念。在谢家村，灌溉规则的制定应该采取更为开放与广泛参与的方式来进行，村委会应事先公开议程事项、灌溉规则，让这些信息进入村民们的日常讨论中。村民在广泛的日常讨论中将逐渐辨析规则的优缺点，村委会可以考虑村民的意见，修订规则，再进入下一轮的讨论。在不断的信息公开—讨价还价—理性修订—再次公开的循环中，让村民们充分参与到规则制定中，并让村民在多次的讨价还价中建立一致同意的认同感，并能够支持规则的执行。

六里圳的灌溉管理改善思路本质上是要回答"在每一个人都有自私动机的情况下怎样才能产生合作？"[1] 本书尝试从团体内部建设与制度设计的角度来提出改善方案，在社群内部培育社会资本、建立合作的社会网络关系；建立开放和参与的制度设计方式；加强制度规则与自然因素、社会因素的契合。在基层乡村社会，自组织治理本质上是要建立合作的社会结构，使合作嵌入由信誉、互利互惠、共享的知识等因素构成的社会网络中。

---

[1] 〔美〕罗伯特·阿克塞尔罗德：《合作的进化》，吴坚宗译，上海人民出版社，2007，第3页。

第八章 研究发现与讨论

　　灌溉系统治理的研究是源于公共池塘资源集体行动困境的反思，自组织治理提供了反驳"公地悲剧"和集体行动困境的有力证据。哈丁和奥尔森等人认为渔业资源、森林资源、水资源常由资源使用者的理性经济人行为而导致共同利益散失的非理性行为的"公地悲剧"。因为没有自利的个体愿意为公共物品的供给做出贡献，"除非一个集团中人数很少，或除非存在外部强制或其他特殊的手段以使个人按照他们的共同利益行事，有理性的、寻求自我利益的个人不会采取行动以实现他们的共同的或集体的利益"。① 这就是所谓的"零贡献理论"（Zero Contribution Thesis）。本质上，"公地悲剧"和"零贡献理论"所隐喻的是灌溉系统应由具有强制力的"利维坦"式的国家供给，或者建立私有产权来终止灌溉水资源的管理悲剧，但这些观点过于悲观，许多实证研究证明资源使用者能在一定条件下实现集体合作。

　　在许多的灌溉系统治理中，灌溉者愿意参与决策、自我组织制定制度、监督彼此行为并做出奖惩，从而避免"搭便车"的可能性，即自组织治理，② 自组织治理提供了解决灌溉集体行动困境的第三种可能性方案。但灌溉自组织治理并不必然是成功有效的，有的灌溉自治能持久、有效地运作，产生良好的治理绩效，有的却无法执行灌溉规则，运行失败，造成这种绩效差异的原因是灌溉团体特征，本书以三个灌溉系统的实证研究证实了团体特征对灌溉自治的影响。灌溉共同体、关联性灌溉团体、分

---

① 〔美〕曼瑟尔·奥尔森：《集体行动的逻辑》，陈郁等译，上海人民出版社，2007，第2页。

② 〔美〕埃莉诺·奥斯特罗姆：《公共事物的治理之道——集体行动制度的演进》，余逊达、陈旭东译，上海三联书店，2000，第51页。

裂化灌溉团体是三种典型的灌溉团体，是基于团体规模、团体同质性/异质性的不同情况所提炼出的概念。这三种灌溉团体产生了不同的灌溉绩效，本书详细地呈现了这三个个案的灌溉图景，本章将对这三个个案做进一步的反思，提出自组织治理的集体行动模型。

第一节 研究发现

一 三个灌溉系统总述

本书以制度分析与发展框架对三个小规模灌溉系统进行了案例深描，力图呈现中国背景下灌溉自治的权力文化图像。这三个灌溉系统分别代表中国乡村社会的三种灌溉者团体类型：灌溉共同体、关联性灌溉团体和分裂化灌溉团体，这三种团体分别设计了不同的灌溉规则，并产生了成功和失败两种自治绩效。三个个案的简述如表 8-1 所示。

表 8-1 三个个案的制度分析与发展框架（IAD）分析

IAD＼个案	自发性自组织治理		行政引导性自组织治理	
	九里圳		黄家村	六里圳
	下游横排片	上游五个村	黄家村	谢家村
自然/物理条件				
水的稀缺性	一般丰水区，但灌溉水源较为稀缺	一般丰水区，不缺水	水资源丰富	一般丰水区
水的不确定性	水量稳定	水量很稳定	水量稳定、有水库	水量稳定
灌溉面积	260 亩	700 多亩	625 亩	500 多亩
对水源的依赖程度	高	低	多处水源，依赖性较低	有多个取水源，上游赤岭依赖性较低、下游培下依赖性较高
灌溉团体属性				
灌溉者数量	194 户	300 户	368 户	543 户
经济同/异质性	同质性，经济收入较高	异质性，上下游村庄经济收入差异较大	同质性，经济收入模式相同，差异不大	同质性较低，经济收入有分化，收入多元化
利益同/异质性	同质性	异质性	同质性	异质性

续表

IAD \ 个案	自发性自组织治理		行政引导性自组织治理	
	九里圳		黄家村	六里圳
	下游横排片	上游五个村	黄家村	谢家村
宗族同/异质性	谢姓第三房支，少数郭姓	谢姓、赖姓、林姓、钟姓	黄姓宗族为主，少数阙姓、张姓	谢姓第一、第二房支，少数郭姓、赖姓
宗教同/异质性	横排片伯公树	伯公树、菩萨庙、三仙宫、妈祖庙	佛教村庙	广福庵、广福桥佛殿、妈祖庙、佛堂、伯公树
社会文化同/异质性	同质性	异质性	同质性	异质性
团体类型	灌溉共同体	异质性灌溉社群	关联性灌溉团体	分裂化灌溉团体
灌溉规则				
边界规则	产权所有者	地权决定水权、授权用户	土地权决定灌溉权	土地权决定灌溉权
分水规则	统一分水、轮灌制	有限度优先分水	干渠用水申报、支渠按顺序取水	上下片区轮流管水、田主任意取水
投入规则	投工投劳、按受益面积分摊成本	不承担任何成本	灌溉水费、投工投劳、按受益面积分摊成本	水费（无法收取）、雇人维护水圳、工程外包
惩罚规则	谷子	难以惩罚其违规行为	张榜批评、停止供水	无惩罚措施
冲突解决规则	九里圳用水户协会	乡政府	用水户协会	用水户协会、村委会
多层级的集体选择规则	村民小组—用水户协会	无	村民小组—用水户协会、水利局	无
行动舞台	谢氏第三房支	各村宗族	黄姓宗族、黄氏宗族委员会、村委会、用水户协会、乡政府、县水利局	赤岭、培下宗族，村委会，用水户协会

续表

IAD 个案	自发性自组织治理		行政引导性自组织治理	
	九里圳		黄家村	六里圳
	下游横排片	上游五个村	黄家村	谢家村
制度绩效				
结果	成功		成功	失败
规则遵从率	高		高	低、纠纷很多
设施的维护情况	良好		良好	差、无人维护水渠
农作物产量	高		高	赤岭水稻产量较高、培下水稻产量较低

本书归纳出三种中国灌溉自治的团体类型：灌溉共同体、关联性灌溉团体和分裂化灌溉团体。这三种团体在两个维度上存在区别，即团体特征与自治形式，具体情况如表8-2所示。

表8-2 灌溉团体类型

团体特征 自治形式	自发性自组织治理	行政引导性自组织治理
	无基层政府介入	有基层政府介入
同质性	灌溉共同体	关联性灌溉团体
异质性	分裂化灌溉团体	分裂化灌溉团体

灌溉共同体是在自发性自组织治理中演变而成的灌溉团体，该灌溉团体具有强有力的宗族组织，是一个内聚的、紧密的同质性团体，团体内部存在约束有效的非正式规范。关联性灌溉团体存在于行政引导性自治中，该团体具有很好的包含性和嵌套性，有很强的关联性，是具有共享道德义务的同质性灌溉社群。分裂化灌溉团体是异质性灌溉团体，团体内部存在不同的宗族组织、多元的宗教信仰，灌溉者在经济、社会文化方面存在异质性，团体内部不具有非正式的行为规范，是一个分裂化的社群。

二 研究结果

本书要回答的研究问题是：灌溉团体特征如何影响自组织治理绩效？什么因素在影响自组织治理的成败？基于三个灌溉系统的自治情况，本书得出以下研究结果。

第一，自发性的自治和行政引导性的自治都有可能产生成功或失败的治理绩效，关键性因素是灌溉团体特征。同质性越大的灌溉者团体，集体合作水平越高，自组织治理绩效越好；异质性越大的灌溉者团体，集体行动越困难，自组织治理绩效越差。在自发性的灌溉自治中，其行动舞台的行动者以非正式组织为主，如宗族组织、宗教组织。团体的同质性促使非正式组织能成功组织集体行动，并逐渐演化为集体荣誉感强烈的灌溉共同体。

第二，行政引导性灌溉自治则较为复杂，其行动舞台涉及乡政府、水利局、村委会等正式组织，以及宗族、宗教等非正式组织，团体特征对自治绩效的影响也更为复杂。当灌溉团体是同质性团体，所有的灌溉者和村正式组织的干部都包含、嵌套在灌溉社群中，灌溉团体具有强的关联性，这种灌溉团体是一种关联性的灌溉团体。在关联性的灌溉团体中，正式规范和非正式规范是相容的，两者能更好地促进灌溉合作。

第三，行政引导性灌溉自治的另外一种团体类型是分裂化的灌溉团体。团体内部的异质性使灌溉者分化为不同的利益小团体，并在小团体内部形成非正式的规范，但整个灌区缺乏统一的共同规范，从而难以形成集体合作。在分裂化的灌溉社群中，宗族或宗教等非正式组织的分化阻碍了村委会、用水户协会等正式组织的运作，非正式规范与正式规范相冲突，从而导致集体行动的失败。

三 对研究结果的解读

本书是对团体特征与自组织治理关系的讨论，规模越大的灌溉团体、异质性越强的灌溉团体，集体行动越困难，自组织治理绩效越差；规模越小的灌溉团体、同质性越强的灌溉团体，集体合作水平越高，自组织治理绩效越好。中国的灌溉个案符合团体特征与自组织治理之间的逻辑关系，但是中国的自组织治理牵涉国家基层自治与乡村社会的契合性，因为灌溉自治同时受到来自国家行政力量与乡村社会宗族、宗教的影响，从而形成复杂的灌溉权力文化网，其中团体特征对自组织治理的影响更为复杂与微妙。

多数的农村灌溉自治制度受到村委会影响，表现为村干部控制着用水户协会，他们或者直接担任用水户协会的领导者，或者管理村庄的水利设施，行政引导性的灌溉自治在中国具有普遍性。在行政引导性的灌溉自治中，灌溉团体的关联性极为重要，如果村干部嵌套在灌溉社群中，认同社群中的非正式规范，他们便能够为村庄集体利益而积极向上级争取拨款，组织集体劳动，从而成功地进行自组织治理。而那些缺乏关联性的灌溉团体，非正式规范与村干部的体制性权威相冲突，则会阻碍村级集体行动。

研究结果显示非正式规范在灌溉自组织治理中极为重要。本质上，灌溉自组织治理是没有外部权威干预的治理，灌溉者所组织的集体行动是自愿性的合作行为，灌溉者根据团体内部的非正式规范选择行动策略。当团体的非正式规范对灌溉者行为具有约束力时，如灌溉共同体和关联性灌溉团体，那么灌溉自治成功的可能性较大。当团体的非正式规范是分化的、互相竞争与冲突时，如分裂化灌溉团体，那么非正式规范则无法有效地约束行动者行为，自组织治理难以进行。因而，在自组织治理中，非正式规范是影响自治绩效的核心因素，团体规模、同质性与异质性并不直接影响自组织治理，这些团体特征是通过影响非正式规范的形成与约束力，进而导致自治的成功与失败。

非正式规范是行动者在社会交往中自发形成的原则，面对面的沟通、有效的信息交流能促进团体内部形成合作性规范。在规模小而且同质的团体中，行动者能够频繁地、面对面地、真诚地沟通，这些真诚的沟通是为了增进彼此间的信任，并不是为了得到精心计划的、有意识的诉求。[①] 而在一个规模庞大、社会认同异质、分化的团体中，行动者进行沟通对话的机会很少，难以进行有效的信息交流。面对面的沟通能够确保彼此互相遵守承诺，形成团体身份认同，[②] 能够增加彼此的信任，影响他人的预期行为，制定和强化团体规范。个体在交流沟通中促使彼此做出能产生最优共同收益的策略，相互遵守约定，并且会在交流中谴

---

① 〔美〕查尔斯·J. 福克斯：《后现代公共行政——话语指向》，楚艳红等译，中国人民大学出版社，2002，第118页。

② John M. Orbell et al. , "Explaining Discussion - Induced Cooperation," *Journal of Personality and Social Psychology* 54 (1988): 811 - 819.

责那些没有遵守共同策略的人。规则的强化过程很大程度上依赖于面对面的沟通，通过沟通，行动者相信他人将会遵守规则，因而产生有条件的遵守承诺。

因此，在一个灌溉团体中，非正式的合作性规范产生于团体内部，团体规模和团体同质性/异质性是影响团体行动情景的两个结构性变量，它们直接影响行动者能否面对面地、真诚地沟通。在特定的行动情景下，灌溉者处于重复博弈的行动情景，他们在面对面的互动中产生互惠、信任，形成合作性非正式规范，达成自筹资金的合约，并形成一套有效的灌溉制度。可以这样认为，灌溉者以非正式的合作性规范为行动策略，遵循自组织治理的集体行动逻辑，成功地治理灌溉系统。

四　研究结果的尝试性应用分析

本书把灌溉系统作为一种公共池塘资源，从团体特征的视角来解释自组织治理的行动逻辑。灌溉制度的研究是一个开放性的议题，学术界从公共物品供给、农村治理、农村社会资本、基层政府治理等角度展开了丰富的理论研究与经验研究，不同角度的研究结论提供了讨论灌溉制度的多重逻辑，不断涌现的个案资料也提供了相互验证研究结论的数据依据。比如，黄宗智所分析的华北平原的沙井村与长三角的薛家埭灌溉制度、罗兴佐所讨论的关中平原的新庄村和荆门五村灌溉制度，这些研究中丰富的个案资料提供了验证本书结论的二手材料，本书将运用研究结论尝试性地对这四个二手个案进行应用性分析，从而验证研究结论的有效性。

（一）沙井村与薛家埭的团体特征与灌溉制度比较分析

沙井村的灌溉系统属于典型的华北平原农村的灌溉系统。在华北平原地区，水利工程主要由庞大的防洪工程和微小的水井组成，由国家建造和维修的大型防洪工程，与由个别农户挖掘和拥有的小型灌溉水井之间的对比，足以显示政治经济结构中的一个强烈对照，即庞大的国家机器与分散的小农经济之间的悬殊差别。沙井村村庄内部并不存在灌溉集体行动，水井灌溉是当地的主要浇灌方式。沙井村有农户69户，集中居住于村庄中心，村庄有10口水井，村民取井水灌溉，总耕地面积1182亩，村内商品化经济、手工业不发达。村庄历史悠久，明朝初建村，是单族村庄，村民的交往以村社为界限。① 在华北地区，宗族组织并不发达，宗族活动较少，全族的活动仅限于清明祭祖、喜事和丧事聚会。这样，宗族组织的薄弱，也就意味着村镇，以及庶民、士绅界限之间联系薄弱，村庄内部权威整合不足，凝聚力缺失，缺乏集体行动基础。村庄中存在着由九位头面人物组成的一种非正式的村组织，称为"会首"，他们的权限可从督管村内事务，到处理村庄的涉外事务，② 这些"会首"是村庄内部的真正统治者，是地方领导层与国家权力之间的缓冲人物。③ 但是，由于宗族组织的薄弱，"会首"组织和宗族组织无法产生良好的关联性，集体行动难以开展。

　　长江三角洲的薛家埭有农户 63 户，分散居住，为薛家埭、何家埭、许步山桥和西里行浜，村民沿着水道居住，取河水灌溉。村内同族集团较小，村民交往以同族关系为纽带，以同族为范围，同族血缘关系对薛家埭的影响较为明显。薛家埭是一个多族村社，分化为六个单族小村落，薛家埭是由这些小村落所组成的地缘、超宗族的村社。小村落的村民有一种多层次的村社认同，对外他们以大村社薛家埭相辨认，对村社内部，他们则以小村落相辨认。遇到困难时，村民会找亲属中最受尊敬的成员出门排解纠纷或提供帮助，但这样的权威不具有正式的头衔或职位。④ 薛家埭村庄的治理模式体现出强有力的同族集团与微弱的村社组织的矛盾结合，一直没有在同族集体以上产生政治组织或领导人。虽然村社组织的作用有限，但是紧密的同族集团有利于灌溉中的集体合作行为，可是由于缺乏同族以上的村级政治组织或共同体，集体活动仅限于紧急排涝行动，日常的灌溉活动由独家独户承担。

　　可以看出，华北沙井村与长三角洲的薛家埭在宗族情况、村社组织等方面存在很大的差别（见表 8 - 3）。华北农村虽然存在非正式的村庄领导组织——"会首"，"会首"的作用更多在于抵制国家征税，"会首"通常由村里的富人、士绅担任，但是村中薄弱的宗族组织弱化了庶民、富

①　黄宗智：《华北的小农经济与社会变迁》，中华书局，1986，第 70 页、232 页。
②　黄宗智：《长江三角洲小农家庭与乡村发展》，中华书局，1992，第 153 页。
③　黄宗智：《华北的小农经济与社会变迁》，中华书局，1986，第 237 页。
④　黄宗智：《长江三角洲小农家庭与乡村发展》，中华书局，1992，第 153 页。

人、士绅之间的关联性，从而没有形成村民合作的基础，合作灌溉难以进行。长江三角洲的农村则不同，虽然在村级层面的联系微弱，但村民接受多层次的身份认同，同族之间存在紧密的合作，这样，村民能够进行一些集体行动，如紧急的防洪，但集体行动仍很有限。

表 8 - 3　沙井村、薛家埭灌溉制度对比

村庄	灌溉设施	宗族	村级组织	关联性	集体行动
沙井村	水井	单宗族	"会首"	无	无
薛家埭	渠道排灌系统	多宗族	行政村组织	无	族内合作、村级弱合作

（二）　新庄村①和荆门五村②的团体特征与灌溉制度比较分析

新庄村位于关中平原武功县，有 9 个村民小组，519 户，2389 人，耕地面积 1140.1 亩。新庄村有张姓、余姓、罗姓、别姓、党姓等姓氏，但张姓和罗姓居多，分散交错居住，形成一种大聚居、小杂居的局面。新庄村的传统宗族组织已不复存在，但具有由兄弟、堂兄弟乃至五服之内关系构成的、规模小于宗族的家庭联合体——户族，③ 户族内部合作紧密。在村级组织上，新庄村建立了村委—村民小组两级组织，并且，村民小组是具有功能性的实体组织，更重要的是户族组织与村民小组在很多情况下是边界重叠的，同一户族是同一小组，多数的村民小组组长年纪较长，在本姓中辈分最高，有些组长本身就是某一户族的管事人。户族和村民小组边界一致、户族族长同时是村小组组长，这就建立了这两种组织的关联性，形成了稳定的连带关系，成为关联性团体。

新庄村具有良好的关联性，户族的宗族权威对村小组组长和村民都具有很好的道德约束力，这促进小组长为集体行动做出贡献，同时也推动普通村民参加集体行动，从而使灌溉规则能高效运作。新庄村主要采用机井灌溉，机井灌溉需要完善的渠系和对水渠的日常维护，并要求村民共同遵守灌溉规则，主要包括分水规则、投入规则和纠纷解决规则。村小组之间

---

① 新庄村案例来源于罗兴佐《村庄水利中的用水规则及其实践基础》，《湛江师范学院学报》2009 年第 10 期。

② 荆门五村案例来源于罗兴佐《治水：国家介入与农民合作》，湖北人民出版社，2006。

③ 贺雪峰：《村治模式：若干案例研究》，山东人民出版社，2009，第 31 页。

分水采用轮灌方法，轮灌顺序由村民小组灵活协商确定；小组内分水多数根据农田地势按顺序灌溉。投入规则包括水费征收和劳务投入，水费是根据用水量（根据浇灌时间确定用水量）征收；劳务投入用于渠道的日常维护，主干渠道由全体村民共同清理，支渠、毛渠由田主各自负责。灌溉纠纷，比如水费征收纠纷、主渠道水量的分摊纠纷、机井和水渠的日常维护纠纷等，由各组小组长协调解决。总体上，新庄村灌溉制度是成功的，它建立了适应自然环境和团体特征的灌溉规则，并且执行良好。在新庄村，对灌溉水源的相互依赖促进了村庄内部形成较为频繁的互动，户族与村民小组的关联性使村庄的正式规范和非正式规范相互融合，从而使村庄集体行动成功实施。

荆门五村位于湖北省高阳镇北部，村庄之间用水冲突不断，合作水平低下。荆门五村村民居住分散，存在多个灌溉水源，姓氏繁多（季桥村的姓氏最少，有 9 个；贺集村姓氏最多，有 20 个），村级层面宗族意识弱，也不存在类似关中新庄村的户族行动单位，原子化的个体家庭是这五个村庄的行动单位，村民的合作十分艰难。每个村庄内部的集体行动也存在差异，在依赖于单一水系的吕集村和季桥村，具有较强的共同意识，村庄内部较容易达成一致意见，能够实施集体行动。但在存在多个灌溉水源的村庄，如新贺村和贺集村，不同水系加剧了村庄内部的竞争与分裂，对公共资金的用途争论极为激烈，难以达成一致意见，而村中又缺乏共同的宗族组织，内生权威整合力量不足，无法形成共同规范。在荆门五村，传统的宗族资源已经瓦解，不复存在，村民缺乏村庄的集体记忆，村民行动以个体家庭为单位，人们更关注现实利益。村庄内部没有形成新的公认的权威，村庄舆论解体，个人主义价值和观念凸显，公益事业少有人关心，村庄治理陷入无序状态。

新庄村和荆门五村具有不同的生态系统，新庄村水资源稀缺，水源单一，农田对机井灌溉的依赖性很大；荆门五村水源丰富，村庄有多个灌溉水源，水系复杂。农田对水资源的依赖程度影响村民集体行动的积极性，单一水系的村庄达成一致意见的可能性比较大，而多个水系的村庄容易陷入讨价还价、意见分歧的局面。在这两类村庄中，最大的区别点是宗族权威的差异，关中新庄村宗族影响力仍在灌溉事务中发挥作用，从而能够形成有效的村庄舆论，约束村民的灌溉行为。新庄村的户族是一种功能性的宗族组织，并且具有运作良好的村民小组，村民小组和户族相互嵌套，共享共同规范，成为关联性团体，使新庄村具有共同规范。然而，荆门五村的宗族意识非常薄弱，村民缺乏对村庄的共同记忆，村庄内部缺乏社会分层而成为原子化个人，村民行动以家庭为单位，村庄舆论无法约束村民行动，致使集体行动难以展开（见表8-4）。

表8-4　新庄村和荆门五村灌溉制度对比

村　庄	水源特点	宗族	村级组织	关联性	集体行动
新庄村	机井	户组	行政村—村小组	强	成功
荆门五村	多个水源	多宗族	行政村—自然村	无	失败

第二节　自组织治理的行动逻辑

　　自组织治理中集体行动的特殊性在于合作行为是在没有外部强制力量干预的情况下，在集体内部产生的集体行动，个体是否为理性人已经不重要，因为集体行动是嵌套在行动情景中的个体所采取的行为策略。在公共资源社区中，资源使用者能够进行面对面的沟通，在沟通中，个体遵循经验法则选择合作或背叛的策略。实证经验和实验研究均证明面对面的沟通能够使个体在重复博弈中采用合作策略时，[①] 会产生自组织集体行动的三个重要规范：互惠原则、信任、道德声誉，这三个原则均在社区沟通中产生。

一　沟通与合作性规范

　　制度是由一系列规则所组成的，制度中的个体在社区沟通中进行启发式的学习，他们在多次的面对面沟通和重复博弈中知道在何种行动情景中采用何种行动策略是对自己最有利的，这种行为策略即经验法则。当个体

---

　　① David Sally, "Conservation and Cooperation in Social Dilemmas: A Meta - Analysis of Experiments from 1958 to 1992," *Rationality and Society* 7（1995）: 58 - 92.

从他人的合作行为中获益或欺骗中受损，他自身也会调整最初的行动策略以适应未来的博弈。类似的情景、重复的博弈使个体能够更好地适应每个博弈情景，并在多次合作中将制度化的规则转化为内在的规范，规则和规范的约束力是有差别的，规则是对个体外在的约束，规范是已经被个体内在价值化的约束，有的甚至已经成为义务。[①] 并且，多数规则与规范的转化是在个体与社区其他成员的互动中形成的，在互动中，每个行动者都希望自己的行动符合他人的预期。

规范是个体从行动情景中学习得来的，不同的文化、不同的团体特征、不同的行动情景产生不同的共同规范，稳定性的规范会上升到道德层面，因为每个人都会按照大家所希望的、认同的行为行动。规则与规范区别开来是有意义的，规则是团体成员所形成的共享知识，规定某种行为在某种情景中是被允许的，或者是被禁止的，规则说明了特定情景中的特定行为。[②] 规范是内在化的、共享的，在更宽泛的行动情景中恰当的行为，是行动者多次自觉使用的规则，这些规范都是在互动沟通中形成的。

沟通可以增加个体对他人的信任，当个体从他人的合作行为中受益，而改变自己的最初策略，也采用合作策略时，互惠规范就产生了。当最初合作产生后，个体相信其他人也会依照互惠规范采取合作策略，因而能在对称的互动中维持合作。在条件性合约中，信任规范就更加重要，在其中，个体愿意为共同利益贡献出 x 量的资源的条件是相信其他人也贡献 x 量的资源，面对面的沟通提供了必需的信任。

厘清信任规范与互惠规范之间的逻辑关系是必要的，当个体之间达成了最初的合作性协议，彼此承诺遵守规则，但风险是任何一方都可能违约，因此信任是合作的第一层规范。当彼此都遵守规定时，合作就得到了维持，从而形成了互惠规范，并且在下一轮的博弈中互惠规范就发生效应了。当个体与他人互惠性地合作，就形成了良好的道德声誉，道德声誉又提高了自己的可信赖程度。

---

① Stephen Knack, "Civic Norms, Social Sanction, and Voter Turnout," *Rationality and Society* 4 (1992): 133 – 156.

② Vincent Ostrom, "Artisanship and Artifact," *Public Administration Review* 40 (1980): 309 – 317.

简而言之，个体在沟通互动中，将外在的制度化规则转化为内在的共同规范，有效的、面对面的沟通能产生信任、互惠规范，并形成道德声誉。

二 自组织集体行动的核心规范：互惠规范

规范是可以演化的，理性选择也是可以演化的，[1] 虽然人类常用国家的强制性力量来解决集体行动的困境，诸如公共安全、食品安全、基础设施建设等，但人类能够在互动交往中形成互惠规范和社会规则以加强合作机会，从各种社会困境中走出来，实现共同利益。

互惠规范是所有团体教导的基本规范，是运用于集体行动困境中的一系列策略，用于识别困境中的其他个体，用于判断他人是条件性合作者的概率，决定与值得信任的人进行有条件的初始合作，拒绝与不给他人回报的人合作，惩罚背叛信任的人。[2] "一报还一报"是最典型的互惠策略，个体能从每次博弈中学习到下一轮博弈中该用的策略，因而行为就演化为总是合作或一直背叛，或者"一报还一报"的互惠策略。但是，互惠策略在小团体中的作用要比在大团体中有效，当个体是基于互惠策略行动时，他们更愿意与其他个体互动，而不是与大众，只有重复次数足够多，互惠战略才能够较为成功地渗透进大规模团体中。[3] 当互动发生在比较小规模的团体中时，互惠策略比较容易实施。

在人类行为的演化中，互惠规范并不是遗传性的人类特征，但人类有敏感的学习和模仿能力，他们根据经验法则认识到与他人共同克服社会困境将会增加他们的长期利益，从而学会互惠规范。互惠规范在个体的儿童时期就开始逐渐形成，父母奖惩小孩直到合作成为自然性的反应，之后，小孩子的同龄人、学校中的老师、工作中的同事和领导都会自动地用互惠规范来奖励合作行为，[4] 个体在各个阶段都在启发性地学习互惠性规范。

---

① Reinhard Selten, "Bounded Rationality," *Journal of Institutional and Theoretical Economics* 146 (1990): 649 – 658.

② Elinor Ostrom, "A Behavioral Approach to the Relational Choice Theory of Collective Action: Presidential Address," *The American Political Science Review* 92 (1998): 1 – 22.

③ Robert Axelrod, "An Evolution of Cooperation," *Science* 211 (1981): 1390 – 1396.

④ Dennis Mueller, "Rational Egoism versus Adaptive Egoism as Fundamental Postulate for a Descriptive Theory of Human Behavior," *Public Choice* 51 (1986): 3 – 23.

互惠规范是从学习中产生的，因此并非每个行动者都能在所有的情景中使用互惠策略，不讲道德的个体可能在"一报还一报"的博弈中学会如何将他人引诱进困境中，并背叛合作，所以，互惠规范要与信任规范联合使用，完全的信任和互惠是危险的。

　　个体最常考虑的是使用互惠策略的可能性，他们根据团体特征、结构变量来判断他人是否能够信任、是否愿意互惠合作，同时，个体在集体行动中，也考虑如何获得道德声誉、声望。有些个体使用互惠原则，是因为行动情景中存在严密的监督和惩罚机制，有些个体是由于效忠于某项协议，并确信能获得他人的信任作为回报，但有的时候对方的回应可能是背叛。行动者是否采用互惠策略依赖对他人使用互惠策略的可能性的判断，因而，信任是行动者做出互惠策略时重要的考量因素，行动者认为彼此是值得信赖的，那么互惠规范就能有效地运用。可见在自愿性合作行为中，信任、互惠通常联合起作用。

三　自组织集体行动的三角模型：信任、互惠、道德声誉

　　信任、互惠、道德声誉是促进自愿性合作行为的重要因素，当然三者并非平行关系，他们之间存在三角形的逻辑关系，本书将其称为自愿性集体行动的三角模型。

　　在上文的分析中，我们已经讨论过面对面的沟通能增强彼此的信任，提高合作的水平，信任是个体做出互惠策略的前提，互惠策略的运用很大程度上依赖于行动者相信对方能做出回报。当许多的行动者使用互惠策略时，他们将有动机获得"遵守承诺、维护共同的长远利益、不顾个人眼前得失"的良好声誉，[1] 所以，值得信赖的个体同时也相信其他人，从而获得可信任的好声誉，任何人都在避免获得不可信任的名声。好的声誉、名声有利于个体在社会交换中获得有利的优势，值得信任的声誉会变成一种无形资产。

　　同样，信任也是一种资产，在社群中，信任可以描述为个体 A 对个

---

① Milgrom Raul R. , North Douglass, Revival Weingast, "The Role of Institutions in the Revival of Trade: the Law Merchant, Private Judges, and the Champagne Fairs," *Economics and Politics* 2 (1990): 1–23.

体 B 行动的预期，当 A 必须在 B 做出行动之前做出选择，那么信任就产生了。[1] 在集体行动中，信任影响个体决定是否合作。信任是合作行为的核心，它联结声誉和互惠规范，个体在面对面的沟通中形成对他人的信任，基于彼此的信任，个体做出互惠性的策略，形成合作，互惠性的策略又给个体带来"值得信任"的好声望，这些良好的声誉又增加了他人对个体的信任程度，信任、互惠、声誉三者构成一个三角形的循环模型（见图 8 - 1）。[2]

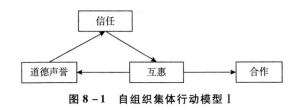

图 8 - 1   自组织集体行动模型 I

在初始合作中，个体基于以往的经验或知识，决定是否采取合作策略。如果个体在一个集体归属感较强的社区中，初始信任水平就比较高，个体就能够信任他人，采用互惠策略，当多数人使用互惠策略时，赢得值得信任的声誉是宝贵的无形资本，信任、互惠、声誉都得到强化；相反，如果个体背叛合作，他人也会采用"一报还一报"的策略，进而放弃互惠策略，导致合作的失败。因此，信任、互惠、声誉是同时强化，或同时弱化的，任何一个元素的变化都会强化或弱化另外两个因素。

四　自组织集体行动逻辑与团体特征的关系

在自组织集体行动模型中，初始合作非常重要，个体往往根据以前的合作经验来决定下一轮博弈中所采用的策略，初始信任的水平对集体行动能否成功极为重要，初始信任水平与团体特征、结构变量有关。简单而言，团体规模越小，团体同质性越大，团体中的信任水平将越高。

[1]　Partha Dasgupta, Social Capital and Economic Performance: Analytics (Working Paper of Beijer International Institute of Ecological Economics, University of Cambridge, 2002), p. 8.

[2]　Elinor Ostrom, "A Behavioral Approach to the Relational Choice Theory of Collective Action: Presidential Address," *The American Political Science Review* 92 (1998): 1 - 22.

（一）团体规模与自组织集体行动关系

团体规模并不直接影响集体行动，而是影响个体之间的信任、行动的可预测性，以及调动资源的方式，集体行动依赖于团体中的信任。在灌溉管理中，灌溉者团体规模越小，越是有利于集体行动，因为在小团体中，灌溉者进行面对面交流的机会比较大，他们在日常的生活交往中或共同劳动中频繁地进行沟通，沟通增强了灌溉者之间的信任。团体规模越小，成员之间达成一致同意的交易成本将越低，规则的制定和执行都较易进行。

小团体不仅有利于沟通，也有利于对个体行为进行监督。在一个小规模的灌溉社区中，灌溉者很容易察觉他人的违规行为。小团体中，信息的流通迅速，团体中的非正式舆论对个体行为能够起到很好的约束作用。如果个体获得良好的声誉或声望，那么声望在小团体中的作用要比在大团体中强烈，小团体成员紧密的互动将扩大声望的效用，声望成为他们在经济交易或社区管理中的重要资产。

总体而言，团体规模越小，成员面对面交流的机会就越多，形成信任的可能性就越大，同时，小团体制定规则的交易成本要小于大团体，团体中容易产生共享规范，这些共享规范在小团体中的约束力要明显大于大团体，因而规则遵从度也比较高。

（二）团体异质性/同质性与自组织集体行动关系

团体在经济和社会文化上的异同体现为异质性和同质性，同质性被看作促进集体行动的积极因素，团体中共享的社会文化或经济因素增加了个体互动的可预见性，[①] 可预见性提供了信任的基础。即使可预见性没有产生信任，同质性团体中的成员也因为具有相同的特征，从而能够产生共同的利益需求。

异质性对集体行动的影响较为复杂，通常被描述为 U 型关系，通常情况下，异质性越大，集体合作水平越低，但是当异质性程度超过某一水平时，团体中的部分行动者有可能供给集体物品，并承担大部分的成

---

① J. D. Fearon, D. Laitin, "Explaining Interethnic Cooperation," *American Political Science Review* 90 (1996): 715-735.

本，出现所谓的"奥尔森效应"。但在一般情况下，异质性被认为会阻碍集体行动，因为在异质性团体中，多样化的经济诉求、身份认同等因素阻碍了个体进行有效的沟通，个体在达成一致同意之前，需要花较长的时间进行讨价还价，所以，异质性越大，形成信任、互惠规范的难度将越大。

可见，异质性与同质性并不会直接影响集体行动，它们通过影响个体之间的社会互动、交流，进而影响个体之间的关联度，从而导致社区社会资本存量的变化，最终导致达成集体行动的绩效。更为重要的是，这些社会互动、交往能传递信息、知识，增进了解，提升信任，抵消或削减异质性对集体行动的负面影响。所以，同质性越大的社区，进行互动交流的机会越大，形成互动、互惠规范的可能性越大，集体行动越容易成功。

（三）自组织集体行动模型

影响自愿性集体行动的制度性变量有很多，比如在灌溉管理中，灌溉者农田地理位置的对称性，水资源的可获得性，灌溉者经济财富的差异性，以及灌溉者种族、宗族、信仰的差异性，都是影响个体互动沟通的变量，这些各种各样的变量归纳为团体同质性和异质性。同质性便于沟通互动，形成互相信任，异质性阻碍沟通，信任水平较低，根据制度变量与集体行动的关系，我们将自愿性集体行动模型进一步细化（见图8－2）。

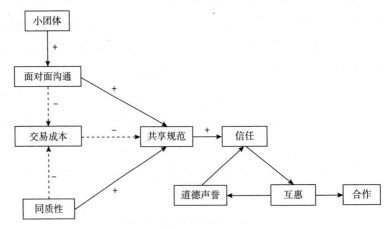

图8－2　自组织集体行动模型Ⅱ

在模型Ⅱ中，扩大团体的规模或缩小团体的同质性，都将减弱团体中的信任存量，进而弱化信任、互惠、声望之间的转化，降低合作水平，所以改变团体规模、团体特征将影响到集体行动的效果。在集体行动中，信任、互惠、声望之间的转化实质上是个体行动策略的改变，声望、声誉是对个体的综合评价，声望、声誉对普通个体能发挥约束、激励作用，对团体精英则能产生道德问责，促使精英为团体谋取更大的福利，道德问责成为非正式的问责制度。

五 道德声誉、问责与集体行动

道德声誉是一种软权力，[①] 特别是在缺乏强制性政治权力的自组织治理中，道德权威在集体行动、组织资源中发挥重要作用，即使是具有完善民主制度的现代政治，道德声誉仍是一项重要的政治资源。道德声誉形成于社区中频繁的互惠行为，个体由于行为表现或某些特征高于普通人，而获得大家一致认同的尊重或尊敬，[②] 从而获得良好的道德地位。道德声誉是个体在社区生活、政治活动中重要的资源，它可以为个体在经济交易中获得他人的信任。在中国乡村社会中，习惯法的约束作用正是源自道德声誉，同时，它可以为团体精英或政治干部提供政治支持，公民们相信具有良好道德声誉的领导人能增进社区的共同福利。正因为道德声誉的重要性，它反过来能约束个体行为，个体违约、精英的寻租性腐败都会让他们丧失道德地位。所以，道德声誉有利于个体行为，个体行为又能够带来道德声誉的增长，基于此种逻辑，道德起到约束和问责作用。

（一）道德问责

在"利维坦"式的国家中，公共物品可以依赖强制力量来供给，对集体行动中的政治官员可以通过科层制度、选举进行问责，但对于缺乏国家权威干预、依赖行为者所理解和认同的道义传统和行为规则的自组织治理而言，既不存在科层制中的绩效考核、工作报告，也没有政党问责，正

---

① Nye Joseph, "The Changing Nature of World Power", *Political Science Quarterly* 105（1990）：177 – 192.

② William J. Goode, *The Celebration of Heroes：Prestige as a Control System*（Berkeley：University of California Press, 1979）, p. 7.

式的问责制度无法发挥作用，相反，非正式的道德问责则对团体成员、团体精英的行动起到很好的约束作用。

"问责"一词并不是专属于对政治官员在任期内行为的监督，问责是一种手段，以此要求个人或组织向权威机构做报告，并对自己的行动负有责任。① 具体而言，行动者只要嵌套在一套社会关系中，当他使用公共资源进行活动时，他就有义务使他的行为符合规定的行为标准，② 并自我感觉到应该对组织使命尽到责任。③ 因此，问责可以理解为这样一组社会关系，在其中，一个行动者感觉到（或被要求）有一种义务，就其行动向其他重要的行动者提供解释和辩解，④ 一旦行动者行为不当，则将会遭受惩罚。⑤ 所以在自组织治理中，问责同样存在，但是问责的逻辑是道德问责。

1. 民主问责制在自组织治理中的失效

在小规模农村灌溉系统的治理中，正式问责制度的作用极为有限。20世纪 80 年代之前，国家对农村灌溉采取集体治水的管理方式，改革开放之后，村民自治成为农田灌溉服务供给的主要方式，村委会成为灌溉管理中的领导机构，成立用水户协会之后，灌溉管理权从村委会转移到用水户协会，协会的会长、理事负责组织农田用水户灌溉管理工作。村委会、用水户协会都是村民自治的组织形式，都是基层治理的正式组织。

严格而言，村委会是基层民主治理的方式，用水户协会制度是代议制民主的形式，协会的最高权力机构是会员代表大会（通常以户为代表单位），有权对重大事务进行决策，选举协会会长、副会长、出纳、会计，并监督协会工作。会员代表大会选举产生理事会成员组成理事会，作为休

---

① M. Edwards, D. Hulme, *Beyond the Magic Bullet: NGO Performance and Accountability in the Post - Cold War World* (West Hartford, CT: Kumarian Press, 1996), p. 976.

② L. B. Chisolm, "Accountability of Nonprofit Organizations and Those who Control Them: the Legal Framework," *Nonprofit Management and Leadership* 6 (1995): 141 - 156.

③ R. E. Fry, "Accountability in Organizational Life: Problem or Opportunity for Nonprofits?" *Nonprofit Management and Leadership* 6 (1995): 181 - 195.

④ 马骏：《政治问责研究：新的进展》，《公共行政评论》2009 年第 4 期。

⑤ A. Schedler, "Conceptualizing Accountability," in Schedler and Plattner, eds., *The Self - Restraining State: Power and Accountability in New Democracies* (Boulder: Lynne Rienner, 1999), p. 17.

会期间的决策机构。在理事会中选举产生常务理事会，作为协会各项制度的执行机构，协会会长、副会长、会计、出纳是常务理事会成员，分别负责各项工作。协会会长由会员代表大会选举产生，每年对会员代表大会做工作汇报，如遇到重大事务，则需要召开会员代表大会讨论决策。同时，用水户协会接受上级水利局的业务指导（见图8-3）。

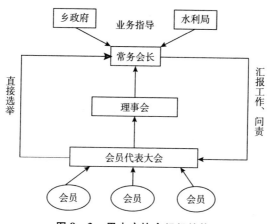

图8-3 用水户协会组织结构

从用水户协会的组织方式看，其遵循的是代议民主制中的选举问责逻辑，早在19世纪，米尔（S. J. Mill）和其他的政治哲学家就得出结论：代议制民主能产生一个可问责的和可行的政府，代议制政府是最理想的政府形式。[1] 在代议制民主中，公民作为"委托人"，监督、问责官员。在马克斯·韦伯看来，现代的代议制是受到约束的代议制，选举的受托人，他们的代表权力受到命令式的委托和对内对外的罢免权的局限，并受到被代表者的赞同的约束。[2] 选举提供自下而上的问责约束，科层制的命令、政绩考核提供自上而下的约束。虽然，中国村庄采用村民自治的形式，但村庄治理的逻辑与民主政治一样，国家仍然希望选举或政绩考核能激励村干部提供更好的公共服务，增加村财务透明，可实际上，自上而下的科层问责和自下而上的选举问责对村庄自治的作用非常有限。

---

[1] Stuart John Mill, *Considerations Representative Government* (New York: Harper & Brothers, 1903), p. 11.

[2] 〔德〕马克斯·韦伯：《经济与社会》，林荣远译，商务印书馆，2006，第325页。

自上而下科层问责的失败是由于乡镇政府对村庄治理控制的有限性，就农田水利自治管理而言，乡镇政府缺乏有效的手段、动机和信息监督村委会①或用水户协会的工作。首先，水利资金的自筹机制导致乡镇政府缺乏有效的手段对村干部或协会领导进行问责。缺乏上级政府的财政补助作为良好政绩的奖励，村干部很少有积极性服从乡镇政府的政策要求，"上级只补助5000元作为用水户协会的启动基金，大部分的水利经费是村民自筹的，我们对他们负更多的责任"。②虽然乡镇政府可以通过控制村干部绩效工资的方式来要求他们提高水利管理水平，但根据笔者所调研的三个村庄来看，每个村庄的村财政都非常有限，村干部通常难以按时拿到每月的工作补助，显然工资或奖金对他们而言无法带来很大的激励性。当乡镇政府无法对村干部、协会会长的行为进行奖惩时，即使有问责，也无法体现问责的真正作用。

其次，乡镇政府缺乏对村干部、用水户协会会长问责的动机。各级政府多以经济发展作为政绩考核的主要指标，作为基层的乡镇政府，同样面临政绩压力。乡镇官员对经济发展、工业建设优先考虑，而对回报周期很长、回报率很低、需要持续投资的农田水利则很少优先考虑。当乡镇政府忽视农田水利工作时，他们也很少评估村干部或用水户协会的管理工作，因此，乡镇政府很少动用极为有限的乡镇财政资源去监督、评估、问责村委会和用水户协会的工作。

最后，乡镇政府缺乏对农村水利管理问责的充分信息。中央对农田水利信息的获得是通过省、市、县、乡镇逐级汇报上去的，每一级政府都有需要完成的政绩指标，当下级政府在上报信息时，谎报、误报、调整数据的情况常有发生。乡镇政府虽然设立统计站，但村庄自报数据的方式普遍存在，真实的信息经过层层汇报之后，信息失真的可能性很大。

另外，当自上而下的科层制度无法有效地对村级干部、用水户协会会长进行问责时，选举赋予了村民决定权，将管理能力不足的村干部剔除出村委会，并选举有能力的人作为村委会干部，获得再次当选的目标会激励

---

① Lily Tsai, *Accountability without Democracy* (New York: Cambridge University Press, 2006), p. 232.

② 访谈记录：九里圳 201022。

村干部回应村民的要求，改善村庄农田水利管理水平，但实际上，选举问责的作用很有限。选举问责的逻辑在于现任干部希望获得再次当选，可是在自筹资金困难、村级财政有限、村务繁多的村庄中，村干部一职并没有很大的诱惑性。正如一位在任期内辞职的村主任说道："村级财政没有钱，我们村干部的误工补贴都发不出来，村庄事务繁多，我都是搁下田里的事情忙村里的事情，有些事情又很难处理，会得罪村民，我不能兼顾家里经济和村委会的事情，就辞职了，让比较有能力和家庭经济状况比较好的人担任。"① 多数农村的水利公共基金很少，用水户协会能支配的财政拨款非常有限，担任会长或村干部的好处是能够扩大他们的人际关系网络，和乡镇政府保持较为紧密的联系，但与发展家庭经济相比，村干部职务缺少吸引力。

村干部对再次当选的积极性不足，与此同时，村民对村务管理情况、水利管理信息不足，也难以对村委会或用水户协会进行问责。在用水户协会管理制度中虽然要求公开水利基金的使用情况，但大多数的村民们不清楚上级的水利拨款数额，财务公开也只涉及大规模水渠维护的资金情况，对村级财务的预算、决算尚未按照科学的方法进行管理。即使在灌溉管理良好的九里圳，每年都会对水利基金进行结算公开，但财务公开也比较粗劣，村民难以依据粗劣的信息对协会领导人的工作进行有效的监督。

简而言之，在农田灌溉系统的自治中，科层问责和选举问责并没有对协会领导、村干部带来有效的激励机制，也就是说，乡村精英或团体精英并非为了要获得乡镇政府的肯定或再次当选才积极地改善灌溉管理水平，正式的民主问责制度在自组织治理中是失效的。

2. 非正式的道德问责

中国乡村是一个权力文化网络，这一文化网络包括不断相互交错影响作用的等级组织和非正式相互关联网。② 当正式的民主问责制度无法为乡村精英提供足够的激励机制促使他们改善灌溉管理水平时，文化网络中的

① 访谈记录：六里圳 201009。
② 杜赞奇：《文化、权力与国家：1900—1942 年的华北农村》，江苏人民出版社，2010，第 5 页。

道德声誉、声望地位成为非正式问责机制为灌溉团体精英提供动力，促使他们改善团体的灌溉服务。道德声誉对协会会长或村干部而言，是重要的政治资源；对村民或灌溉者而言，则是有效监督用水户协会工作的软权力。

道德声誉、声望地位是个体在多次的互惠策略中所获得的综合评价，证明个体在道德地位上高于他人。道德声誉有助于村民在追求经济利益、进行经济交易时，获得他人的信任，更为重要的是，道德声誉有助于政府官员执行国家政策、引导公民服从。[①] 虽然，政治官员常被假设为自私、唯利是图、虚伪、背叛的，甚至是基于善意的政策执行者也常常采用残忍的手段，政治家行为被形象地描述为马基雅维利，但是政治机构和制度必须服务和代表超越他们自身的利益，去追求超越私人目的的公共价值，换句话说，他们必须建立道德基础。当公民将一个机构或官员定位为忠诚地、有效地服务于这些价值和目标时，公民将给予官员或机构一定数量的尊重，并认同他们所执行的政策是对公民有利的，这些特定量的尊重就是机构或官员的道德资本。[②]

道德资本在乡村的熟人社会显得更加重要，乡村中具有高的道德声誉或声望的行动者常常利用自己的号召力组织集体行动，或说服团体成员服从国家政策。中国历来就有利用道德的力量说服人们服从国家政策的传统，模范行为、仪式、道德和说教一直以来都被作为政府的手段。[③] 乡村精英或村干部如果能成为村里面的道德模范，并获得村民的信任，那么即使是在质疑村委会行为的合法性时，村民仍能相信精英们或村干部，并且配合村干部的工作。在农村基层民主选举的背景下，农村的政治选举无须考虑政党派别因素，道德声誉成为村民们对候选人的评估标准之一。

道德声誉为乡村精英或村干部提供了一种执行国家政策的武器，同时，道德声誉也成为普通村民监督、问责村干部的软权力。当乡村精英或村干部腐败、贪污公款或违反社区规范时，道德攻击、舆论压力所带来的

---

① Lily Tsai, *Accountability without Democracy* (New York: Cambridge University Press, 2006), p. 89.

② John Kane, *The Politics of Moral Capital* (New York: Cambridge University Press, 2001), p. 10.

③ Kevin O'Brien, "Implementing Political Reform in China's Villages," *Australian Journal of Chinese Affairs* 32 (1994): 33 – 59.

惩罚将远远大于物质惩罚，道德声誉地位的丧失将影响到他们日常的人际交往，甚至经济活动。

必须要指出的是，道德声誉权威和体制性权威并不是一个概念。体制性权威是正式制度中职位性权威，道德声誉权威则是社区团体所赋予的尊重、声望，两者有可能出现在同一个人身上，但也有可能村干部只拥有体制性权威，而缺乏道德声誉权威，两者的分离也说明道德声誉权威的获得是需要条件的，道德声誉权威并不依附于体制性权威，其获得很大程度来自非正式组织。

一言以蔽之，在乡村治理中，民主问责对乡村精英——村干部、用水户协会会长——的激励性很弱，相反，道德声誉提供了非正式的问责，激励乡村精英为集体利益而工作。

（二）道德问责发挥作用的条件

道德声誉权威是一种软权力，声望、声誉的获得并非来自体制性职务，而是产生于团体内部，因此，道德声誉权威要发挥问责激励的作用，需要两方面的前提条件。

一方面，团体中必须存在普通村民和精英所接受的共同规范。道德声誉是个体在多次的互惠策略中所获得的综合性评价，只有这个团体对何种行为促进共同利益存在共同看法，他们才能根据行为增减行动者的道德资本存量。道德标准是一个团体所接受的共享标准，在一个同质性团体中，道德标准是判断团体成员道德地位高低的一致性准则，但在异质性团体中，则难以形成这种一致性的评判准则，因为成员对什么是"好"行为的标准看法不一致，甚至存在互相冲突的利益。所以，道德声誉权威是在共同规范下，根据行动者的行为授予的道德资本存量。

另一方面，团体中的体制性权威要认同道德声誉权威的约束作用。"问责"一词是用来描述对团体中行使公共权力的个体行为的监督、奖惩过程，如果正式组织的村干部或用水户协会会长不认同团体中的道德标准，团体舆论则无法对他们的行为形成约束性。在乡村社会中，乡村精英很多时候参与社区生活，比如宗族活动、村庙庆典，在这些社区活动中村干部、用水户协会会长逐渐接受非正式团体的权威。由于乡村精英也认同宗族团体或宗教团体的规范、权威，团体成员们也相信他们的行为会符合共同规范。

道德问责是一种非正式问责，是一种软约束。在同质性团体中，道德问责的作用比异质性团体要明显。在同质性团体中，团体对共同规范的认同更加强烈，团体成员具有相同的经济利益诉求、社会文化认同，同质性促使普通成员和精英都嵌套在团体的非正式组织中，如宗族、宗教组织，他们在非正式活动中增加信任，深化对团体共同规范的认同，并产生为团体利益做贡献的义务感，在这种团体中，道德问责的激励作用最为明显。但在异质性团体中，道德问责的作用就弱很多。因为在异质性团体中，成员利益诉求不同，难以形成一致认同的共同利益，社会文化的差异可能让成员分别隶属不同的宗族团体、宗教组织，这些异质性因素都阻碍团体形成共享的道德规范，所以道德问责也就难以实行。

道德问责对同时具有正式组织和非正式组织的灌溉管理而言，极为重要。用水户协会的管水员、会长，村委会中的村主任等乡村精英都试图在社群中获得良好的道德声誉、高尚的道德地位。当科层问责、选举问责都无法激励他们为村庄谋取福利时，道义责任感、宗族荣誉感、声望则能够提供有效的激励机制。

基于道德声誉对团体精英的激励作用，自愿性集体行动模型再次细化为模型Ⅲ（见图8-4）。

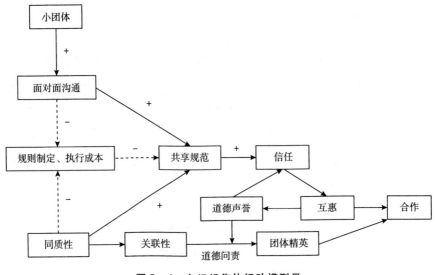

图 8-4　自组织集体行动模型Ⅲ

　　集体行动困境是公共资源治理理论讨论的起点，其前提假设是理性的、自利的个体无法实现他们共同的利益，但这一理论逻辑受到了来自理论和实证的检验和批评，自组织治理理论提供了一种破解行动困境的逻辑，即在社区内部形成行动者互惠的共同规范，从而产生集体合作。社群或团体在沟通、交流、互动中进行重复性博弈，第一次合作信息会为第二次合作提供动机，后续的互动会基于之前互动中所形成的规范。当行动者频繁地进行面对面的沟通，他们之间的信任水平将得到提升，彼此的信任增加了做出互惠策略的可能性，合作水平也得到提高，在多次的互惠合作中，行动者将获得良好的道德声誉，作为行动者在社区活动中的道德资本。

　　自组织治理的集体行动是一种自愿性的集体行动，集体合作行动的产生很大程度上依赖于信任、互惠、道德声誉规范的形成，这些公共规范的产生受到团体因素的影响，特别是团体规模和团体同质性/异质性。团体规模很小，团体内部进行互动交流的机会很多，信任、互惠的共同规范则较容易形成，反之，团体规模越大，共同规范越难形成。团体的同质性越高，团体成员在经济、社会文化方面的共同性越有助于形成一致性的共同规范，反之，共同规范难以形成。所以，自组织治理的集体行动逻辑受到团体因素的影响。

　　同质性团体有利于形成共同规范，更为重要的是，它也有利于进行道德问责。自组织治理的集体行动的共同规范产生于社区内部，因此它对普通成员和团体精英的约束、激励问责机制也遵从社区道德规范。民主问责机制在自组织治理中收效甚微，而非正式的道德问责能对团体精英起到很好的激励作用，但条件是团体中存在共同认同的道德标准和行为规范，同质性团体提供了共同的道义责任和道德标准，道德问责能有效发挥作用，而在异质性团体中，道德问责难以发挥作用。

第三节　使自组织治理运转起来

　　公共资源是人们集体使用的具有非排他性（无法阻止其他使用者使用）和消费竞争性的自然或人造资源。由于资源的开放进入状态和使用者追求利益最大化及机会主义行为的存在，公共资源经常陷入"公地悲剧"的困境，从而导致理性经济人的非理性过度使用资源，进而导致资源不可逆转的衰竭。"公地悲剧"的出现相应地提出了"如何持久、有效地管理公共资源"的对策性问题，科层（官僚）管理、市场化管理、自组织治理作为三种解决途径不断地被讨论并运用。科层（官僚）管理途径认为政府命令能有效减少原子化个体合作的交易成本，比如农村合作社的集体时代就能低成本地大规模兴建水利设施，实现了强制化的合作。市场化途径基于确立公共资源产权的前提，以市场交易来建立公共资源的分配与使用，例如可交易的配额许可制度、水权交易、小型水利设施的产权改革，市场化管理途径是建立在正式交易之上的合约管理，公共资源价格市场的建立、规范的产权交易是有效市场化管理途径的关键要素。自组织治理途径则是建立在资源使用者相互信任、遵守共享规范基础上的自愿性合作机制，该途径认为人们在面对难以逆转的资源枯竭时，经过多次"以牙还牙"的重复博弈，当一个资源使用者做出一次的利他行为时，"以牙还牙"的重复博弈将自动产生互惠行为，不断的互惠互动将创造出合作规则来约束资源使用者的行为。

　　自组织治理在中国的农田水利管理中多数采用用水户协会的组织形式，虽然存在灌溉群体自我诱发型的用水户协会和行政引导建立的用水户协会，但前者存在的个案数量远远少于后者，大多数的农村用水户协会是在"政府指导、自主管理；自愿组合、互利互惠"的原则下成立的。按照《2014 年全国水利发展统计公报》的数据显示，截至 2014 年底，国家安排中央财政 378.09 亿元用于小型农田水利建设；全国成立的以农民用水户协会为主要形式的农民用水合作组织累计达到 8.34 万家，其中 254 个农民用水合作组织被评定为第一批国家农民用水合作示范组织；农民用水合作组织管理的灌溉面积约为 2.84 亿亩，占全国耕地灌溉面积的 29.2%。① 这些数据以事实说明农民自组织治理小型农田水利已经是一种稳定的制度形式，是基层水利管理的常态，实现了用水户参与管理与民主

――――――――――

① 数据来源：《2014 年全国水利发展统计公报》。

协商。具体而言，用水户协会解决了主体"缺位"问题，保障了水利工程效益的发挥；提高了水费征收率，扩大了农田水利融资渠道；促进节约用水，提高了水资源利用效率和效益；规范用水秩序，减少了用水纠纷；为"一事一议"制度提供了载体，营造了和谐氛围。

然而，以用水户协会为组织载体的灌溉自组织治理并非是万能方案，其自治绩效参差不齐，灌溉制度有成功有序运作的，也有名存实亡的。大多数的自组织治理都存在明显的问题：一是自治组织——用水户协会建设不规范，没有严格按照规定的程序组建，协会理事会由村"两委"制定产生，而不是民主选举产生，广大用水户没有参与到决策选举中来，也不大清楚协会的规章制度与运作方式，用水户对协会的支持度低下。二是用水户协会与村委会在水利建设和管理中的职责划分不清楚，职能交叉重叠，导致灌溉管理无法有效实施。三是灌溉自治制度运作混乱，内部财务账目不清，上级补助款与收取的水费账户不清；灌溉规则无法实施；协会缺乏有威信、有号召力、有责任心、有公共精神的组织者；用水户的参与积极性普遍不高，"等、靠、要"思想严重。四是自组织筹资困难，村民对计收水费存在抵触情绪，大部分农民没有足够的经济能力投资水利工程改造；国家财政对基层小型农田水利设施的投入较少，资金投入出现两极分化现象。

上文仅仅罗列出了自组织治理中的表面问题，本质问题已在案例研究中明显指出：制度与团体两个方面的问题。对灌溉管理的讨论需要从现象描述、原因分析到对策建议，如何才能让自组织治理运转起来？下文将沿着制度与团体两个思路尝试性地提出对策建议。

一　基于边际效益改进的制度建设

按照社会科学的视角分析，制度泛指以规则或运作模式规范个体行动的一种社会结构。道格拉斯·诺斯（Douglass Dorth）明确地指出"制度是一个社会的博弈规则，或者更规范一点说，它们是一些人为设计的、型塑人们互动关系的约束。"诺斯认为人们是通过某些先存的心智构念来处理信息和辨识环境的，但每个人的心智能力均有一定的局限，那么，有限的心智能力与辨识环境时的不确定性结合在一起，便演化出了旨在简化处理过程的规则和程序，这些制度框架则通过结构化人们的互动，限制了行为人的选择集合。① 在灌溉管理的具体情景中，灌溉制度是约束灌溉者的博弈规则，简单而言，就是约束灌溉者互动的规则。灌溉者有限的心智能力无法处理信息不对称与不确定的外部环境，在这种情况下，灌溉者不仅可以理性地追求收益最大化，也可以自我约束，因此便会产生互相约束的规则和程序，那么灌溉制度就产生了。

灌溉制度建设在某种程度上也可称为制度变迁，是对构成制度框架的规则、规范和实施的复杂结构的边界调整。道格拉斯·诺斯提到用相对价格来解释制度变迁。诺斯认为，相对价格的根本性变化是制度变迁的最重要来源，因为，相对价格变化不仅能改变"个人在人类互动中的激励"，而且能改变人们的口味和偏好，从而改变人们的行为方式和一些"先存的心智构念"。那么，在什么情况下，相对价格的变化才会导致制度变迁呢？诺斯进一步指出，只有相对价格的变化能使交换的一方或双方（不论是政治的还是经济的）感知到通过改变协议或契约能使一方甚至双方的处境得到改善时，人们才有重新定约、签约的动力。② 按照诺斯所讨论的相对价格，那么灌溉制度建设的相对价格是指什么呢？如何调整灌溉制度建设的相对价格呢？每一个具体的灌溉制度都会涉及分水规则和成本分担规则，分水规则规定了灌溉受益方式，成本分担规则说明了成本分摊方式，灌溉制度相对价格应该意指成本－收益，相对价格变化应该指成本－收益的变化。如果新的灌溉制度能导致多方灌溉者的成本－收益发生改善，那么用水户才有认可制度、遵从规则的动力。相反，如果新的灌溉制度无法改善多方的成本－收益，或者让一部分灌溉者感到处境受损，那么，灌溉者将无法同意新制度，制度变迁也就无法发生。

相对价格变化只有在能改进资源使用者边际效用的情况下，新的制度才得以建立。在公共池塘资源治理社区，行政引导的制度常常以强制变迁的方式来建立，新制度所带来的相对价格的变动对政府、资源社区的边际

---

① D. North, *Institutions*, *Institutional Change and Economic Performance* (Cambridge：Cambridge University Press, 1990), p. 25.

② D. North, *Institutions*, *Institutional Change and Economic Performance* (Cambridge：Cambridge University Press, 1990), pp. 84 – 86.

收益并非同步改进。正如有的村庄在实施了用水户协会制度之后，基层政府则以自主管理的原则退出了农田水利设施的建设，这减轻了财政负担，但对于缺乏向外融资能力以及向内筹资能力的乡村社会而言，无法承担起农田水利设施的建设与管护成本，反而陷入了无序管理的状态，因此，新制度给资源使用者带来的边际效用并未改进而是受损。简单而言，自组织的制度建设以改进资源使用者的边际效用为导向。那么，在实际操作层面上，如何来建立边际效用改进的自治制度呢？

首先，建立开放的公共论坛。新制度对资源使用者的边际效用的影响需要在公共论坛上进行重复博弈，并渐次调整，从而达到成本－收益的新均衡。公共论坛可以为摆脱非合作的社会困境提供重复博弈的场景，按照奥斯特罗姆的观点，沟通和创新是摆脱集团行动困境的两种途径，[①] 这两种途径的发生需要开放的公共论坛。在操作层面，开放的公共论坛意味着自治制度设计过程需要让资源使用者充分讨论，吸纳各种不同的意见，并依次做出符合社群福利最大化的规则调整，使新制度能改进最大多数人的边际效用。开放性的公共论坛还为制度实施产生的冲突和违规行为提供了辩解、协商的平台，并做出可信的处置，同时对重复冲突和违规行为制定新规则，对制度框架做出调整，进而促进制度的良性变迁。

其次，建构外在引导与内在诱致相互融合的制度变迁路径。林毅夫曾对诱致性制度变迁和强制性制度变迁做出过解释，诱致性制度变迁指的是现行制度安排的变更，或者新制度安排的创造，是由个人或一群人在响应获利机会时自发倡导、组织和实行的；强制性制度变迁是由政府命令和法律引入和实行的。[②] 这两种制度变迁有时候也被相应称为分散实验和人为设计。[③] 在灌溉管理中，用水户协会的制度建设分别具有这两种类型的变迁路径，譬如，九里圳灌溉制度历经百年，自我演化、自我实行，是典型的诱致性制度变迁；谢家村六里圳管理则是由政府命令引

---

① Elinor Ostrom, "A Behavioral Approach to the Rational Choice Theory of Collective Action," American Political Science Review 92 (1998): 1 – 22.

② 林毅夫:《关于制度变迁的经济学导论: 诱致性变迁和强制性变迁》, http://4a.hep.edu.cn/ncourse/ep/resource/part1/WE/18.htm, 最后访问日期: 2016 年 10 月 16 日。

③ 蔡晶晶:《农田水利制度的分散实验与人为设计: 一个博弈均衡分析》,《农业经济问题》2013 年第 8 期。

入的规则安排，采取政府指导、自主管理的原则建立的制度安排，本书将其称为行政引导性的制度变迁。在多数的灌溉社群，具体的灌溉制度安排是嵌套在国家农田水利制度结构中的，制度变迁会同时受到村庄内生力量和外部引导的影响。有效的制度创新应该考虑这两种力量，即行政力量推行的制度安排应该能够被村庄内部吸纳，使社群个体通过参与规则创新来吸纳新的制度安排，促进外在引导制度的内在适应。在操作层面，行政设计的制度安排应该具有让基层农村灵活应用的空间，重视制度安排的多元化，尊重地方知识与村庄内生制度。基层农村则要加强对政府所倡导的制度的学习与培训，掌握外生制度的关键要素，并在村庄内部充分讨论，结合村庄特点进行制度应用。

最后，促进正式制度和非正式制度的耦合。诺斯认为制度基本上由三个部分构成：正式规则、非正式规则，以及它们的实施特征。诺斯在论述制度时，从非正式规则开始，他认为，即使在法制健全的西方国家，正式规则也只是形塑人们社会选择之约束的很小一部分（尽管非常重要），而人们社会交往和经济交换中的非正式约束则普遍存在，甚至影响制度演化，成为路径依赖的根源。[1] 非正式制度是建立在社会群体共同协定的基础之上的，这些协定通过群体成员的互动而得以创建和维系，[2] 当人们违反时，并无专门的组织加以明确的量化惩罚，而是诉诸自愿协调。[3] 非正式制度在农村公共物品供给中发挥积极作用，非正式的传统、习俗、规范可以促进对正式制度的问责，[4] 也能够维系、重复集体行动，使村庄内部形成社会习惯。[5] 忽视这些传统、习俗等非正式制度而生硬地移植正式制度是毫无效果甚至是适得其反的。在公共资源社区，用水户协会制度是一个正式的灌溉制度，正式灌溉制度的顺利实施还有赖于与当地的道德观

① D. North, *Institutions*, *Institutional Change and Economic Performance* (Cambridge: Cambridge University Press, 1990), p. 45.

② 〔美〕詹姆斯·马奇、马丁·舒尔茨、周雪光：《规则的动态演化——成文组织规则的变化》，童根兴译，上海人民出版社，2005。

③ 〔德〕柯武刚、史漫飞：《制度经济学》，朝韩华译，商务出版社，2000，第120页。

④ 〔美〕蔡晓莉：《中国乡村公共品的提供：连带团体的作用》，刘丽译，《经济社会体制比较》2006年第2期。

⑤ 温莹莹：《非正式制度与村庄公共物品供给——T村个案研究》，《社会学研究》2013年第1期。

念、风俗习惯的融合度。在操作层面上，正式制度安排可以结合非正式规则，比如，运用民俗活动来建立公共论坛，尊重当地的分水规则，等等。

二 培育团体内部的合作规范

在本书中，灌溉团体特征是解释自组织治理绩效差异的关键因素，奥斯特罗姆虽然指出了良好治理的关键是建立符合 8 项设计原则的自组织治理制度，但是，一套良好的自治制度更依赖具有合作特征的团体。在政策建议上，村庄的团体建设旨在于建立村庄内部的信任－互惠规范，加强村庄内部的凝聚力，提高村庄的同质性。在现代大多数农村，农民在整体上处于高度分散的原子化状态，或者体现为小共同体之间的相互隔离，缺乏合作的内生规则以及推动合作的团体精英，因此，培育合作性的团体规范的首要任务是提高村庄的同质性认同。在农村社区，农民的共同记忆可以来自宗族、信仰、风俗习惯，基层政府或者村庄自身可以通过文化建设来树立村庄的同质性特征。合作规范的产生不仅依赖于同质性认同的前提条件，也需要信任－互惠规范的推动，这就需要具有经济理性的团体成员在重复博弈中建立信任－互惠的社会资本。在农村社区，理性导向下的重复博弈是"一报还一报"的序贯博弈，首次互惠行为将会促进合作的迭代重复，因此，建立合作规范的关键环节还在于促进初次合作的实施。在操作层面上，公共资源团体可以在较容易合作的事情实施集体行动，比如紧急性的共同防涝、专项资金建设灌溉水渠等，在多次初级合作的基础上，再讨论灌溉制度的核心规则。团体合作规范的维持需要个体相互嵌套的社会网络，当个体嵌套在社会网络中，违反互惠规则的行为才能受到道德约束和舆论处罚。在基层社区，社会网络通过各种微观的日常行为来建立，比如，家庭的互助、村民小组帮扶、社区的公共活动等。

三 促进制度与团体的相互嵌套

对自组织治理的研究不论是在规范性的理论讨论上，还是在经验性的实证研究上，都分别从制度建设和团体（或称为社区、社群）特征来解释，但本书的研究结论意味着自组织治理是制度与团体双向嵌套的缓慢过程，单独讨论制度或团体都难以理解自组织治理的过程。许多对公共资源自组织治理的研究常常预设团体特征是一个外在因素，假设资源团体的经济社会特征都是同质性的，而忽视了团体特征对灌溉制度的关键性影响，仅仅关注制度因素。另外一种研究思路聚焦于团体内部结构、社会资本等因素对集体行动的影响，但忽视了制度设计的重要性。制度和团体是双向嵌套的，不同的制度将会塑造成员的偏好，进而导致不同程度的团体稳定、冲突管理以及资源治理状况；即使是相同的制度，不同类型的团体对制度安排的自我理解、自我约束也不同，进而造成遵从度差异，从而自治制度的执行效果就有差异。制度与团体之间互相影响、相互塑造的规律要求自组织治理要同时考虑制度在资源使用团体的内生化以及团体自发诱致的制度设计。在行政引导性的制度设计中，基层政府应允许资源使用社群根据自身特点，对制度进行微调，使人为设计的制度更契合团体特征。在自我诱致性的制度设计中，资源使用团体应采取参与式的规则制定与自我实验方法，促进团体对制度设计及执行的参与度和遵从度，从而建立适合于团体特征的制度。

第四节　结论

本书对灌溉自治绩效迥异的村庄进行比较分析，解答了"团体特征是如何影响自组织治理的"，研究得出以下结论。

第一，团体类型及特征。灌溉共同体是一个内聚、紧密的同质性团体。分裂化团体是经济社会高度分化的异质性团体。关联性团体也是同质性较高的团体，同质性使团体具有好的包含性与嵌套性，使团体基于共享的道德义务和伦理标准建立成员关系，凝聚为关联性团体；异质性则使团体缺乏包含性和嵌套性，无法产生关联性。灌溉共同体通常出现在自发性自组织治理中，关联性团体通常产生于行政引导性自组织治理中，分裂化团体在自发性自组织和行政引导性自组织中都可能出现。

第二，团体特征与自组织治理逻辑。同质性便于共享规范的形成，基于共享规范，个体行为具有可预测性，可预测性使个体能互相信任，实施互惠策略，产生合作，合作又为个体带来声誉，违约背叛则失去声誉，道德声誉的得失又会影响他人对自己的信任，从而形成"信任—互惠—合作—声誉—信任"的行动逻辑,自组织治理得以成功实施并强化维持;相反,异质性阻碍了共享规范形成,个体合作机制断裂,自治绩效低下。同质性使团体产生包含性和嵌套性,包含性使所有个体认同共享规范,遵守"信任—互惠—合作"的行动逻辑;嵌套性使团体精英接受非正式性规范,使不同组织形成关联性,进而对团体精英产生道德激励与问责,激励他们为团体利益做出贡献,促进自治的组织与实施。经济、社会文化异质的团体则无法形成良好的包含性和嵌套性,而演化为分裂化团体,个体合作失败,道德问责失效,自治失灵。

第三,道德问责。道德问责是本书一个概念化的结论,用于解释自治团体中领导型精英的行动逻辑。"问责"一词并不是专属于对政治官员在任期内行为的监督,问责是一种手段,以此要求个人或组织向权威机构做报告,并对自己的行为负有责任。具体而言,行动者只要嵌套在一套社会关系中,当他使用公共资源进行活动时,就有义务使他的行为符合规定的行为标准。因此,问责可以理解为这样一组社会关系,在其中,一个行动者感觉到(或者被要求)有一种义务,就其行动向其他重要的行动者提供解释和辩解。[1] 在关联性的自治组织中,连带关系使团体精英接受非正式的共享规范,这些规范要求他们有义务向团体成员解释其管理行动,团体成员则以道德声誉的赋予或剥夺的方式对团体精英的行为进行奖励或惩罚,使其对自己的行为负责,形成道德问责。

道德问责是以道德声誉的赋予或剥夺为作用方式的非正式问责形式,不同于政治系统自上而下的科层问责或自下而上的选举问责,但后者无法为自组织治理提供激励来源。自上而下的科层问责与自下而上的选举问责显然无法解释社群精英为什么愿意投入精力来促进集体行动,而道德声誉的赋予或剥夺却对团体精英起到非正式的激励和问责作用。在自治社群中,道德资本或道德地位使行动者有号召力组织集体行动,说服团体成员服从规则,配合管理工作。道德地位为乡村精英提供了组织集体活动的权威,同时,道德声誉为普通村民提供了监督、问责精英们的软权力。当用水户协会管理者或村干部腐败、贪污或违反行为规范时,道德攻击、舆论

---

[1]　马骏:《政治问责研究:新的进展》,《公共行政评论》2009年第4期。

压力将使他们丧失道德模范地位，而道德地位的丧失将影响到他们日常的人际交往，甚至经济活动。道德权威要发挥问责激励作用，自治社群必须存在普通个体和精英们所接受的共同规范，同时，正式权威要认同非正式的道德权威，而关联性团体的包含性和嵌套性提供了这两个条件，使道德问责成功实施，而分裂化团体则既缺乏共同规范又缺乏权威之间的互相认同，道德问责失效。

按照政治学的分析逻辑，政治系统通常以民主问责的方式对官员进行问责，如自上而下的科层考核和自下而上的选举。然而在那些正式问责体制薄弱的自治组织中，关联性团体所具有的共享规范及道德声誉不仅促使团体成员遵守规则也对团队精英产生激励与问责，提供了一种没有民主的道德问责，促进良好的自治。没有民主的道德问责意味着正式的权威机构和非正式组织的良性关联能更好地促进治理，因为关联性团体的嵌套使正式组织官员认同非正式组织的道义标准和声誉机制，诸如村干部嵌套在宗族或宗教组织，社区干部嵌套社区环保组织或兴趣小组，使他们能在民主问责失效的情况下接受道德问责，激励他们更好履职。

本书基于对灌溉社群的讨论而归纳出共同体、关联性团体、分裂化团体和道德问责，团体类型恰当地描述了基层社会各种组织之间的结构关系，道德问责解释了团体精英行动逻辑的激励与问责机制，关联性团体提供了实施道德问责的结构特征。本书是一项基于案例定性研究的阶段性成果，研究样本数量有限，其结论外推性可能会受到质疑，但是定性研究强调案例深描，重视对事件分析的归纳逻辑，本书研究结论仍具有一定的可信度。本书以理论性抽样方式选取自治成功和自治失灵的三个灌溉系统进行比较分析，尚未对自治绩效进行连续性比较，也没有对团体特征与自治绩效的演变进行纵向剖析，仅侧重对自治两种典型结果的横向截面分析，以上研究不足可在以后研究中逐步解决。

在未来研究中，可以在以下方面进一步深化。

第一，采用定量分析方法，检验团体特征与自治绩效的关系。本研究是定性研究，研究结论是建构在有限案例分析基础之上的，其优点是能够深入、详细地展现团体特征影响自治绩效的过程，然而，对两者关系的关键性结论还需要定量研究来检验，从而得出更有外推性和有效性的结论。

因而，本书认为可以对团体特征和自治绩效进一步操作化，用大规模问卷调查的方式收集数据，从而建构模型，检验团体特征与自治绩效之间的关系。

第二，扩展研究样本，运用多案例定性比较研究方法（Qualitative Comparative Analysis，QCA），运用定性研究软件来对小样本案例进行编码，从而弥补案例研究中的选择性偏差，进一步验证团体特征与自组织治理的关系，增强研究结论的可信度与外推性。

第三，本书所讨论的灌溉自组织治理是在动态变化的，正在从灌溉者自治的管理模式逐渐转变为政府和资源使用者分享权力和责任的协作管理模式，这种变化在行政引导性的自治中体现得较为明显。协作型灌溉管理是未来研究的新议题，从自组织治理向协作管理的制度变迁将给灌溉者的集体行动带来什么样的挑战？灌溉社群内部会产生什么样的分化？这种变迁能否更好地管理灌溉系统？另外一个尚未讨论的议题是团体与制度之间的相互嵌套，本书的出发点是从团体特征来解释自组织治理制度，但是，制度的运作会潜移默化地重塑着团体特征，制度如何影响团体的变化呢？这些困惑都将在后续研究中进一步讨论。

参考文献

著作类：

[1]〔美〕卡尔·A. 魏特夫：《东方专制主义：对于极权力量的比较研究》，徐式谷、奚瑞森、邹如山译，中国社会科学出版社，1989。

[2]〔英〕莫里斯·弗里德曼：《中国东南的宗族组织》，刘晓春译，上海人民出版社，2000。

[3] 程漱兰：《中国农村发展：理论与实践》，中国人民大学出版社，1999。

[4] 罗兴佐：《治水：国家介入与农民合作》，湖北人民出版社，2006。

[5]〔美〕迈克尔·麦金尼斯主编《多中心治道与发展》，王文章、毛寿龙等译，上海三联书店，2000。

[6]〔美〕埃莉诺·奥斯特罗姆：《公共事务的治理之道》，余逊达、陈旭东译，上海三联书店，2000。

[7] 黄宗智：《长江三角洲小农家庭与乡村发展》，中华书局，1992。

[8]〔美〕曼瑟尔·奥尔森：《集体行动的逻辑》，陈郁、郭宇峰、李崇新译，上海三联书店、上海人民出版社，2007。

[9]〔美〕保罗·A. 萨巴蒂尔编《政策过程理论》，彭宗超等译，生活·读书·新知三联书店，2004。

[10] 杜赞奇：《文化、权力与国家：1900—1942 年的华北农村》，江苏人民出版社，2010。

[11]〔美〕罗伯特·K. 殷：《案例研究》，周海涛、李永贤、张蘅译，重庆大学出版社，2007。

[12] 费孝通：《江村经济——中国农民的生活》，商务印书馆，2006。

［13］〔美〕劳伦斯·纽曼：《社会研究方法：定性和定量的取向》，郝大海译，中国人民大学出版社，2007。

［14］牛美丽：《中国地方政府的零基预算改革》，中央编译出版社，2010。

［15］胡书东：《经济发展中的中央与地方关系——中国财政制度变迁研究》，上海三联书店，2001。

［16］苏力：《送法下乡——中国基层司法制度研究》，中国政法大学出版社，2000。

［17］张厚安主编《中国农村基层政权》，四川人民出版社，1992。

［18］陈锡文主编《中国县乡财政与农民征收问题研究》，山西经济出版社，2003。

［19］曹锦清：《中国七问》，上海科技教育出版社，2002。

［20］孙立平：《断裂——20世纪90年代以来的中国社会》，社会科学文献出版社，2003。

［21］〔美〕R.M.昂格尔：《现代社会中的法律》，吴玉章、周汉华译，译林出版社，2001。

［22］荣敬本等：《从压力型体制向民主合作体制的转变：县乡两级政治体制改革》，中央编译出版社，1998。

［23］〔英〕迈克尔·曼：《社会权力的来源》（第一卷），刘北成、李少军译，上海人民出版社，2002。

［24］贺雪峰：《村治模式：若干案例研究》，山东人民出版社，2009。

［25］于建嵘：《岳村政治：转型期中国乡村政治结构的变迁》，商务印书馆，2001。

［26］张亚辉：《水德配天——一个晋中水利社会的历史与道德》，民族出版社，2008。

［27］黄宗智：《华北小农经济与社会变迁》，中华书局，1986。

［28］贺雪峰：《乡村社会关键词》，山东人民出版社，2010。

［29］〔德〕马克斯·韦伯：《经济与社会》，林荣远译，商务印书馆，2006。

［30］〔美〕查尔斯·J.福克斯、休·T.米勒：《后现代公共行政——话

语指向》，楚艳红等译，中国人民大学出版社，2002。

[31] 〔美〕道格拉斯·C. 诺斯：《制度、制度变迁与经济绩效》，杭行译，格致出版社、上海三联书店、上海人民出版社，2008。

[32] 郑传贵：《社会资本与农村社区发展》，学林出版社，2007。

[33] 费孝通：《生育制度》，北京大学出版社，1998。

[34] R. Axelrod, *The Evolution of Cooperation* (New York: Basic books, 1984).

[35] C. Gibson, M. A. McKean, and E. Ostrom, *People and Forest: Communities, Institutions, and Governance* (Cambridge, MA: MIT Press, 2000).

[36] J. M. Baland, and J. Platteau, *Halting Degradation of Natural Resource: Is There a Role for Rural Communities?* (New York: Oxford University Press, 2000).

[37] Coward, *Irrigation and Agricultural Development in Asia: Perspectives from the Social Sciences* (Ithach and London: Cornell University Press, 1980).

[38] B. H. Farmer, ed., *Green Revolution? Technology and Change in Rice - Growing Areas of Tamil Nadu and Sri Lanka* (Boulder, Colorado: Westview Press, 1977).

[39] M. Edwards & D. Hulme, *Beyond the Magic Bullet: NGO Performance and Accountability in the Post - Cold War World* (West Hartford, CT: Kumarian Press, 1996).

[40] William J. Goode, *The Celebration of Heroes: Prestige as a Control System* (Berkeley: University of California Press, 1979).

[41] John Kane, *The Politics of Moral Capital* (New York: Cambridge University Press, 2001).

[42] Lam Wai Fung, *Governing Irrigation Systems in Nepal: Institutions, Infrastructure and Collective Action* (Oakland California: Institute of Contemporary Studies, 1998).

[43] Stuart John Mill, *Considerations Representative Government* (New York: Harper & Brothers, 1862).

[44] B. Mabry Jonathan, ed., *Canals and Communities: Small - Scale Irrigation*

Systems (Tuscon: University of Arizona Press, 1996).

[45] Ostrom Elinor et al. , *Rules, Games, and Common - Pool Resources* (Ann Arbor: University of Michigan Press, 1994).

[46] Elinor Ostrom, *Governing the Commons: The Evolution of Institutions for Collective Action* (New York: Cambridge University Press, 1990).

[47] Elinor Ostrom et al. , *Institutional Incentives and Sustainable Development: Infrastructure Policy in Perspective* (Boulder: Westview Press, 1993).

[48] V. Ostrom, *The Meaning of American Federalism: Constituting a Self - Governing Society* (San Francisco: Institute for Contemporary Studies, 1994).

[49] Jean Qi, *Rural China Takes Off* (Berkeley: University of California Press, 1999).

[50] Andreas Schedler, Larry Diamond, Marc F. Plattner, *The Self - Restraining State: Power and Accountability in New Democracies* (Boulder: Lynne Rienner, 1999).

[51] Lily L. Tsai, *Accountability without Democracy : Solidary Groups and Public Goods Provision in Rural China* (New York: Cambridge University Press, 2007).

[52] Uphoff Norman, *Improving International Irrigation Management with Farmer Participation: Getting the Process Right* (Bounder Colorado: Westview Press, 1986).

[53] Robert Wuthnow, *The Restructuring of American Religion: Society and Faith since World War Two* (Princeton: Princeton University Press, 1988).

[54] Robert Wade, *Village Republics: Economic Conditions for Collective Action in South India* (New York: Cambridge University Press, 1988).

[55] Christine Wong, *Financing Local Government in the People's Republic of China* (Hong Kong: Oxford University, 1997).

[56] R. Wade, *Managing Water Manages: Deterring Expropriation or Equity as a Control Mechanism, in Water and Water Policy in World Food Supplies* (Tex: Texas A&M University Press, College Station, 1987).

论文类：

［1］温莹莹：《非正式制度与村庄公共物品供给——T 村个案研究》，《社会学研究》2013 年第 1 期。

［2］陶然、刘明兴、章奇：《农民负担、财政体制与农村税费改革》，工作论文，中国社会科学院世界经济与政治研究所，2004。

［3］张林秀等：《中国农村公共物品投资情况及区域分布》，《中国农村经济》2005 年第 11 期。

［4］谭同学：《乡镇机构生长的逻辑——楚镇水利站、司法政治生态学考察》，硕士学位论文，华中师范大学，2004。

［5］张军、何寒熙：《我国农村公共物品的供给：改革后的变迁》，《农村改革》1996 年第 5 期。

［6］周晓平：《小型农田水利工程治理制度与治理模式研究》，博士学位论文，海河大学，2007。

［7］水利部水管单位体制改革课题组：《对水利工程管理单位体制改革的探究》，《水利发展研究》2001 年第 4 期。

［8］顾斌杰：《小型水利政策体系建设的回顾及其展望》，《中国农村水利水电》2006 年第 6 期。

［9］肖唐镖：《农村宗族与村民选举的关系分析——对赣、晋两省 56 个村选举的跟踪观察和研究》，《北京行政学院学报》2007 年第 4 期。

［10］刘玉照：《村落共同体、基层市场共同体与基层生产共同体——中国乡村社会结构及其变迁》，《社会科学战线》2002 年第 5 期。

［11］孔径源：《中国农村土地制度：变迁过程的实证分析》，《经济研究》1992 年第 2 期。

［12］萧正洪：《历史时期关中地区农田灌溉中的水权问题》，《中国经济史研究》1999 年第 1 期。

［13］〔美〕道格拉斯·诺斯：《新制度经济学及其发展》，路平、何玮编译，《经济社会体制比较》2002 年第 5 期。

［14］马骏：《政治问责研究：新的进展》，《公共行政评论》2009 年第 4 期。

［15］孙秀林:《华南的村治与宗族:一个功能主义的分析路径》,《社会学研究》2011 年第 1 期。

［16］蔡晶晶:《农田水利制度的分散实验与人为设计:一个博弈均衡分析》,《农业经济问题》2013 年第 8 期。

［17］蔡晶晶:《乡村水利合作困境的制度分析——以福建省吉龙村农民用水户协会为例》,《农业经济问题》2012 年第 12 期。

［18］毛寿龙、杨志云:《无政府状态、合作的困境与农村灌溉制度分析》,《理论探讨》2010 年第 2 期。

［19］张亚辉:《灌溉制度与礼治精神——晋水灌溉制度的历史人类学考察》,《社会学研究》2010 年第 4 期。

［20］罗兴佐:《村庄水利中的用水规则及其实践基础》,《湛江师范学院学报》2009 年第 10 期。

［21］罗兴佐:《论村庄治理资源——江西龙村村治过程分析》,《中国农村观察》2004 第 3 期。

［22］罗兴佐、贺雪峰:《论乡村水利的社会基础——以荆门农田水利调查为例》,《开放时代》2004 年第 2 期。

［23］罗兴佐、贺雪峰:《乡村水利的组织基础——以荆门农田水利调查为例》,《学海》2003 年第 6 期。

［24］罗兴佐、李育珍:《区域、村庄与水利——关中与荆门比较》,《社会主义研究》2005 年第 3 期。

［25］陈谭、刘建义:《集体行动、利益博弈与村庄公共物品供给——岳村公共物品供给困境及其实践逻辑》,《公共管理学报》2010 年第 3 期。

［26］郭剑鸣:《开放性公共池塘资源治理中的集体行动机制——基于浙江永嘉县楠溪江渔业资源三种承包制的比较研究》,《中国行政管理》2009 年第 3 期。

［27］贺雪峰、郭亮:《农田水利的利益主体及其成本收益分析——以湖北省沙洋县农田水利调查为基础》,《管理世界》2010 年第 7 期。

［28］贺雪峰:《农田灌溉与农民的理性选择——基于湖北沙洋农田水利调查》,《周口师范学院学报》2010 年第 7 期。

[29] 周利平、翁贞林、苏红：《基于农户收入异质性视角的用水协会运行效果评估》，《中国农业大学学报》2015 年第 4 期。

[30] 赵立娟：《参与式灌溉管理对农户生计资本影响的实证研究——基于内蒙古灌区农户的调查》，《中国农业大学学报》2015 年第 1 期。

[31] 何寿奎、汪媛媛、黄明忠：《用水户协会管理比较与改进对策》，《中国农村水利水电》2015 年第 1 期。

[32] 郭玲霞：《基于个案研究的农民用水者协会水资源管理绩效评价》，《节水灌溉》2014 年第 10 期。

[33] B. Agarwal, "Participatory Exclusions, Community Forestry, and Gender: An Analysis for South Asia and a Conceptual Framework," *Work Development* 27 (2001): 629 – 649.

[34] A. Agrawal and J. Ribbot, "Accountability in Decentralization: A Framework with South Asian and West African Cases," *The Journal of Developing Areas* 33 (1999): 473 – 502.

[35] Robert Axelrod, "An Evolution of Cooperation," *Science* 211 (1981): 1390 – 1396.

[36] P. Bardhan, Jahnson Dayton, Unequal Irrigators: Heterogeneity and Commons Management in Large – Scale Multivariate Research (Paper represented at the National Research Council's Institutions for the Commons, 2002), pp. 1 – 45.

[37] J. M. Baland, J. P. Platteau, "Wealth Inequality and Efficiency in the Commons; the Unregulated Case," *Oxford Economic Papers* 49 (1997): 451 – 482.

[38] J. K. Boyce, "Inequality as a Cause of Environment Degradation," *Ecological Economics* 11 (1994): 169 – 178.

[39] Robert H. Bates, "Contra Contractarianism: Some Reflections on the New Institutionalism," *Politics Society* 16 (1988): 387 – 401.

[40] P. K. Bardhan, "Irrigation and Cooperation: An Empirical Analysis of 48 Irrigation Communities in South India," *Economic Development and Cultural Change* 48 (2000): 847 – 865.

[41] Pranab Bardhan, Jeff Dayton – Johnson, Heterogeneity and Commons Management (Paper represented at the National Research Council's Institutions for the Commons, 2000), pp. 1 – 23.

[42] John C. Cordel, "Carrying Capacity Analysis of Fixed Territorial Fish," *Ethnology* 17 (1978): 1 – 24.

[43] S. V. Ciriacy – Wantrup, Richard C. Siegfried, "Common Property as a Concept in Natural Resource Policy," *Natural Resources Journal* 15 (1975): 713 – 727.

[44] E. Walter Coward, "Principles of Social Organization in an Indigenous Irrigation System," *Human Organization* 38 (1979): 28 – 36.

[45] Myron L. Cohen, "Lineage Organization in North China," *The Journal of Asian Studies* 49 (1990): 509 – 534.

[46] L. B. Chisolm, "Accountability of Nonprofit Organizations and Those who Control Them: the Legal Framework," *Nonprofit Management and Leadership* 6 (1995): 141 – 156.

[47] J. Dayton – Johnson, "The Determinants of Collective Action on the Local Commons: A Model with Evidence from Mexico," *Journal of Development Economics* 62 (2000): 181 – 208.

[48] J. Dayton – Johnson, "Irrigation Organization in Mexican Unidades De riego: Results of a Field Study," *Irrigation and Drainage Systems* 13 (1999): 55 – 74.

[49] David Feeny et al., "The Tragedy of the Commons: Twenty – Two Years Later," *Human Ecology* 18 (1990): 1 – 19.

[50] Feeny David et al., "Questioning the Assumptions of the 'Tragedy of the Commons' Model of Fisheries," *Land Economics* 72 (1996): 187 – 205.

[51] J. D. Fearon and D. D. Laitin, "Explaining Interethnic Cooperation," *American Political Science Review* 90 (1996): 715 – 735.

[52] Masako Fujiie, Yujiro Hayami, Kikuchi Masao, "The Conditions of Collection Action for Local Commons Management: The Case of Irrigation in the Philippines," *Agricultural Economics* 33 (2005): 179 – 189.

［53］ J. D. Fearon and D. Laitin, "Explaining Interethnic Cooperation," *A-merican Political Science Review* 90 (1996): 715 – 735.

［54］ R. E. Fry, "Accountability in Organizational Life: Problem or Opportunity for Nonprofit?" *Nonprofit Management and Leadership* 6 (1995): 181 – 195.

［55］ Roy Gardner, Elinor Ostrom, James M. Walker, "The Nature of Common – Pool Resource Problems," *Rationality and Society* 3 (1990): 335 – 358.

［56］ A. P. Gautam, Forest Land Use Dynamics and Community – Based Institutions in a Mountain Watershed in Nepal: Implications for Forest Governance and Management (Ph. D. diss. , Asian Institute of Technology, 2002).

［57］ C. Gibson, T. Koontz, "When Community is not Enough: Institutions and Values in Community – Based Forest Management in Southern Indiana," *Human Ecology* 26 (1998): 621 – 647.

［58］ Garrett Hardin, "The Tragedy of the Commons," *Science* 162 (1968): 1243 – 1248.

［59］ Garrett Hardin, "Extension of 'The Tragedy of the Commons' ," *Science* New Series 208 (1998): 682 – 683.

［60］ S. C. Hackett, "Heterogeneity and the Provision of Governance For Common – Pool Resource," *Journal of Theoretical Politics* 4 (1992): 325 – 342.

［61］ Robert C. Hunt, "Size and Structure of Authority in Canal Irrigation," *Journal of Anthropological Research* 44 (1988): 335 – 355.

［62］ A. Hechter, "The Attainment of Solidarity in Intentional Communities," *Rationality and Society* 2 (1990): 142 – 155.

［63］ Nye Joseph, "The Changing Nature of World Power," *Political Science Quarterly* 105 (1990): 177 – 192.

［64］ Daniel Kelliher, "The Chinese Debate Over Village Self – Government," *China Journal* 37 (1997): 63 – 86.

［65］ Charity K. Kerapeletswe, Jon C. Lovett, Factors that Contribute to Participation in Common Property Resource Management: The Case of

Chobe Enclave and Ghanzi/ Kgalagadi, Botswana (Paper represented at the Second World Congress of Environmental and Resource Economist Monterey, California, June 2002).

[66] Stephen Knack, "Civic Norms, Social Sanction, and Voter Turnout," *Rationality and Society* 4 (1992): 133 – 156.

[67] Yifu Lin et al. , The Problem of Taxing Peasants in China (Working Paper for China Center for Economic Research, Peking University, 2002).

[68] Sirisha C. Naidu, "Heterogeneity and Common Pool Resources: Collective Management of Forests in Himachal Pradesh," *World Development* 37 (2009): 676 – 686.

[69] Edward Martin, Robert Yoder, Institutions for Irrigation Management in Farmer – Managed Systems: Examples from the Hills of Nepal (Digana Village, Sri Lanka: International Irrigation Management Institute, Research Paper No. 5 December 1987), pp. 1 – 19.

[70] Edward Miguel, Mary Kay Gugerty, "Ethnic Division, Social Sanctions, and Public Goods in Kenya," *Journal of Public Economics* 89 (2005): 2325 – 2368.

[71] Dennis Mueller, "Rational Egoism versus Adaptive Egoism as Fundamental Postulate for a Descriptive Theory of Human Behavior," *Public Choice* 51 (1986): 3 – 23.

[72] Raul R. Milgrom et al. , "The Role of Institutions in the Revival of Trade: the Law Merchant, Private Judges, and the Champagne Fairs," *Economics and Politics* 2 (1990): 1 – 23.

[73] Elinor Ostrom, "Coping with the Tragedies of the Commons," *Annual Review of Political Science* 2 (1999): 493 – 535.

[74] Elinor Ostrom, "Constituting Social Capital and Collective Action," *Journal of Theoretical Politics* 6 (1994): 527 – 562.

[75] Elinor Ostrom, "An Agenda for the Study of Institutions," *Public Choice* 48 (1986): 3 – 25.

[76] Elinor Ostrom, "A Behavioral Approach to the Relational Choice Theory of Collective Action: Presidential Address," *The American Political Science Review* 92 (1998): 1 – 22.

[77] Elinor Ostrom, Self – Governance and Forest Resources (Paper represented at Center For International Forestry Research, Inolonisia, Feb. 1999), pp. 1 – 11.

[78] Kevin O'Brien, Lianjiang Li, "Selective Policy Implementation in Rural China," *Comparative Politics* 31 (1999): 167 – 186.

[79] John M. Orbell, et al., "Explaining Discussion – Induced Cooperation," *Journal of Personality and Social Psychology* 54 (1988): 811 – 819.

[80] Vincent Ostrom, "Artisanship and Artifact," *Public Administration Review* 40 (1980): 309 – 317.

[81] Rogers Peter, W. Hall Alan: Effective Water Governance (Paper of Global Water Partnership Technical Committee, No. 7, 2003), p. 13.

[82] Amy R. Poteete, Elinor Ostrom, "Heterogeneity, Group Size and Collective Action: The Role of Institutions in Forest Management," *Development and Change* 35 (2004): 435 – 461.

[83] Albert Park et al., "Distributional Consequences of Reforming Local Public Finance In China," *The China Quarterly* 147 (1996): 751 – 778.

[84] C. F. Runge, "Common Property Externalities: Isolation, assurance and Resource Depletion in a Traditional Grazing Context," *American Journal of Agricultural Economics* 63 (1981): 595 – 606.

[85] R. S. Meinzen – Dick, L. N. Rasmussen, L. A. Jachson, Local Organization for Natural Resource Management: Lessons from Theoretical and Empirical Literature (International Food Policy Research Institute, Discussion Paper No. 11, Washington, D. C., 1995).

[86] Lore M. Ruttan, The Effect of Heterogeneity on Institutional Success and Conservation Outcomes (Papers represented at the International Association for the Study of Common Property Meeting, August 2004).

[87] Ashok Raj Regmi, The Role of Group Heterogeneity in Collective Ac-

tion: A Look at the Intertie Between Irrigation and Forests : Case Studies from Chitwan, Nepal (Ph. D. diss. , Indiana University, 2007) , p. 6, p. 281, p. 288.

[88] Jonathan Rodden and Susan Rose - Ackerman, "Dose Federalism Preserve Markets? " *Virginia Law Review* 83 (1997): 1521 - 1572.

[89] D. Sally, "Conservation and Cooperation in Social Dilemmas: A Meta - Analysis of Experiments from 1958 - 1992," *Rationality and Society* 7 (1995): 58 - 92.

[90] Annica Sandstrom and Lars Carlsson, "The Performance of Policy Networks: The Relation Between Network Structure and Network Performance," *The Policy Studies Journal* 36 (2008): 497 - 524.

[91] Svendsen Mark et al. , Participatory Irrigation Management: Benefits and Second Generation Problems (Working Paper Represented at Economic Development Institute of the World Bank, 1997).

[92] Sevaly Sen, Jesper Nielson, "Fisheries Co - Management: A Comparative Analysis," *Marine Policy* 20 (1996): 405 - 418.

[93] Reinhard Selten, "Bounded Rationality," *Journal of Institutional and Theoretical Economics* 146 (1990): 649 - 658.

[94] Shui Yan Tang, Institutions and Collective Action In Irrigation Systems (Ph. D. diss. , Indiana University, 1989) , p. 35.

[95] Charles M. Tiebout, "A Pure Theory of Local Government Expenditures," *Journal of Political Economy* 64 (1956): 416 - 424.

[96] Varughese Geoger, "The Contested Role of Heterogeneity in Collective Action: Some Evidence from Community Forest in Nepal," *World Development* 29 (2001): 747 - 765.

[97] T. Velded, "Village Politics: Heterogeneity, Leadership and Collective Action," *Journal of Development Studies* 36 (2000): 105 - 134.

[98] G. Varughese, Villagers, Burcaucrats, and Forests in Nepal: Designing Governance for a Complex Resource (Ph. D. diss. , Indiana University, Bloomington, 1999).

[99] Christine Wong, Richard Bird, China's Fiscal System: A work in Progress (Rotman School of Management Working Paper No. 7 –11 Oct. 2005).

[100] Tracy Yandlc, Market – Based Natural Resource Management: An Institutional Analysis of Individual Tradable Quotas in New Zealand's Commercial Fisheries (Ph. D. diss., Indiana University, 2001), p. 51.

其他材料:

[1] 湖洋乡人民政府:《湖洋乡志》(征求意见稿)。

[2] 谢氏宗祠:《谢氏族谱》。

[3] 谢家村村委会:《谢家村村志》。

[4] 九里圳用水户协会:《九里圳会议纪要(1990—2010 年)》。

[5] 谢禄生:《九里圳大事记》。

[6] 九里圳用水户协会:《九里圳用水户协会章程》。

[7] 九里圳用水户协会:《九里圳土地明细表》。

[8] 《九里圳财务平衡表》。

[9] 黄家村村委会:《黄家村民主听证会记录》。

[10] 黄家村用水户协会:《黄家村用水户协会章程》。

[11] 黄家村用水户协会:《黄家村用水户管理五项制度》。

[12] 黄家村用水户协会:《黄家村用水户协会财务报表》。

[13] 黄家村用水户协会:《黄家村土地明细表》。

[14] 六里圳用水户协会:《六里圳用水户协会章程》。

[15] 六里圳用水户协会:《六里圳土地明细表》。

[16] 六里圳用水户协会: 六里圳各项管理制度。

附录一 访谈记录编号

序号	访谈记录编码	基本信息
1	九里圳201001	男，50多岁，村民
2	九里圳201002	男，80多岁，九里圳用水户协会名誉会长
3	九里圳201003	男，70多岁，九里圳财务
4	九里圳201004	男，40多岁，乡长
5	九里圳201005	男，40多岁，九里圳用水户协会现任会长
6	九里圳201006	男，50多岁，村民组长
7	九里圳201007	男，60岁左右，周先生
8	九里圳201008	男，70多岁，村民
9	九里圳201009	男，50多岁，村主任
10	九里圳201010	男，60多岁，村民
11	九里圳201011	男，50多岁，村民
12	九里圳201012	男，50多岁，村民
13	九里圳201013	男，70多岁，村民
14	九里圳201014	男，60多岁，村民
15	九里圳201015	男，30多岁，村民
16	九里圳201016	男，40岁左右，乡干部
17	九里圳201017	男，40多岁，乡干部
18	九里圳201018	男，40多岁，副乡长
19	九里圳201019	女，50多岁，村民
20	九里圳201020	女，60多岁，村民
21	九里圳201021	男，30岁左右，村民
22	九里圳201022	男，25岁左右，村民
23	九里圳201023	女，60岁左右，村民组长
24	九里圳201024	男，60岁左右，村民组长

序号	访谈记录编码	基本信息
25	九里圳201025	男，70岁左右，公社时期生产队队长
26	九里圳201026	男，75岁左右，前任用水户协会会长
27	九里圳201027	男，65岁左右，管水员
28	九里圳201028	男，55岁左右，村民组长
29	九里圳201029	男，40岁左右，工程承包者
30	九里圳201030	男，60岁左右，村民组长
31	九里圳201031	女，55岁左右，村民
32	九里圳201032	男，60岁左右，村民
33	黄家村201001	男，50多岁，用水户协会会长
34	黄家村201002	男，50多岁，村党支部书记
35	黄家村201003	男，50多岁，村民组长
36	黄家村201004	男，50多岁，村民
37	黄家村201005	男，50多岁，用水户协会副会长
38	黄家村201006	男，50多岁，村干部
39	黄家村201007	男，60多岁，村民
40	黄家村201008	男，50多岁，用水户协会领导
41	黄家村201009	男，40多岁，村民
42	黄家村201010	男，50多岁，村干部
43	黄家村201011	男，50岁左右，乡长
44	黄家村201012	男，50岁左右，乡水利站站长
45	黄家村201013	女，50岁左右，副乡长
46	黄家村201014	男，45岁左右，县水利局副局长
47	黄家村201015	男，45岁左右，县水利局农水处处长
48	黄家村201016	女，25岁左右，县水利局科员
49	黄家村201017	男，50多岁，管水员
50	黄家村201018	男，50岁左右，用水户协会财务
51	黄家村201019	男，60岁左右，村民组长
52	黄家村201020	女，60岁左右，村民
53	黄家村201021	男，55岁左右，村民
54	黄家村201022	男，50岁左右，村民
55	黄家村201023	女，60岁左右，村民
56	黄家村201024	男，65岁左右，村民

序号	访谈记录编码	基本信息
57	六里圳201001	男，50多岁，用水户协会会长
58	六里圳201002	男，50多岁，村党支部书记
59	六里圳201003	男，50多岁，村民组长
60	六里圳201004	男，50多岁，村民
61	六里圳201005	男，50多岁，用水户协会副会长
62	六里圳201006	男，50多岁，村干部
63	六里圳201007	男，60多岁，村民
64	六里圳201008	男，50多岁，用水户协会领导
65	六里圳201009	男，40多岁，村民
66	六里圳201010	男，50多岁，村干部
67	六里圳201011	男，60多岁，村小学退休教师
68	六里圳201012	男，60多岁，村民
69	六里圳201013	女，60多岁，村民
70	六里圳201014	男，70多岁，老年协会会长
71	六里圳201015	男，55岁左右，村民组长
72	六里圳201016	男，40岁左右，村财务
73	六里圳201017	女，50岁左右，村民
74	六里圳201018	男，50岁左右，村主任
75	六里圳201019	男，55岁左右，村民组长
76	六里圳201020	男，70岁左右，村退休干部
77	六里圳201021	男，40岁左右，工程承包者
78	六里圳201022	男，60岁左右，村民
79	六里圳201023	男，70岁左右，村民
80	六里圳201024	女，55岁左右，村民
81	六里圳201025	男，60岁左右，村民

附录二 半结构式访谈提纲

案例代码：

访谈对象编码：

访谈时间：

一 灌溉系统的总体情况

1. 水渠的长度、标准硬化的长度，有哪些基础设备？

2. 灌溉面积，丰水季节和枯水季节，集中的供水时期是什么时候？需要制订分水计划吗？在干旱时期分水计划是怎么制订的？

3. 灌溉系统的历史：1949 年之前、1949 年到 1980 年期间、1980 年至今，土地制度变化、农业经济变化、农村的治理特点变化、灌溉基础设施情况变化。

二 灌溉者的情况

1. 农田的基本情况：面积、位置、种植物、年产量、亩产量。

2. 家庭的经济收入：年经济收入、主要的收入来源、农田收入大概占家庭总收入的比重。

3. 参与水渠维护的情况：每年要投工多少、家里由谁来参加水渠维修、每年要交纳多少的谷物。您觉得每年维护工作的组织情况怎么样？您觉得现在的水渠维护有哪些可以改进的地方？

4. 供水状况：灌溉的水充足吗？干旱时期，供水是可以持续性得到还是断断续续的？

5. 对灌溉系统的态度：如果其他村民没有参加投工投劳，您会怎么看待？如果参加维修的村民不积极，您怎么看待？如果别人没有交纳谷物，您会怎么做？如果您没有参加水渠维护，会害怕其他村民的议论吗？

6. 社会关系：村里的亲戚关系、亲戚聚会、通常都到哪些人家去串门，隔壁田地的是亲戚吗？和隔壁田地的关系怎么样？您日常生活是怎么样的？您有亲戚在其他村吗？其他村的民俗节日您有去过吗？您家里过节时，有其他村的朋友亲戚参加吗？

7. 您了解用水户协会的管理吗？您对灌溉管理有什么看法？

三　灌溉小组情况

1. 小组村民农田物理情况：位置（渠首还是渠尾）、农作物（水稻还是其他）。

2. 供水状况：供水是否充足，在干旱季节的灌溉是怎么组织的？

3. 作为小组代表主要负责哪些事情？（收谷物、分派任务、协调）在这些工作中遇到的困难是什么？通常您要花多长时间在组织这些工作上？小组的村民对维护水渠积极性怎样？

4. 小组村民的分工是怎么做出来的？是怎么做决策（投工投劳的分工、谷物的分担）和组织工作的？如果有个别村民没有参加义务维修水渠，也没有交纳谷物，那会用什么办法督促或处罚？

5. 组长是怎么选举的？组长是怎么维系和村民关系的（信息的沟通、意见的反馈、通知、收谷物的过程中与村民的交流）？和其他组长的沟通如何？用水户协会几年换届一次？您担任组长多长时间？

6. 您对用水户协会的管理工作有什么看法？您认为需要在哪方面改进？

7. 如果您的灌溉小组和其他小组发生用水矛盾，要如何解决？小组和协会怎么协调沟通？协会是怎么安排工作给你们小组的？

四　灌溉规则

1. 灌溉中是如何分水的？在干旱和丰水季节是如何分水的？请您详细描述。

2. 怎么惩罚偷水者？如何协调村民之间、小组之间的用水冲突？举例子说明。

3. 水利资金是如何筹集的？通常怎么向上级部门申请拨款？请您详细说明。

4. 协会是如何制定灌溉规则的？有哪些人参加决策？如何讨论？怎么决策？

5. 协会领导是怎么选举的？主要负责哪些工作？

6. 管水员是怎么产生的？管水员日常的工作是什么？

7. 灌溉管理中遇到的困难有哪些？

8. 如何评价协会领导和管水员的工作？如何奖惩协会管理者的行为？

五　村情

1. 村里有哪些基础设施是村民自治负责的？村道路建设情况、筹集的资金情况，有多少资金是村民筹集的？有多少是外界人士捐助的？

2. 村委换届选举情况，这届村委中有多少个成员是上一届村委连任的？现在村委会的主要工作是什么？

3. 村委会和用水户协会是什么关系？用水户协会的领导在村委会有担任什么职务吗？村委会对用水户协会的工作怎么看待？有在哪些方面支持吗？

4. 村中的宗族系统是怎么样的？村里每年的风俗节日是什么？节日的情况怎么样？供奉什么神明？

5. 您觉得现在村里的民风怎么样？村民之间主要的矛盾是什么？这些矛盾是怎么协调的？村委会会介入吗？

后 记

　　2011年5月底的某个清晨，广州下起了滂沱大雨，楼道尽头的凤凰花开出了火红的花朵，凤凰花一年开两季，一季开学时，一季毕业时，现在，我的博士论文完成了，马上要毕业了。在中大学习的这三年，首先，我要感谢导师陈瑞莲教授，陈教授一直无微不至地关心着我，鼓励我在学术上独立地、创新性地思考，在和陈教授的无数次交流、讨论中，我学习到如何进行一项严谨、规范的社会科学研究，尤其是如何将理论思考与研究方法进行结合。

　　其次，我要感谢论文导师组的另外三位老师：刘亚平教授、叶林教授及张紧跟教授，谢谢他们在我博士论文开题、博士沙龙、预答辩以及平时交流中给予我的学术建议和指导。我也要感谢政务学院的马骏教授、蔡立辉教授、陈天祥教授、倪星教授、岳经纶教授、陈那波教授、郭小聪教授、何艳玲教授等，谢谢他们在平时上课或论文写作过程中不断给我学术研究的信息以及有关博士论文研究的建议。同时我要谢谢匿名评审的教授们以及参加我论文答辩的夏书章教授、张光教授、林毓敏教授、郭小聪教授等，感谢他们对我论文提出的评论与质疑。我也要感谢龙明伟老师，谢谢他细致的教学安排。与此同时，我还要谢谢我的师兄师姐们：杨爱平博士、陈文理博士、任敏博士、胡熠博士、周映华博士、吕志奎博士、孔凯博士、蔡岚博士、谢宝剑博士，谢谢他们自我入学就如同兄长、姐姐们关心我的生活与学习。在此，我还要特别感谢徐文俊教授，谢谢他一直的关心。

　　博士生活是枯燥的，甚至如同苦行僧一样日复一日地重复着，我要感谢我在中大的同学和朋友们：杨君、李谭君、于刚强、沈莉、谭海波、朱迪俭、谢延会、杨瑛、马晓鹏、宿伟伟、姚迈新、牟治平、姚奕生、方晓安、柯毅萍、陈泉、陈香君、张岌、赵彩霞等，他们才华横溢、友善可爱，和他们在一起学习、生活的时光很美好。

再次，我要感谢协助我调研的陈敬德、陈建文，以及福建水利厅的工作人员，谢谢他们帮我联系、安排调研事宜，他们的热心帮忙使我顺利地完成调研。我也要感谢我所访谈的80多名被访者，如陈仁河、谢喜财等人，由衷地感谢他们慷慨地和我分享有关农村灌溉的故事，正是他们的人生故事才促成该项研究的出现。

博士论文研究是我学术生涯的序曲，研究的过程有失落感，也有成就感，但总归深刻得历历在目。初稿的写作如同抽丝剥茧，我必须从繁杂的资料中抽离出线索来，每次遇到瓶颈，都要停下来整理思路，重新厘清资料线索，而完成每一章时，那种感觉都是幸福与兴奋的。之后，在博士沙龙上，我第一次完整地介绍我的研究，导师组的老师们给了我一个非常完整的、细致的修改意见，修改之后，我的研究更为精密，逻辑更为清楚。经过沙龙之后的修改，我的论文基本定型了，但预答辩的讨论让我遇到更大的挑战，我必须对我所提出的理论模型做更为严密的解释，于是又持续修改。整个博士论文的写作过程是艰辛的，但也充满挑战和成就感，以及知识碰撞时的那种兴奋感和愉悦感。博士论文写作的过程如同西西弗斯的战斗一样，而"也许，走下去，像西西弗斯，答案就在路上，在巨石的每一次起落，我们应该把他看作一个幸福的人"。

博士论文的研究让我完成了一项较为规范的学术研究，同时也培养了我对公共资源治理的研究兴趣。2011年博士毕业后，我进入了华侨大学政治与公共管理学院，成了一名教师，致力于公共资源与环境治理的研究。在工作过程中，我时常和同事讨论研究议题、交流教学科研经验。在此，我要感谢我的同事们，和他们共事激发了研究的灵感，也分享了各自的研究经验。2016年，本书在博士论文的基础上修改完善，获得华侨大学哲学社会科学著作专项资助计划的资助。在该书的出版过程中，得到了社会科学文献出版社的刘荣老师、赵慧英老师以及孙智敏老师专业和认真的编校，特此感谢。本书是我科研道路上的一个阶段，以此向充满智慧、博大丰富的公共资源社群致敬，本书的研究也让我热爱微观分析，热爱田野调查，热爱把各种素材如同珍珠般串起来的研究乐趣。

最后，我要特别感谢我的爸爸、妈妈、小妹等家人，博士论文研究阶段是艰难的阶段，我偶尔丧失信心、焦虑失眠、食欲不振，是爸爸、妈妈、小妹不断地鼓励我、支持我、包容我，他们是我坚强的后盾。工作之后，爸爸、妈妈等家人还一如既往地支持我的工作。在此，要特别感谢我的爱人卓辉林先生，每当我科研进入瓶颈，工作烦躁时，卓先生总是无私地爱护与鼓励我。同时也要谢谢我的公公婆婆，为我创造了良好的生活条件与工作环境。还要特别感谢我女儿卓子淇，她健康又可爱，给我们的生活带来无穷的乐趣与幸福。

图书在版编目(CIP)数据

团体特征与灌溉自组织治理研究:基于三个灌溉系
统的制度分析 / 王惠娜著. --北京:社会科学文献出
版社,2017.7
(华侨大学哲学社会科学文库·管理学系列)
ISBN 978 - 7 - 5201 - 0655 - 9

Ⅰ.①团… Ⅱ.①王… Ⅲ.①灌溉管理 -组织 -研究
Ⅳ.①S274.3

中国版本图书馆 CIP 数据核字(2017)第 074887 号

华侨大学哲学社会科学文库 · 管理学系列
团体特征与灌溉自组织治理研究
——基于三个灌溉系统的制度分析

著　　者 / 王惠娜

出 版 人 / 谢寿光
项目统筹 / 王　绯　刘　荣
责任编辑 / 赵慧英　孙智敏

出　　版 / 社会科学文献出版社 · 社会政法分社 (010)59367156
　　　　　　地址:北京市北三环中路甲 29 号院华龙大厦　邮编:100029
　　　　　　网址:www. ssap. com. cn
发　　行 / 市场营销中心 (010)59367081　59367018
印　　装 / 北京季蜂印刷有限公司

规　　格 / 开 本:787mm × 1092mm　1/16
　　　　　　印 张:17.5　字 数:276 千字
版　　次 / 2017 年 7 月第 1 版　2017 年 7 月第 1 次印刷
书　　号 / ISBN 978 - 7 - 5201 - 0655 - 9
定　　价 / 78.00 元